有色金属行业职业技能培训用书

火法冶炼工岗位培训系列教材

自 热 炉 工

主　编　万爱东

副主编　程永红　李　光　蒲彦雄

　　　　姚明安　乐国斌　付　明

北　京

冶金工业出版社

2013

内 容 简 介

全书共分 12 章，分别为铜冶炼一般知识；有色金属冶金原理基础知识；铜冶炼基本原理；自热炉系统附属设备设施；铜自热炉生产实践；卡尔多炉结构及其附属设备设施；卡尔多炉生产实践；阳极精炼炉生产实践；倾动炉系统概述；倾动炉生产实践；余热锅炉；排烟收尘系统。在全书的最后附有复习题。

本书可作为冶金企业从事火法冶炼工种的技术工人培训教材，也可作为高职高专职业学院和职业技术学校相关专业的教学参考书，还可供有色冶金及相关专业工程技术人员参考。

图书在版编目(CIP)数据

自热炉工/万爱东主编. —北京：冶金工业出版社，2013.2
（有色金属行业职业技能培训用书）
火法冶炼工岗位培训系列教材
ISBN 978-7-5024-6195-9

Ⅰ. ①自… Ⅱ. ①万… Ⅲ. ①有色金属冶金—岗位培训—教材 Ⅳ. ①TF8

中国版本图书馆 CIP 数据核字（2013）第 025380 号

出 版 人 谭学余
地　　址 北京北河沿大街嵩祝院北巷 39 号，邮编 100009
电　　话 (010)64027926 电子信箱 yjcbs@ cnmip. com. cn
责任编辑 杨盈园 美术编辑 彭子赫 版式设计 孙跃红
责任校对 禹 蕊 责任印制 李玉山
ISBN 978-7-5024-6195-9
冶金工业出版社出版发行；各地新华书店经销；三河市双峰印刷装订有限公司印刷
2013 年 2 月第 1 版，2013 年 2 月第 1 次印刷
787mm×1092mm　1/16；13.75 印张；329 千字；203 页
38.00 元
冶金工业出版社投稿电话：(010)64027932　投稿信箱：tougao@ cnmip. com. cn
冶金工业出版社发行部　电话：(010)64044283　传真：(010)64027893
冶金书店　地址：北京东四西大街 46 号(100010)　电话：(010)65289081(兼传真)
（本书如有印装质量问题，本社发行部负责退换）

·前　言·

金川集团股份有限公司铜熔炼系统设计于 1985 年，1988 年 8 月建成投产，主要处理公司自产的二次铜精矿。1990 年随着公司生产规模的不断扩大，对该系统进行扩能改造，在原有的基础上新增 1 台 1.8m² 的氧气顶吹自热炉和 1 台 75t 回转阳极炉，于 1994 年 8 月投产。自热炉系统的建成不但提高了二次铜精矿处理能力及阳极板的生产能力，也标志着金川公司成为世界上第一个掌握自热炉炼铜的厂家，使公司铜的冶炼技术达到世界先进水平。

2010 年为了进一步提升产能，公司再一次在原址上进行改扩建，于 12 月 10 日竣工投产，铜自热炉系统的建成使铜系统的生产能力与镍的产能相匹配，系统产能进一步优化。金川自热熔炼系统投产至今，已走过了从引进、消化和吸收先进技术，到自主创新的历程，并日益在金川建设和发展中发挥着举足轻重的作用。

本着扩大经济总量，提高经济增长质量的宗旨，2011 年 5 月倾动炉杂铜处理系统建成投产，在 6 个月的试生产期间，通过工艺控制优化和技术改造，倾动炉系统基本达到设计指标，并在公司铜冶炼流程发挥着重要作用。

为了对生产实践和技术改造进行系统总结以及职工培训所需，公司组织编写了该培训教材。全书内容主要分为附属设备设施及生产实践两部分，其中生产实践包括开、停炉，试生产，指标控制，常见故障及处理等几方面内容组成。这样编排的初衷在于：（1）用浅显的原理和通俗的语言，巩固和充实职工基础理论知识。（2）突出其实践性和应用性，以期达到指导生产、服务生产的目的。（3）对多年来的技术改造和生产发展作较为详尽的介绍，反映炉窑控制技术的历史继承性和变革的前瞻性。

本书是在 1994 年所用培训教材的基础上，结合 2010 年自热炉系统扩能改造后实际情况及2011年倾动炉系统建成投产实际情况编撰而成的，可作为铜熔炼岗位自热炉工、阳极炉工、卡尔多炉工培训教材，也可供企业工程技术和管理人员阅读参考。由于编者水平所限，书中不妥之处在所难免，诚望各界人士不吝赐教。

参加本书编写工作的人员有姚明安、高俊兴、乐国斌、张明震、吴志平、麻在生、张晓强、黄忠良、程武、赵怀宇、张柱山、王海利、芦向阳、何宝宏、张安斌、孙启呈、朱国斌、吴婷、官欣、张喜庆、袁化美、王金录、常为民、陶川银、赵家金、杨莉、梁媛、王发等，全书由乐国斌统稿。本书编写过程中承蒙各级领导和各位工程技术人员的大力支持，在此一并致谢。

万爱东

2012 年 5 月 30 日

· 目 录 ·

1 铜冶炼一般知识

1.1 概　述

铜是人类发现和使用最早的金属之一。在古代，人们最初发现使用的可能是天然铜。天然铜通常是紫绿色或紫黑色的"石块"。后来人们发现这种"石块"在摩擦和刻画过的地方会呈现黄红色，如果再经锤打，其光泽则更好，还可以经过熔化、模铸、锻造等而制成武器、工具及做成装饰物品。自此以后，随着铜器的出现，在世界文化史上便标志着石器时代的结束和青铜器时代的开始。我国早在公元前两千年就已经大量生产、使用青铜，现北京故宫博物院还存有公元前 1700 年铸成的青铜铸钟。在 1637 年，明朝的《天工开物》一书中就详细记载了我国劳动人民在铜的铸造、锻造、机械加工、热处理、冶炼等方面的成就。在 18 ~ 19 世纪，欧洲是铜的主要供给地，19 世纪末美国开始开采大型铜矿，炼铜工业开始逐渐发展。在 20 世纪，前苏联、智利、非洲和加拿大也兴起了炼铜工业。

从 20 世纪 70 年代末开始，世界炼铜工业发生了巨大变化，以美国犹他冶炼厂的奥托昆普闪速炉为代表的绿色冶金工业正在发展和推广。世界铜资源主要集中在智利、美国、赞比亚、俄罗斯和秘鲁等国。智利是世界上铜资源最丰富的国家，也是世界上最大的铜出口国。中国、美国、日本、欧盟是世界主要铜进口国家。

我国铜矿资源储量居世界第四位。主要矿区分布在江西、湖北、安徽、云南、四川、山西和甘肃等省及西藏东部。我国矿山规模一般不大，比较分散，矿石含铜一般低于 1%。我国是最早用湿法炼铜的国家。1698 年英国开始采用反射炉炼铜，真正引起炼铜工艺大变革的是 19 世纪后期即 1880 年出现转炉以后，用转炉吹炼铜锍，简化了流程，缩短了冶炼周期。20 世纪 30 年代以前世界上一直使用鼓风炉炼铜，但由于传统鼓风炉的炉顶是敞开的，炉气量大，含二氧化硫浓度低，不易回收，造成污染，在 50 年代中期，出现了直接处理铜精矿的密闭鼓风炉熔炼法。从 19 世纪末到 20 世纪 20 年代，鼓风炉熔炼占主导地位，而 20 年代到 70 年代则以反射炉熔炼为主。自 60 年代以来，以闪速熔炼为代表的一批强化冶炼新工艺逐渐取代了反射炉熔炼。

我国的炼铜工艺大部分仍采用传统的反射炉、密闭鼓风炉和电炉熔炼，从 50 年代后期，我国逐渐建立起几座现代化炼铜厂，建设将闪速炉替代密闭鼓风炉的新工艺，近年来各厂均在进行技术改造，技术装备水平也在不断提高。近 20 年来，几乎世界上的各种先进炼铜工艺都在我国得到了应用，我国的铜产量已跃居世界前列。

1.2　铜及其主要化合物的性质、用途

1.2.1　铜及其主要合金的性质

铜在元素周期表中是属于第一副族的元素，原子序数为 29，相对原子质量为 63.57。

铜是一种重要的有色金属，在常温下为固体，新口断面呈紫红色。铜是优良的导电导热体，其导电和导热能力在金属中仅次于银。

铜在常温（20℃）时的密度为 $8.89g/cm^3$，熔点（1083℃）时的密度为 $8.22g/cm^3$，液态（1200℃）时的密度为 $7.81g/cm^3$，铜及其化合物无磁性。

铜熔点 1083℃、沸点 2310℃，在熔点时的蒸气压低于 $1.3 \times 10^{-1}Pa$，因此，在冶炼温度下，铜几乎不挥发。

液态铜能溶解很多气体，如 H_2、O_2、SO_2、CO、CO_2、水蒸气等，因此，精炼铜在铸锭之前，要脱除溶解的气体，否则铜锭中会产生气孔。

铜在常温、干燥的空气中不起变化，在温度高于 458K 时开始氧化，温度低于 623K 时生成红色的氧化亚铜（Cu_2O），高于 623K 时生成黑色氧化铜（CuO）。长期放置在含有 CO_2 的潮湿空气中表面会生成碱式碳酸铜 $[CuCO_3 \cdot Cu(OH)_2]$ 薄膜，俗称铜绿，这层膜能阻止铜再被腐蚀，铜绿有毒。

铜能溶于王水、氰化物、氯化铁、氯化铜、硫酸铁以及氨水中。铜能与氧、硫及卤素等元素直接化合。

铜能与多种元素形成合金，从而大大改善铜的性质，使之易于进行冷、热加工，并增加抗疲劳强度和耐磨性能。目前已能制备 1600 多种铜合金，主要的系列有：

（1）黄铜为铜锌合金含 $w(Zn)$ 为 5%～50%，若黄铜含 $w(Sn)$ 为 1%、含 $w(Zn)$ 为 30%～40% 则称为锡黄铜，这种合金抗蚀能力强，广泛用于船舶制造。

（2）青铜为铜锡合金含 $w(Sn)$ 为 1%～20%、含 $w(Zn)$ 为 1%～3%，若合金中含一定量的 P 或 Si，则可称为磷青铜、硅青铜。青铜在机械制造、电器等行业中有广泛的用途。

此外，还有白铜（铜镍合金）、锰铜（锰铜合金）、铍铜合金等。

1.2.2 铜的硫化物、氧化物及其性质

1.2.2.1 铜的主要硫化物

A 硫化铜（CuS）

硫化铜呈墨绿色，以铜蓝矿物形态存于自然界中，纯固体硫化铜密度为 $4.68g/cm^3$，熔点为 1110℃。硫化铜为不稳定化合物，在中性或还原性气氛中加热时，按下式分解：

$$4CuS \rightleftharpoons 2Cu_2S + S_2$$

在熔炼过程中，炉料受热时 CuS（铜蓝）即可完全分解，生成的 Cu_2S 进入锍中。

B 硫化亚铜（Cu_2S）

硫化亚铜是一种蓝黑色物质，在自然界中以辉铜矿形态存在，固态硫化亚铜的密度为 $5.87g/cm^3$，熔点为 1130℃。在常温下，Cu_2S 稳定，几乎不被空气氧化，但加热到 200～300℃ 时，可氧化成 CuO 和 $CuSO_4$，加热到 330℃ 以上时，可氧化成 CuO 和 SO_2，在高温（1150℃）下，向熔融的 Cu_2S 中吹空气时，Cu_2S 可强烈氧化，最终产出金属铜和二氧化硫：

$$Cu_2S + O_2 \rightleftharpoons 2Cu + SO_2$$

由于铜对硫的亲和力大，在有足够硫（如 FeS）存在的条件下，铜均以 Cu_2S 形态存

在。在冰铜吹炼的过程中正是利用这一特性使铁、镍先氧化造渣，然后在把 Cu_2S 吹炼成粗铜。Cu_2S 若与 FeS 及其他金属硫化物共熔，即结合成冰铜，冰铜是炼铜过程的中间产品。

Cu_2S 不溶于水，几乎不溶于弱酸，能溶于硝酸。Cu_2S 与浓盐酸作用时，逐渐溶解时放出 H_2S。Cu_2S 能很好地溶于 $FeCl_3$、$Fe_2(SO_4)$、$CuCl_2$ 和 HCN （需氧）。

1.2.2.2 铜的主要氧化物

A 氧化铜 (CuO)

氧化铜是黑色无光泽的物质，在自然界中以黑铜矿形态存在，固体氧化铜的密度为 $6.3 \sim 6.48g/cm^3$，熔点为 1447℃，在高温（超过 1000℃）下，CuO 可分解成暗红色的氧化亚铜和氧气：

$$4CuO = 2Cu_2O + O_2$$

在高温下 CuO 易被 H_2、C、CO、C_xH_y 等还原成 Cu_2O 和 Cu （精炼原理）。在冶炼过程中还可被其他硫化物和较负电性金属如锌、铁、镍等还原。

CuO 呈碱性，不溶于水，但能溶于 $FeCl_2$、$FeCl_3$、$Fe_3(SO_4)_3$ 及硫酸、盐酸等稀酸中。

B 氧化亚铜 (Cu_2O)

致密的氧化亚铜成缨红色。有金属光泽。粉状 Cu_2O 成洋红色，在自然界中以赤铜矿形态存在。固态 Cu_2O 的密度为 $5.71 \sim 6.10g/cm^3$，熔点为 1235℃。

Cu_2O 只有在空气中加热至高于 1060℃时才稳定。低于这个温度时，部分氧化成 CuO，当在 800℃和长久加热时可以使 Cu_2O 几乎全部变成 CuO。

Cu_2O 易被 H_2、C、CO、C_xH_y 等还原成金属。其他如锌、铁或对氧亲和力大的元素，在赤热时也可使 Cu_2O 还原成金属。

Cu_2O 与某些金属硫化物共热时，发生交互反应：

$$2Cu_2O + Cu_2S = 6Cu + SO_2$$

（这是冰铜吹炼成粗铜的理论基础）

$$Cu_2O + FeS = Cu_2S + FeO$$

（这是冰铜熔炼的基本反应）

Cu_2O 不溶于水，能溶于 HCl、H_2SO_4、$FeCl_2$、$FeCl_3$、NH_4OH 等溶剂中，这是氧化矿湿法冶金的基础。

C 铜的铁酸盐

铜的铁酸盐有两种：铁酸铜 ($CuO \cdot Fe_2O_3$) 和铁酸亚铜 ($Cu_2O \cdot Fe_2O_3$)。铜的铁酸盐不溶于水、氨水及一般溶剂，易被强碱性氧化物或硫化物所分解。

$$CuO \cdot Fe_2O_3 + CaO \longrightarrow CaO \cdot Fe_2O_3 + Cu_2O$$

$$5CuO \cdot Fe_2O_3 + 2FeS \longrightarrow 10Cu + 4Fe_3O_4 + 2SO_2$$

D 铜的硅酸盐

在自然界中，铜的硅酸盐呈硅孔雀石 ($CuSiO_3 \cdot 3H_2O$) 和透视石 ($CuSiO_3 \cdot H_2O$)

的矿物形态存在。这两种矿物在高温下形成稳定的硅酸亚铜（$2Cu_2O \cdot SiO_2$）。硅酸亚铜在 1100 ~ 1200℃下融化。硅酸亚铜易被 H_2、CO 及 C 还原，也容易被较强的碱性氧化物（如 FeO、CaO）及硫化物（如 FeS、Cu_2S）分解。

$$2Cu_2O \cdot SiO_2 + 2FeS \longrightarrow 2FeO \cdot SiO_2 + 2Cu_2S$$

工业上往往向含铜的熔渣中加黄铁矿（FeS_2）回收铜，正是基于此反应。硅酸亚铜可溶于浓硝酸及乙酸中，易溶于盐酸，微溶于硫酸。

E　铜的碳酸盐

在自然界中呈孔雀石 [$CuCO_3 \cdot Cu(OH)_2$] 和蓝铜矿 [$2CuCO_3 \cdot Cu(OH)_2$] 的矿物形态存在。这两种化合物在 220℃ 以上时完全分解为 CuO，CO_2 和 H_2O。

F　硫酸铜（$CuSO_4$）

在自然界中以胆矾（$CuSO_4 \cdot 5H_2O$）的矿物形态存在。$CuSO_4 \cdot 5H_2O$ 呈蓝色，失去结晶水变成白色粉末。硫酸铜加热时分解：

$$2CuSO_4 \longrightarrow CuO \cdot CuSO_4 + SO_3（或 SO_2 + 1/2O_2）$$

$$CuO \cdot CuSO_4 \longrightarrow 2CuO + SO_3（或 SO_2 + 1/2O_2）$$

硫酸铜易溶于水，可用 Fe、Zn 等比铜更负电性的元素从硫酸铜水溶液中置换出金属铜。

G　铜的氯化物

铜的氯化物有两种：$CuCl_2$ 和 CuCl（或 Cu_2Cl_2）。$CuCl_2$ 无天然矿物，人造 $CuCl_2$ 为褐色粉末，熔点为 489℃，易溶于水。加热至 340℃分解，生成白色的氯化亚铜粉末。

$$2CuCl_2 \longrightarrow Cu_2Cl_2 + Cl_2$$

Cu_2Cl_2 熔点为 420 ~ 440℃，相对密度为 3.53，是易挥发化合物。这一特点在氯化冶金中得到应用。Cu_2Cl_2 的食盐溶液可使 Pb、Zn、Cd、Fe、Co、Bi 和 Sn 等金属硫化物分解，形成相应的金属氯化物和 CuS。可用 Fe 将 Cu_2Cl_2 溶液中的铜置换沉淀出来。

1.2.3　铜的用途

铜和铜合金广泛用于电气、机械、建材工业和运输工具制造等。直到 20 世纪 60 年代，铜的重要性和消费量仅次于钢铁。就世界范围而言，铜产品半数以上用于电力和电子工业，如制造电缆、电线、电机及其他输电和电讯设备。80 年代后，铜在电信上的部分用途被光导纤维所代替。铜也是国防工业的重要材料，用于制造各种弹壳及飞机和舰艇零部件。

铜能与锌、锡、铝、镍、铍等形成多种重要合金。黄铜（铜锌合金）、青铜（铜锡合金）用于制造轴承、活塞、开关、油管、换热器等。铝青铜（铜铝合金）抗震能力很强，可用以制造需要强度和韧性铸件。

铜还是所有金属中最易再生的金属之一，目前，再生铜约占世界铜总供应量的 40%。铜可锻、耐蚀、有韧性。铜易与其他金属形成合金，铜合金种类很多，具有新的特性，有许多特殊用途。例如，青铜 [$w(Cu) = 80\%$，$w(Sn) = 15\%$，$w(Zn) = 5\%$] 质坚韧，硬度高，易铸造；黄铜 [$w(Cu) = 60\%$，$w(Zn) = 40\%$] 广泛用于制作仪器零件；白铜 [$w(Cu) = 50\% \sim 70\%$，$w(Ni) = 18\% \sim 20\%$，$w(Zn) = 13\% \sim 15\%$] 主要用作刀具。

铜也存在于人体内及动物和植物中，对保持人的身体健康是不可缺少的。现在已知铜的最重要生理功能是人血清中的铜蓝蛋白，它有催化铁的生理代谢过程功能。铜还可以提高白细胞消灭细菌的能力，增强某些药物的治疗效果。铜虽然是生命攸关的元素，但如果摄入过多，会引起多种疾病。

铜的化合物是农药、医药、杀菌剂、颜料、电镀液、原电池、染料和触媒的重要原料。

我国是一个铜资源严重不足的国家，各类铜矿山年生产能力约50万吨左右，而铜的冶炼能力在150万吨以上，铜的加工能力则在250万吨以上。2000年以来，我国对铜的需求量大幅提升，成为铜原料和成品铜的进口大国。

1.3 炼铜原料

1.3.1 资源特点

中国铜矿资源从矿床规模、铜品位、矿床物质成分和地域分布、开采条件来看具有以下特点：

(1) 中小型矿床多，大型、超大型矿床少。大型铜矿床的储量大于50万吨，中型矿床10 ~ 50万吨，小型矿床小于10万吨。超大型矿床是指五倍于大型矿床储量的矿床。按上述标准划分，铜矿储量大于250万吨以上的矿床仅有江西德兴铜矿田、西藏玉龙铜矿床、金川铜镍矿田、云南东川铜矿田。在探明的矿产地中，大型、超大型仅占3%，中型占9%，小型占88%。

(2) 贫矿多，富矿少。中国铜矿平均品位为0.87%，品位大于1%的铜储量约占全国铜矿总储量的35.9%。在大型铜矿中，品位大于1%的铜储量仅占13.2%。

(3) 共伴生矿多，单一矿少。在900多个矿床中单一矿仅占27.1%，综合矿占72.9%，具有较大综合利用价值。许多铜矿山生产的铜精矿含有可观的金、银、铂族元素和铟、镓、锗、铊、铼、硒、碲以及大量的硫、铅、锌、镍、钴、铋、砷等元素，它们赋存在各类铜及多金属矿床中。在铜矿床中共伴生组分颇有综合利用价值。铜矿石在选冶过程中回收的金、银、铅、锌、硫以及铟、镓、镉、锗、硒、碲等共伴生元素的价值，占原料总产值的44%。中国伴生金占全国金储量35%以上，多数是在铜金属矿床中，伴生金的产量76%来自铜矿，32.5%的银产量也来自于铜矿。全国有色金属矿山副产品的硫精矿，80%来自于铜矿山，铂族金属几乎全部取之于铜镍矿床。不少铜矿山选厂还选出铅、锌、钨、钼、铁、硫等精矿产品。

(4) 坑采矿多，露采矿少。目前，国营矿山的大中型矿床，多数是地下采矿，而露天开采的矿床很少，仅有甘肃白银厂矿田的火焰山、折腰山两个矿床，而且露天采矿已闭坑转入地下开采，露采的还有湖北大冶铜山口、湖南宝山、云南东川矿田的汤丹马柱硐矿区。

1.3.2 铜矿资源地质特征

1.3.2.1 铜矿床分类

矿床是指由地质作用形成的，有开采利用价值的有用矿物聚集体。地质矿业工作者为了研究矿床的成因和开发利用则进行矿床分类。

1.3.2.2 矿床类型简述

中国铜矿具有重要经济意义、有开采价值的主要是铜镍硫化物型矿床、斑岩型铜矿床、矽卡岩型铜矿床、火山岩型铜矿床、沉积岩中层状铜矿床、陆相砂岩型铜矿床。其中，前四类矿床的储量合计占全国铜矿储量的90%。这些类型矿床的成矿环境各异，有其各自的成矿特征。

A　斑岩型铜（钼）矿

斑岩型铜（钼）矿是我国最重要的铜矿类型，占全国铜矿储量的45.5%，矿床规模巨大，矿体成群成带出现，而且埋藏浅，适于露天开采，矿石可选性能好，又共伴生钼、金、银和多种稀散元素，可综合开发、综合利用。此类矿床成岩成矿时代较新，主要为钙碱性系列。中国斑岩型铜矿多数矿床是大型贫矿，铜品位一般在0.5%左右。

B　矽卡岩型铜矿

中国矽卡岩型铜矿与国外大不相同，国外矽卡岩型铜矿占的比例很小，而中国却占较大的比例，现已探明矽卡岩型铜矿储量占全国铜矿储量的30%，成为我国铜业矿物原料重要来源之一，仅次于斑岩型铜矿，而且以富矿为主，并共伴生铁、铅、锌、钨、钼、锡、金、银以及稀散元素等，颇有综合利用价值。此类岩石系列属于钙碱性—碱钙性系列。

C　火山岩型铜矿

火山岩型铜矿也是我国铜矿重要类型之一，探明的铜矿储量占全国铜矿储量的8%，其中海相火山岩型铜矿储量占7%，陆相火山岩型铜矿占1%。早古生代为我国海相火山岩型铜矿最重要的成矿期，多为大型铜多金属矿床。

D　铜镍硫化物型铜矿

镁铁质—超镁铁质岩中铜镍矿床既是我国镍矿资源的最主要类型，也是铜矿重要类型之一。铜矿储量占全国铜矿储量的7.5%。

该类型矿床成矿环境主要产于拉张构造环境，受古大陆边缘或微陆块之间拉张裂陷带控制，在拉张应力支配下，岩石圈变薄甚至破裂，引起地幔上涌，而导致镁铁质—超镁铁质岩石在地壳浅成环境侵位。中国铜镍硫化物矿床的成矿作用以深部熔离—贯入成矿为主，与国外同类型或类似类型矿不同。岩体小，含矿率高。

E　沉积岩中层状铜矿床

沉积岩中层状铜矿床是指以沉积岩或沉积变质岩为容矿围岩的层状铜矿床，容矿岩石既有完全正常的沉积岩建造，也包括有凝灰岩和火山凝灰物质（火山物质含量一般不高于50%）的喷出沉积建造。

F　陆相杂色岩型铜矿床

《中国矿床》称陆相含铜砂岩型铜矿床。这类矿床通常称为红层铜矿。该类型铜矿，目前虽然探明的储量不多，仅占全国铜矿储量的 1.5%，但铜品位较高，以富矿为主，铜品位 1.11% ~ 1.81%，并伴生富银、富硒等元素，有的矿床可圈出独立的银矿体和硒矿体，具有开采经济价值，而且还有一定的找矿前景，值得重视勘查与开发。目前，发现的矿床主要分布于我国西南部和南部中—新生代陆相红色盆地（简称红盆地）。主要成矿地质特征：（1）陆相含矿杂色岩建造具有独特的结构，通常下部为含煤建造，中部为含铜建造，上部为膏盐建造；（2）矿床分布于供给矿源的陆源剥蚀区一侧的红层盆地边缘；（3）矿体产于紫浅交互带浅色带一侧；（4）矿体呈似层状、透镜状；（5）矿体中金属矿物具有明显的分带性，从紫色一侧到浅色一侧矿物的变化为自然铜矿带→辉铜矿（硒铜矿）带→斑铜矿带→黄铜矿带→黄铁矿带。

矿物是地壳中具有固定化学组成和物理性质的天然化合物或自然元素，能够为人类利用的矿物成为有用矿物。矿石是有用矿物的集合体，如其中金属的含量在现代技术经济条件下能够回收和加以利用。

矿石由有用矿物和脉石两部分组成。矿石按其成分可分为金属矿石和非金属矿石。金属矿石是指在现代技术经济条件下可以从其中获得金属的矿石。而在金属矿石中按金属存在的化学形态可分为自然矿石、硫化矿石、氧化矿石、混合矿石。

自然矿石是指有用矿物是自然元素的矿石，如自然金、银、铂、硫等元素。硫化矿石的特点是有用矿物为硫化物的矿石，如黄铜矿、闪锌矿、方锌矿；氧化矿石中有用矿物为氧化物矿石，如赤铁矿、赤铜矿等，混合矿石是指有用矿物既有硫化物也有氧化物的矿石。

矿石中有用成分的含量成为矿石的品位，用百分数表示，矿石品位越高越好，由此可以降低冶炼费用。工业上采取各种选矿方法用于提高矿石品位，以便在冶金工艺中分别处理，简化工艺流程及冶炼费用。

铜的生产原料分为铜矿物和铜的二次回收料。由精矿生产的铜称为矿铜，由二次回收料生产的铜一般称为再生铜。

铜是一种典型的亲硫元素，在自然界中主要形成硫化物，只有在强氧化条件下形成氧化物，在还原条件下形成自然铜。目前，在地壳上已发现铜矿物和含铜矿物约计 250 多种，主要是硫化物及铜的氧化物、自然铜以及铜的硫酸盐、碳酸盐、硅酸盐类等矿物。

铜在地壳中的相对丰度仅为 6.8×10^{-3}%，但铜能形成比较富的矿床。在各类铜矿床中，铜呈各种矿物存在，铜矿物可分为自然铜、硫化矿和氧化矿三种类型。硫化矿分布最广，属原生矿，主要有辉铜矿（Cu_2S）、铜蓝（CuS）、黄铜矿（$CuFeS_2$）等，是炼铜的主要原料。氧化矿属于次生矿，主要矿物有赤铜矿（Cu_2O）、黑铜矿（CuO）、孔雀石 $[CuCO_3 \cdot Cu(OH)_2]$ 等。自然铜在自然界中存在较少。常见的具有工业开采价值的铜矿物见表 1-1。

表 1-1　重要的铜矿物

类　别	矿　物	组　成	含铜量/%	颜　色	密度/g·cm^{-3}
硫化铜矿	辉铜矿	Cu_2S	79.8	铅灰至灰色	5.5 ~ 5.8
	铜　蓝	CuS	66.4	靛蓝或灰黑色	4.6 ~ 4.76
	斑铜矿	Cu_5FeS_4	63.3	铜红色至深黄色	5.06 ~ 5.08

类 别	矿 物	组 成	含铜量/%	颜 色	密度/g·cm⁻³
硫化铜矿	砷黝铜矿	$Cu_{12}As_4S_{13}$	51.6	铜灰至铁黑色	4.37 ~ 4.49
	黝铜矿	$Cu_2As_4S_{13}$	45.8	灰至铁黑色	4.6
	黄铜矿	$CuFeS_2$	34.5	黄铜色	4.1 ~ 4.3
氧化铜矿	赤铜矿	Cu_2O	88.8	红 色	6.14
	黑铜矿	CuO	79.9	灰黑色	5.8 ~ 6.4
	蓝铜矿	$2CuCO_3 \cdot Cu(OH)_2$	68.2	亮蓝色	3.77
	孔雀石	$CuCO_3 \cdot Cu(OH)_2$	57.3	亮绿色	4.03
	硅孔雀石	$CuSiO_3 \cdot 2H_2O$	36.0	绿蓝色	2.0 ~ 2.4
	胆 矾	$CuCO_3 \cdot 4H_2O$	25.5	蓝 色	2.29

炼铜原料 90% 来自硫化矿，约 10% 来自氧化矿，少量来自自然铜。现金开采的铜矿石品位为 1% 左右，坑内采矿的边界品位为 0.4%，露天采矿可降至 0.2%。矿石一般先经过浮选，得到含铜 20% ~ 30% 的精矿后再冶炼。

铜矿中含有少量其他金属，如铅、锌、镍、铁、砷、锑、铋、硒、碲、钴、锰等，并含有金银等贵金属和稀有金属，它们在冶炼中分别归入不同的产品，所以炼铜工厂通常设有综合回收这些金属的车间。

在冶炼时必须回收铜精矿中的有价成分，以提高资源的综合利用程度和消除对环境的污染；同时也要注意利用铜精矿的巨大反应表面和熔炼反应热，以强化生产和节约能源。氧化铜矿难于选矿富集，一般用湿法冶金或其他方法处理。

1.4 铜精矿组成与冶炼工艺关系

铜精矿的组成对冶炼工艺的选择极为重要，可以说是关键性因素。硫化铜矿可选性好，易于富集，选矿后产出的铜精矿大多采用火法冶炼工艺处理。氧化铜矿可选性差，常直接采用湿法冶金处理。

如果铜精矿中 MgO 等高碱性脉石成分含量高，产出的炉渣则熔点高，常用电炉处理。

高砷铜精矿［$w(As)$ 大于 0.3%］，适合用强化冶炼新工艺（如浸没顶吹熔炼等）处理，所产高砷细尘应开炉单独进行脱砷处理，或在制酸过程中经洗涤使砷进入酸泥而脱除。

复杂铜矿如含 Pb、Zn 伴生元素高，原则上应通过选矿分离，分别产出单一的铜、铅、锌精矿送不同的冶炼厂处理。如果分选效果不理想，则在处理高锌或高铅铜矿时，应尽量创造条件使矿中的铅锌或造渣或挥发分别从炉渣和烟尘中排出，然后在分别处理烟尘和渣来回收。一般含锌高的硫化铜矿不宜加入密闭鼓风炉处理，否则会使渣的流动性变坏，且产生横膈膜。

对于氧化铜矿，常用硫酸浸出法处理。对于一些铜品位很低的硫化铜矿可用细菌浸出或实现堆浸法处理。

近年来，由于对环境保护提出了更高的要求。大多数工厂用火法处理硫化铜矿时，都

遇到含 SO_2 烟气的逸散问题。所以试图用湿法来处理硫化铜矿。例如澳大利亚西方矿业公司试验用高压氨浸法处理硫化铜矿取得了良好的效果。

总之，铜精矿成分千差万别，在确定冶炼工艺前必须进行充分论证。首先要看精矿的组成，同时要从经济、地域条件等多种因素加以综合考虑。

1.5 铜冶炼方法

冶金是研究由矿石或其他含金属原料中提取金属的一门科学。冶金企业分为黑色冶金企业和有色冶金企业，黑色冶金企业是指生铁、钢、铁合金（如铬铁、锰铁等）的生产企业；有色冶金企业包括其余所有各种金属的生产企业。

作为冶金原料的矿石（精矿），其中除含有所要提取的金属矿物外，还含有伴生金属矿物以及大量无用的脉石矿物。冶金的任务是将所要提取的金属从成分复杂的矿物集合体中分离出来并加以提纯，分离和提纯过程需多次进行。

在现代冶金中，由于精矿性质和成分、能源、环境保护以及技术条件等情况的不同，所以要实现上述冶金作业的工艺流程和方法是多种多样的。

1.5.1 火法炼铜

火法冶金是在高温条件下进行的冶金过程，冶金过程所需热能通常是依靠燃料的燃烧来供给，也有依靠过程中的化学反应来供给的，例如，硫化矿的氧化焙烧和熔炼就无须由燃料供热，金属热还原过程也是自热进行的。火法冶金包括干燥、焙烧、熔炼、精炼、蒸馏等过程。

用铜矿石或铜精矿生产铜的方法较多，概括起来有火法和湿法两大类。采用哪种方法决定于矿石的化学成分和矿物组成，矿石中铜的含量，当地的技术条件（燃料、水、电力、耐火材料、经济、交通运输、地理气候）等因素。

火法炼铜是当今生产铜的主要方法，占铜生产量的 80% ~ 90%，主要是处理硫化矿，处理硫化矿的工艺流程主要包括 4 个步骤：（1）造锍熔炼；（2）铜锍吹炼；（3）粗铜火法精炼；（4）阳极铜电解精炼。

造锍熔炼可以在不同设备中进行，传统熔炼设备有反射炉、电炉和密闭鼓风炉等；强化熔炼设备有闪速炉、诺兰达炉、艾萨炉、白银炉等。

火法处理造锍炼铜有密闭鼓风炉法、诺兰达炼铜法、三菱法、瓦纽科夫炼铜法闪速熔炼等方法。

密闭鼓风炉炼铜是炉料与燃料从炉子上部加料斗分批加入，空气或富氧空气从炉子下部两侧风口鼓入，产出的熔体进入本床，通过咽喉口流入设于炉外的前床内进行冰铜与炉渣的澄清分离。这种方法能获得含二氧化硫比较高的烟气，有利于回收制酸，减少对环境的污染。

诺兰达炼铜法是将空气或富氧空气鼓入铜锍层，使加到熔池表面的含铜物料迅速熔炼成高品位铜锍的炼铜方法。这种方法是将焙烧、熔炼和吹炼 3 个过程在一个设备中完成，这种炼铜方法低能耗、污染少。

三菱法炼铜是把铜精矿和溶剂喷入熔炼炉，将其熔炼成熔锍和炉渣，铜液流至贫化电炉产出弃渣,铜锍再流入吹炼炉产出粗铜的炼铜的方法。这种方法炼铜具有环保和工作环境好的优点,可以直接利用炉气产出粗铜,设备投资少,燃料消耗低,缺点是溜槽需外部加热,粗铜含杂质高。

瓦纽科夫炼铜法是前苏联莫斯科钢铁与合金研究院 A. V. 瓦纽科夫教授于 20 世纪 50 年代发明的一种炼铜方法,属于熔池熔炼技术。瓦纽科夫炼铜法是将富氧空气鼓入渣层产生泡沫层,使从炉顶加入的炉料迅速熔化,并发生剧烈的氧化和造渣反应,生成铜锍和炉渣。铜锍进入保温炉,再送入转炉吹炼。炉渣流到贮渣炉,在贮渣炉内,渣中的铜锍颗粒进一步从渣中沉淀下来,定期放出送转炉吹炼,弃渣间断放入渣罐送到渣场。

闪速熔炼是 20 世纪 40 年代末芬兰奥托昆普公司首先实现工业生产的,它是充分利用细磨物料的巨大活性表面,强化冶炼反应过程的熔炼方法。闪速熔炼是将经过深度脱水的粉状精矿,在喷嘴中与预热空气或富氧空气混合后,以高速度从反应塔顶部喷入高温的反应塔内。精矿颗粒被气体包围,处于悬浮状态,在 $2 \sim 3s$ 内就基本完成硫化物的分解、氧化和熔化等过程。熔融硫化物和氧化物的混合熔体落下到反应塔底部的沉淀池中汇集起来,继续完成冰铜与炉渣最终形成的过程,并进行澄清分离。

白银炼铜的特点是白银炉内有两道隔墙,将炉子分隔为 3 个作业区,即熔炼区、沉淀区和冰铜区。每道墙下部有通道,使 3 个作业区既分开又互相连通。熔炼区在炉尾,在此区两侧炉墙上设有若干风口往熔池鼓风,由精矿、溶剂烟尘组成的炉料从加料口进入熔池表面,与搅动的熔体作用,发生激烈的物理化学反应,放出大量的热,同时形成冰铜和炉渣,冰铜与炉渣通过隔墙下面的孔道流入沉淀区进行分离,上层为炉渣,下层为冰铜。炉渣由沉淀区碴口放出,冰铜由隔墙通道流入冰铜区,并经虹吸口放出。这种方法炼铜热利用好、燃料消耗少。

澳斯麦特法是使熔池内熔体—炉料—气体之间造成的强烈搅拌与混合,大大强化热量传递、质量传递和化学反应的速率。澳斯麦特法也称为浸没喷吹熔炼技术,喷枪结构较为特殊;炉子尺寸比较紧凑整体设备简单,工艺流程和操作不复杂。主要应用于硫化矿熔炼,提取铜、铅、镍、锡等金属以及用于处理含砷、锑、铋的铜精矿的处理上。这种方法的核心技术是喷枪内部有螺旋片,将混合的燃料和空气或富氧空气喷射进熔池,使熔体搅动的方法。

火法冰铜吹炼一般在侧吹卧式转炉、反射炉中进行,冰铜吹炼的主要原料为熔炼产出的液态冰铜。冰铜吹炼的实质是在一定压力下将空气送到液体冰铜中,使冰铜中的 FeS 氧化变成 FeO 与加入的石英熔剂造渣,而 Cu_2S 则经过氧化与 Cu_2O 相互反应变成粗铜。

侧卧式转炉吹炼是间歇性的周期性作业,主要包括造铜期和造渣期,铜锍吹炼可得到粗铜和转炉渣。烟气经电收尘处理。Ge、Bi、Hg、Pb、Cd 等元素在吹炼时大都挥发富集在烟尘中,Au、Ag、Pt 族元素富集于粗铜中,在精炼时回收。

反射炉式吹炼炉每个吹炼周期包括造渣、造铜和出铜 3 个阶段。它仍然保持着间断作业的部分方式,仅只是在第一周期内进料—放渣的多作业改变为不停风作业,提高了送风时率。烟气量和烟气中 SO_2 浓度相对稳定,漏风率小,SO_2 浓度较高利于制酸。反射炉式的连吹炉因其设备简单,投资省,在 SO_2 制酸方面比转炉有优点,因而适合于小型工厂。

火法炼铜的优点是适应性强,能耗低,生产效率高,金属回收率高。图 1-1 所示为用火法处理硫化铜矿提取铜的原则工艺流程。

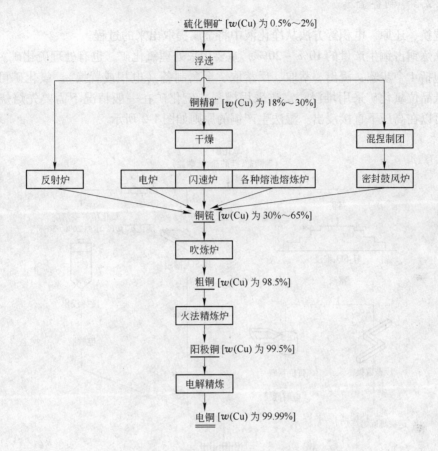

图 1-1 硫化铜矿提取铜工艺流程

1.5.2 湿法炼铜

湿法冶金是在溶液中进行的冶金过程。湿法冶金温度不高，一般低于100℃，现代湿法冶金中的高温高压过程，温度也不过200℃左右，极个别情况温度可达300℃。

湿法冶金包括浸出、净化、制备金属等过程。

1.5.2.1 浸出

浸出是指用适当的溶剂处理矿石或精矿，使要提取的金属成某种离子形态进入溶液，而脉石及其他杂质则不溶解。

经过浸出后，再澄清和过滤，得到的浸出液中含有金属离子及不溶性浸出渣。对于一些难浸出的矿石或精矿，浸出前要预处理，使被提取的金属转变为易于浸出的某种化合物或盐类。

1.5.2.2 净化

净化是指部分金属或非金属杂质与被提取金属一道进入溶液。除去杂质的过程。

1.5.2.3 制备金属

用置换、还原、电积等方法从净化液中将金属提取出来的过程。

湿法炼铜占铜生产量的 10%～20%，主要用来处理氧化矿，也有处理硫化矿。工艺过程主要包括 4 个步骤：浸出、萃取、反萃取、金属制备（电积或置换）。氧化矿可以直接浸出，低品位氧化矿采用堆浸，富矿采用槽浸。硫化矿在一般情况下需要先焙烧后再浸出，也可以在高压下直接浸出。湿法生产铜的原则如图 1-2 所示。

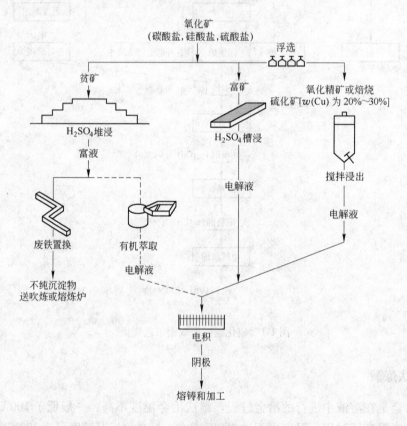

图 1-2　湿法生产铜流程

为增加铜产量，废杂铜已成为生产阴极铜的重油原料之一。由于废杂铜来源各异，化学成分与物理规格各不相同，因而处理的工艺而不同。

火法处理炼铜有诺兰达炼铜法、三菱法、瓦纽科夫炼铜法三种。

诺兰达炼铜法是将空气或富氧空气鼓入铜锍层，使加到熔池表面的含铜物料迅速熔炼成高品位铜锍的炼铜方法。这种方法是将焙烧、熔炼和吹炼 3 个过程在一个设备中完成，这种炼铜方法低能耗、污染少。

三菱法炼铜是把铜精矿和溶剂喷入熔炼炉，将其熔炼成熔锍和炉渣，铜液流至贫化电炉产出弃渣，铜锍再流入吹炼炉产出粗铜的炼铜的方法。这种方法炼铜具有环保和工作环境好的优点，可以直接利用炉气产出粗铜，设备投资少，燃料消耗低，缺点是溜槽需外部加热，粗铜含杂质高。

瓦纽科夫炼铜法是前苏联莫斯科钢铁与合金研究院 A. V. 瓦纽科夫教授于 20 世纪 50 年代发明的一种炼铜方法，属于熔池熔炼技术。瓦纽科夫炼铜法是将富氧空气鼓入渣层产生泡沫层，使从炉顶加入的炉料迅速熔化，并发生剧烈的氧化和造渣反应，生成铜锍和炉渣。铜锍进入保温炉，再送入转炉吹炼。炉渣流到贮渣炉，在贮渣炉内，渣中的铜锍颗粒进一步从渣中沉淀下来，定期放出送转炉吹炼，弃渣间断低放入渣罐送到渣场。

1.6　炼铜方法评价

目前，评价炼铜方法，主要围绕能否节省能源；能否防止公害；能否利用低品位矿这三大课题来进行。

火法冶金处理硫化铜精矿，生产率高、能耗低、电铜质量好，有利于回收稀贵金属，但由于产出 SO_2 烟气对大气的污染严重，且不能直接处理贫矿。

在火法炼铜中，铜锍熔炼以往是在反射炉、电炉和鼓风炉中进行，这些方法曾经辉煌一时。但随着科学技术的进步，20 世纪 70 年代，不少新的强化铜锍熔炼工艺已被推广，例如诺兰达熔炼法、奥托昆普闪速熔炼、INCO 氧气闪速熔炼和 KHD 公司的连续顶吹旋涡熔炼法，这些方法均运用富氧技术，强化熔炼过程，其利用炉料氧化反应的热能量进行熔炼，产出高浓度的二氧化硫烟气，可有效回收利用，环境友好，节能和经济效益好。

湿法炼铜可以根除大气污染，能较好处理氧化铜矿和低品位矿，但一次性设备投资大。自 70 年代以来，湿法炼铜有了较大的发展。

60 年代以来，世界铜冶金技术有了长足的发展，主要表现在：

（1）传统的冶炼工艺正在迅速被新的强化冶炼工艺取代，澳斯麦特/艾萨法、诺兰达法、特尼恩特法、瓦纽科夫法等。

（2）氧气的利用更为广泛，富氧浓度大大提高。

（3）炼铜厂装备水平及自动化水平有了较大的提高。

（4）以计算机为基础的 DCS 集散控制系统被广泛采用，冶炼工艺控制更精确。

（5）冶金工艺参数的测定手段更为先进。

（6）有价金属的综合回收率进一步提高，综合能耗进一步降低，劳动生产率进一步提高，冶炼环境进一步改善。

（7）湿法炼铜工艺有了更大的发展，不仅可处理一些难选的氧化矿和表外矿、铜矿废石等，而且随着细菌浸出和加压浸出的发展，也可以处理硫化铜矿石，并能获得较好的经济效益，从而大大拓宽了铜资源的综合利用。

2 有色金属冶金原理基础知识

<<<<<<<<<<<<<<<<<<<<<<<<<<<<<<<<<<<<<<<<<<<<<<<<<<<<<<<<<<<<<<<<<<<<<<

2.1 冶金炉渣基础知识

2.1.1 概述

炉渣，熔化后称为熔渣，是火法冶炼的一种产物，其组成主要来自矿石、熔剂和燃料灰分中的造渣成分。由于火法冶金的原料和冶炼方法种类繁多，因而炉渣的类型很多，成分复杂。但总的来说，炉渣是各种氧化物的熔体，这些氧化物在不同的组成和温度条件下可以形成化合物、固熔体、溶液以及共晶体等。

在有色冶金中，炉渣的产出量较大，一般来说按质量计是金属或锍量的 3~5 倍。因而冶炼过程的技术经济指标在很大程度上与炉渣有关。

炉渣起着下面这些作用：

(1) 炉渣的主要作用是使矿石和熔剂中的脉石和燃料中的灰分集中，并在高温下与主要的冶炼产物金属、锍等分离。

(2) 熔渣是一种介质，其中进行着许多极为重要的冶金反应。

(3) 在炉渣中发生金属液滴或锍液滴的沉降分离，沉降分离的完全程度对金属在炉渣中的机械夹杂损失起着决定性的作用。

(4) 对某些炉型来说，炉内可能达到的最高温度决定于炉渣的熔化温度。

(5) 在金属或合金的熔炼和精炼时，炉渣与金属熔体的组分相互进行反应，从而通过炉渣对杂质的脱除和浓度加以控制。

(6) 在某些情况下，炉渣不是冶炼厂的废弃物，而是一种中间产物。

(7) 在用矿热电炉冶炼时，炉渣以及电炉周围的气膜起着电阻作用，并可用调节电极插入渣中深度的方法来调节电炉的功率。

(8) 在金属硫化矿烧结焙烧过程中，熔渣是一种结合剂，能吸收细粒炉料黏结起来形成结块。

(9) 炉渣能带走大量热量，从而增加燃料的消耗。

(10) 炉渣对炉衬的化学侵蚀及机械冲刷会缩短炉使用寿命。

要使炉渣起到上述作用，就必须根据各种有色金属冶炼过程的特点，合理地选择炉渣成分，使之具有适合要求的物理化学性质。

2.1.2 炉渣组成

冶金炉渣是极为复杂的体系，常由五、六种或更多的氧化物组成，并含有如硫化物等其他化合物。炉渣中含量最多的氧化物通常只有三种，其总含量可达80%以上。对大多数炉渣来说这三种氧化物是 FeO、CaO、SiO_2，对某些炉渣则是 CaO、Al_2O_3、SiO_2。

组成炉渣的各种氧化物可分为三类：

（1）碱性氧化物：CaO、FeO、MnO、MgO 等，这类氧化物能提供氧离子 O^{2-}；

（2）酸性氧化物：SiO_2、P_2O_5 等，这类氧化物能吸收氧离子而形成络合阴离子；

（3）两性氧化物：Al_2O_3、ZnO 等，这类氧化物在酸性氧化物过剩时可供给氧离子而呈碱性，而在碱性氧化物过剩时则又会吸收氧离子形成络合阴离子而呈酸性。

对于冶金炉渣的酸碱性，习惯上常用硅酸度表示，其计算方法为：

$$硅酸度 = \frac{酸性氧化物中氧的质量之和}{碱性氧化物中氧的质量之和}$$

2.1.3 炉渣的物理化学性质

炉渣的物理化学性质直接关系到冶炼过程的顺利进行、能耗和金属回收率等技术经济指标。

2.1.3.1 渣的电导

炉渣的电导是通过 1.2cm，长度为 1cm 的炉渣的导电度得出：

$$L = \kappa \cdot \frac{S}{l}$$

导电度 L 与面积 S 成正比，与距离 l 成反比，比例系数 κ 为电导率，即称电导，其单位为 S/m。

有色冶金炉渣在 1300℃ 的 κ 值约为 0.1~0.2S/m。

炉渣的导电机理包括两个方面，即熔渣内电子流动而引起的电子导电和离子迁移而引起的离子导电。

2.1.3.2 炉渣的黏度

黏度是炉渣的重要性质，关系到冶炼过程能否顺利进行，也关系到金属或锍能否充分地通过渣层沉降分离。冶炼过程要求炉渣具有小而适当的黏度。

决定黏度大小的炉渣成分是其中酸性氧化物和碱性氧化物的含量。

在同样的过热温度下，酸性渣（硅酸度大于 1）的黏度比碱性渣（硅酸度小于 1）的黏度高。无论是碱性渣或酸性渣，当过热温度提高时，黏度都是下降的。

2.1.3.3 炉渣的密度

炉渣的密度大小影响到金属或锍与炉渣的澄清分离效果。组成炉渣各氧化物单独存在时固体的密度如下：

氧化物	SiO_2	CaO	FeO
密度/g·cm^{-3}	2.6	2.33	5

液态炉渣的密度比固态炉渣的密度约低 0.4~0.5g/cm^3。

2.1.3.4　炉渣的表面性质

冶炼过程中耐火材料的腐蚀，金属或锍的汇集和长大，金属或锍与炉渣的分离，以及多相反应界面上进行的反应等皆受到炉渣和金属或锍表面性质的影响。对熔炼过程有直接意义的表面性质是熔渣与熔融冰铜间的界面张力。界面张力与其他性质一样，也是随熔渣的成分和温度而变化。

温度升高有利于提高渣锍间的界面张力。

2.2　化合物的离解—生成反应

2.2.1　概述

有色冶金物料中含有各种化合物，如氧化物、碳酸盐、硫化物、氯化物等。各种化合物在受热时分解为元素（或更简单的化合物）和一种气体的反应就是化合物的离解反应，而其逆反应则是化合物的生成反应，这类反应统称为离解—生成反应。常见的离解—生成反应类型为：

氧化物　　　　　　　　　　$4Cu + O_2 \Longrightarrow 2Cu_2O$

$$4Fe_3O_4 + O_2 \Longrightarrow 6Fe_2O_3$$

碳酸盐　　　　　　　　　　$CaO + CO_2 \Longrightarrow CaCO_3$

硫化物　　　　　　　　　　$2Fe + S_2 \Longrightarrow 2FeS$

氯化物　　　　　　　　　　$Ti + 2Cl_2 \Longrightarrow TiCl_4$

还原剂化合物　　　　　　　$2C + O_2 \Longrightarrow 2CO$

$$2CO + O_2 \Longrightarrow 2CO_2$$

对于绝大多数的离解—生成反应可以用以下通式表示：

$$A_{(s)} + B_{(g)} \Longrightarrow AB_{(s)}$$

反应的标准自由焓变化：

$$\Delta G^{\ominus} = -RT\ln K_p = -RT\ln \frac{1}{P_B} = RT\ln P_B$$

P_B 为反应平衡时气相 B 的分压，称为化合物 AB 的离解压。

2.2.2　氧化物的离解和金属的氧化

对氧化物的离解-生成反应，可用下述通式表示：

$$2Me_{(s,e)} + O_2 \Longrightarrow 2MeO_{(s,e)}$$

离解压 P_{O_2} 仅取决于温度，与其他因素无关。P_{O_2} 为反应处于平衡时气相 O_2 的平衡压，称为氧化物的离解压。P_{O_2} 与温度 T 的关系式为：

$$\lg P_{O_2} = \frac{\Delta G^\ominus}{4.576T}$$

由以上分析可看出，Fe 氧化为 Fe_3O_4 或由 Fe_2O_3 离解为 Fe 的过程都是逐步进行的，在 570℃以上为 $Fe \rightleftharpoons FeO \rightleftharpoons Fe_3O_4 \rightleftharpoons Fe_2O_3$，在 570℃以下为 $Fe \rightleftharpoons Fe_3O_4 \rightleftharpoons Fe_2O_3$。

当温度高于 570℃时：

$$2Fe + O_2 \Longrightarrow 2FeO$$

$$\Delta G^\ominus = -125.860 + 31.92T \qquad \lg P_{O_2} = -\frac{27504}{T} + 6.98$$

$$6FeO + O_2 \Longrightarrow 2Fe_3O_4$$

$$\Delta G^\ominus = -152.220 + 61.17T \qquad \lg P_{O_2} = -\frac{33265}{T} + 13.37$$

$$4Fe_3O_4 + O_2 \Longrightarrow 6Fe_2O_3$$

$$\Delta G^\ominus = -140.380 + 81.38T \qquad \lg P_{O_2} = -\frac{30690}{T} + 17.79$$

当温度低于 570℃时：

$$\frac{3}{2}Fe + O_2 \Longrightarrow \frac{1}{2}Fe_3O_4$$

$$\Delta G^\ominus = -134.790 + 40.50T \qquad \lg P_{O_2} = -\frac{29458}{T} + 8.85$$

在室温下 Fe_2O_3 是稳定的，金属铁将逐渐氧化为 Fe_2O_3。

与铁氧化物一样逐级离解的氧化物还有：

$$MnO_2 \longrightarrow Mn_2O_3 \longrightarrow Mn_3O_4 \longrightarrow MnO \longrightarrow Mn$$

$$CuO \longrightarrow CuO_2 \longrightarrow Cu$$

$$TiO_2 \longrightarrow Ti_3O_5 \longrightarrow Ti_2O_3 \longrightarrow TiO \longrightarrow Ti$$

$$MoO_3 \longrightarrow Mo_2O_5 \longrightarrow MoO_2 \longrightarrow Mo$$

2.2.3 碳酸盐的离解

碳酸盐是冶金工业中常用的原材料。作为冶炼原料的有菱镁矿（$MgCO_3$）、菱铁矿（$FeCO_3$）、菱锌矿（$ZnCO_3$）等，作为熔剂使用的有石灰石（$CaCO_3$）、白云母 $[(Ca,Mg)CO_3]$ 等。碳酸盐通常预先加热焙烧使其离解为氧化物，有时也可直接加入冶金炉内，使之在炉内完成离解过程。

碳酸盐离解反应的通式为：

$$MeO_{(s)} + CO_2 \Longrightarrow MeCO_{3(s)}$$

对碳酸盐的离解反应：

$$\Delta G^{\ominus} = -RT\ln K_p = -RT\ln\frac{1}{P_{CO_2}} = RT\ln P_{CO_2}$$

根据反应 $\Delta G^{\ominus}$-T 二项式得：

$$RT\ln P_{CO_2} = A + BT$$

$$\lg P_{CO_2} = \frac{A + BT}{4.576T} = \frac{A'}{T} + B'$$

对 $CaO + CO_2 = CaCO_3$，常用 $\Delta G^{\ominus} = -40852 + 34.51T$，则：

$$\lg P_{CO_2} = -\frac{8920}{T} + 7.54$$

当在大气中焙烧 $CaCO_3$ 时，大气中 CO_2 含量约为 0.03%，即大气中 CO_2 分压 $P_{CO_2} = 0.0003$。因而 $CaCO_3$ 开始离解温度可由 $P_{CO_2} = 0.0003$ 大气压求出：

$$\lg 0.0003 = -\frac{8920}{T_{开}} + 7.54$$

$$T_{开} = 807K(534℃)$$

根据以上计算，$CaCO_3$ 在大气中只要加热到 534℃ 即可分解，然而低温离解速度慢，同时，由于离解后产生的 CO_2 将使气相中 P_{CO_2} 升高，阻滞反应的进行，因而应将离解温度提高到使 P_{CO_2} 稍大于大气总压力，这样离解反应将能迅速进行。通常将 $P_{CO_2} = 1$ 大气压时的温度称为碳酸盐的化学沸腾温度。

$$\lg 1 = -\frac{8920}{T_{沸}} + 7.54$$

$$T_{沸} = 1183K(910℃)$$

2.3　氧化物的还原

金属氧化物在高温下还原为金属是火法冶金中最重要的一个冶炼过程，广泛地应用于黑色、有色及稀有金属冶金中。

火法还原按原料和产品的特点可分为以下几种情况：

（1）氧化矿或精矿直接还原为金属，如锡精矿的还原熔炼；

（2）硫化精矿经氧化焙烧后再还原，如铅烧结矿、锌烧结矿的还原；

（3）湿法冶金制取的纯氧化物还原为金属，如三氧化钨粉的氢还原、四氯化钛的镁热还原；

（4）含两种氧化物的氧化矿选择性还原其中一种氧化物，另一种氧化物富集在半成品中，如钛铁矿还原铁后得出含高二氧化钛的高铁渣等。

按所用还原剂的种类来划分，还原过程可分为气体还原剂还原、固体碳还原、金属热还原等。

由于火法冶金过程需要用燃料燃烧来得到高温，而燃料与还原剂又是相互联系的，因而将首先介绍燃烧反应。

2.3.1 燃烧反应

火法冶金所用的燃料中，固体燃料有煤和焦炭，其可燃成分为 C；气体燃料有煤气和天然气；液体燃料有重油等，其可燃成分主要为 CO 和 H_2。也仅用还原剂又是使染料本身，如煤和焦炭，有时是燃料燃烧产物，如 CO 和 H_2。参与燃烧的助燃剂为 O_2，主要来自空气，有时是氧化物中所含的 O_2。因而，燃烧反应是与 C-O 系和 C-H-O 系有关的反应。

2.3.1.1 C-O 系燃烧反应

碳氧系主要有以下 4 个反应：

（1）碳的气化反应：

$$C + CO_2 \Longrightarrow 2CO \qquad \Delta G^{\ominus} = 40800 - 41.70T(cal, 1cal = 4.1868J)$$

（2）煤气燃烧反应：

$$2CO + O_2 \Longrightarrow 2CO_2 \qquad \Delta G^{\ominus} = -135000 + 41.50T(cal)$$

（3）碳的完全燃烧反应：

$$C + O_2 \Longrightarrow CO_2 \qquad \Delta G^{\ominus} = -94200 - 0.20T(cal)$$

（4）碳的不完全燃烧反应：

$$2C + O_2 \Longrightarrow 2CO \qquad \Delta G^{\ominus} = -53400 - 41.90T(cal)$$

碳的完全燃烧反应和不完全燃烧反应的 $\Delta G^{\ominus}$ 在任何温度下都是负值，温度升高变得更负，因而这两个反应在高温下能完全反应。在 O_2 充足时，C 完全燃烧成 CO_2，O_2 不足时将生成一部分 CO，而 C 过剩时，将生成 CO。

煤气燃烧反应的 $\Delta G^{\ominus}$ 随温度升高而加大，因而温度高时，CO 不易反应完全。对碳的气化反应，温度低时为正值，温度高时为负值。

2.3.1.2 H-O 和 C-H-O 系燃烧反应

H-O 和 C-H-O 系燃烧反应有以下 4 种反应：

（1）氢的燃烧

$$2H_2 + O_2 \Longrightarrow 2H_2O \qquad \Delta G^{\ominus} = -120440 + 28.05T(cal)$$

氢的燃烧反应热力学规律与煤气燃烧反应相同，即温度升高后 H_2 的不完全燃烧程度加大。

（2）水煤气反应

$$CO + H_2O \Longrightarrow H_2 + CO_2 \qquad \Delta G^{\ominus} = -7280 + 6.725T(cal)$$

（3）水蒸气与碳反应。用空气来燃烧碳时，由于空气中含有水蒸气，因而存在 H_2O 与 C 的反应：

$$2H_2O + C \Longrightarrow 2H_2 + CO_2 \qquad \Delta G^{\ominus} = 26240 - 28.28T(cal)$$

$$H_2O + C \Longrightarrow H_2 + CO \qquad \Delta G^{\ominus} = 33520 - 34.98T(cal)$$

（4）甲烷的离解和燃烧。当采用天然气为燃料和还原剂时，甲烷 CH_4 是其主要可燃成分。CH_4 的离解反应为：

$$CH_4 \Longrightarrow C + 2H_2 \qquad \Delta G^\ominus = 21550 - 26.16T(cal)$$

升高温度和降低压力有利于 CH_4 的离解。

在使用天然气时，通常预先用空气、水蒸气、CO_2 等式 CH_4 裂化为 CO 和 H_2：

$$2CH_4 + O_2 \Longrightarrow 2CO + 4H_2$$

$$CH_4 + H_2O \Longrightarrow CO + 3H_2$$

$$CH_4 + CO_2 \Longrightarrow 2CO + 2H_2$$

以上三个反应除第一个反应为弱放热反应外，其余皆为强吸热反应，因而裂化时需要加热。

2.3.2　氧化物用 CO、H_2 气体还原剂还原

（1）氧化物用 CO 还原。可用下列通式进行表示：

$$MeO + CO \Longrightarrow Me + CO_2$$

（2）氧化物用 H_2 还原。可用下列通式进行表示：

$$MeO + H_2 \Longrightarrow Me + H_2O$$

2.3.3　氧化物用固体还原剂 C 还原

氧化物用 CO 还原时，反应为 $MeO + CO \Longrightarrow Me + CO_2$，随着还原反应的进行气相中 CO 含量降低，$CO_2$ 含量升高，逐渐趋于平衡，反应将不能继续进行。因而必须连续供应还原气体并排出还原气体产物。也可用加入固体 C 的办法来降低体系中 CO_2 浓度。

当有固体 C 存在时，还原反应分两步进行，首先使 CO 还原氧化物：

$$MeO + CO \Longrightarrow Me + CO_2$$

反应生成的 CO_2 与 C 反应（气化反应）：

$$CO_2 + C \Longrightarrow 2CO$$

这样又重新产生 CO，此时，气相成分将取决于气化反应的平衡。

根据气化反应的平衡特点可知，温度高于 1000℃ 上下时，CO_2 几乎全部转变为 CO，CO_2 可忽略不计。而温度低于 1000℃ 上下时，CO 和 CO_2 将共存，即 CO_2 不能完全转变为 CO。因而讨论 MeO 被 C 还原的反应，应区分温度高低。

通常将氧化物用 C 还原称为直接还原，而氧化物用 CO 和 H_2 还原称为间接还原。

（1）高温下用 C 还原 MeO。温度高于 1000℃ 时，气相中 CO_2 平衡浓度很低，当忽略不计时，还原反应可由下述两步加和而成：

$$MeO + CO \Longrightarrow Me + CO_2$$

$$CO_2 + C \Longrightarrow 2CO$$

$$MeO + C \Longrightarrow Me + CO$$

（2）温度低于1000℃时用 C 还原 MeO。当还原温度低于1000℃时，碳的气化反应平衡成分中 CO、CO_2 共存，这时，MeO 的还原将取决于以下两反应的同时平衡：

$$MeO + CO === Me + CO_2$$

$$CO_2 + C === 2CO$$

2.4 硫化矿的火法冶金

大多数重有色金属都是以硫化物形态存在于自然界中，如铜、铅、锌、镍、钴等，一般的硫化矿都是多金属复杂矿，具有综合利用的价值。

硫化矿的现代处理方法大都是围绕着金属硫化物的高温化学过程。提取金属的方法较处理氧化矿复杂，主要原因是硫化物不能直接用碳把金属还原出来。因此硫化物的冶炼途径，必须根据硫化矿石的物理化学特性和成分来选择。

现代硫化矿的处理过程虽然比较复杂，但从硫化矿物在高温下的化学反应来考虑，大致可归纳为以下五种类型：

（1）硫化矿氧化焙烧：

$$2MeS + 3O_2 === 2MeO + 2SO_2$$

（2）硫化物直接氧化为金属：

$$MeS + O_2 === Me + SO_2$$

（3）造锍熔炼：

$$MeS + Me'O === MeO + Me'S$$

（4）硫化物与氧化物的交互反应：

$$MeS + 2MeO === 3Me + SO_2$$

（5）硫化反应：

$$MeS + Me' === Me + Me'S$$

2.4.1 金属硫化物的热力学性质

2.4.1.1 硫化物的热离解

某些金属如 Fe、Cu、Ni、As、Sb 等具有不同价态的硫化物，其高价硫化物在中性气氛中受热到一定温度即发生如下的分解反应：

$$2MeS === Me_2S + \frac{1}{2}S_2$$

产生元素硫和低价硫化物。例如，在火法冶金过程中常遇到的硫化物热分解反应有：

$$2CuS === Cu_2S + \frac{1}{2}S_2$$

$$FeS_2 === FeS + \frac{1}{2}S_2$$

$$2CuFeS_2 = Cu_2S + 2FeS + \frac{1}{2}S_2$$

$$3NiS = Ni_3S_2 + \frac{1}{2}S_2$$

上列的硫化物热分解反应表明，在高温下低价硫化物是稳定的，因此在火法冶金过程中实际参加反应的是金属的低价硫化物。

由金属硫化物热分解产出的硫，在通常的火法冶金温度下都是气态硫，S_2 是稳定的。

2.4.1.2 金属硫化物的离解—生成反应

在火法冶金的作业温度下，二价金属硫化物的离解—生成反应可以用下列通式表示：

$$2Me + S_2 = 2MeS$$

离解压 P_{S_2} 与自由焓 $\Delta G^{\ominus}$ 的关系式为：

$$\Delta G^{\ominus} = -RT\ln K_p = 4.576T\lg P_{S_2}$$

在高温下，高价硫化物分解为低价硫化物的分解压较大，而在高温下，低价硫化物较稳定，其离解压一般都很小。

2.4.2 硫化矿的氧化富集熔炼——造锍熔炼

用硫化精矿生产金属铜是重要的硫化物氧化的工业过程。由于硫化铜矿一般都是含硫化铜和硫化铁的矿物。例如 $CuFeS_2$（黄铜矿），其矿石品位，随着资源的不断开发利用，变得含铜量愈来愈低，其精矿品位有的低到含铜只有 10% 左右，而含铁量可高达 30% 以上。如果经过一次熔炼就把金属铜提取出来，必然会产生大量含铜高的炉渣，造成 Cu 的损失。因此，为了提高 Cu 的回收率，工业实践先要经过富集熔炼，使铜与一部分铁及其他脉石等分离。

富集熔炼是利用 MeS 与含 SiO_2 的炉渣不互溶及密度差别的特性而使其分离。其过程是基于许多的 MeS 能与 FeS 形成低熔点的共晶熔体，在液态时能完全互溶并能溶解一些 MeO 的物理化学性质，使熔体和渣能很好地分离，从而提高主体金属含量，并使主体金属被有效的富集。

这种含有多种低价硫化物的共熔体在工业上一般称为冰铜（铜锍）。例如冰铜的主体为 Cu_2S，其余为 FeS 及其他 MeS。铅冰铜除含 PbS 外，还含有 Cu_2S、FeS 等其他 MeS。又如镍冰铜（冰镍）为 $Ni_3S_2 \cdot FeS$，钴冰铜为 $CoS \cdot FeS$ 等。

2.4.2.1 锍的形成

造锍过程也可以说就是几种金属硫化物之间的互熔过程。当一种金属具有一种以上的硫化物时，例如 Cu_2S、CuS、FeS_2、FeS 等，其高价硫化物在熔化之前发生如下的热离解，如：

黄铜矿 $\qquad\qquad\qquad 4CuFeS_2 = 2Cu_2S + 4FeS + S_2$

斑铜矿 $\qquad 2Cu_3FeS_3 = 3Cu_2S + 2FeS + \dfrac{1}{2}S_2$

黄铁矿 $\qquad FeS_2 = FeS + \dfrac{1}{2}S_2$

上述热离解所产生的元素硫，遇氧即氧化成 SO_2 随炉气逸出。而铁只部分地与结合成 Cu_2S 以外多余的 S 相结合进入锍内，其余的铁则进入炉渣。

由于铜对硫的亲和力比较大，故在 1200～1300℃ 的造锍熔炼温度下，呈稳定态的 Cu_2S 便与 FeS 按下列反应熔合成冰铜：

$$Cu_2S + FeS = Cu_2S \cdot FeS$$

同时反应生成的部分 FeO 与脉石氧化物造渣，发生如下反应：

$$2FeO + SiO_2 = 2FeO \cdot SiO_2$$

因此，利用造锍熔炼，可使原料中原来呈硫化物态的和任何呈氧化物形态的铜，几乎完全都以稳定的 Cu_2S 形态富集在冰铜中，而部分铁的硫化物优先被氧化生成的 FeO 与脉石造渣。由于锍的比重较炉渣大，且两者互不溶解，从而达到使之有效分离的目的。

镍和钴的硫化物和氧化物也具有上述类似的反应，因此，通过造锍熔炼，便可使欲提取的铜、镍、钴等金属成为锍这个中间产物产出。

2.4.2.2 锍的吹炼过程

用各种火法熔炼获得的中间产物——铜锍、镍锍或铜镍锍都含有 FeS，为了除铁和硫均需经过转炉吹炼过程，即把液体锍在转炉中鼓入空气，在 1200～1300℃ 温度下，使其中的硫化亚铁发生氧化，在此阶段中要加入石英石（SiO_2），使 FeO 与 SiO_2 造渣，这是吹炼除铁过程，从而使铜锍由 $xFeS \cdot yCu_2S$ 富集为 Cu_2S、镍锍由 $xFeS \cdot yNi_3S_2$ 富集为镍高锍 Ni_3S_2、铜镍锍由 $xFeS \cdot yCu_2S \cdot zNi_3S_2$ 富集为 $yCu_2S \cdot zNi_3S_2$（铜镍高锍）。这是吹炼的第一周期。对镍锍和铜镍锍的吹炼只有一个周期，即只能吹炼到获得镍高锍为止。

对铜锍来说还有第二周期，即由 Cu_2S 吹炼成粗铜的阶段。

铜锍的成分主要是 FeS、Cu_2S，此外还有少量的 Ni_3S_2 等，它们与吹入的空气作用（空气中的氧）首先发生如下反应：

$$\dfrac{2}{3}Cu_2S_{(1)} + O_2 = \dfrac{2}{3}Cu_2O_{(1)} + \dfrac{2}{3}SO_2$$

$$\Delta G^{\ominus} = -61400 + 19.40T(\text{cal})$$

$$\dfrac{2}{7}Ni_3S_{2(1)} + O_2 = \dfrac{6}{7}NiO_{(s)} + \dfrac{4}{7}SO_2$$

$$\Delta G^{\ominus} = -80600 + 22.48T(\text{cal})$$

$$\dfrac{2}{3}FeS_{(1)} + O_2 = \dfrac{2}{3}FeO_{(1)} + \dfrac{2}{3}SO_2$$

$$\Delta G^{\ominus} = -72500 + 12.59T(\text{cal})$$

以上三种硫化物发生氧化的顺序：$FeS \rightarrow Ni_3S_2 \rightarrow Cu_2S$。也就是说，铜锍中的 FeS 优先氧化生成 FeO，然后与加入转炉中的 SiO_2 作用生成 $2FeO \cdot SiO_2$ 炉渣而除去。在 Fe 氧化时，Cu_2S 不可能绝对不氧化，此时也将有小部分 Cu_2S 被氧化而生成 Cu_2O。所形成的 Cu_2O 可能按下列反应进行：

$$Cu_2O_{(1)} + FeS_{(1)} =\!=\!= FeO_{(1)} + Cu_2S_{(1)}$$
$$\Delta G^{\ominus} = -16650 - 10.22T(cal)$$
$$2Cu_2O_{(1)} + Cu_2S_{(1)} =\!=\!= 6Cu_{(1)} + SO_2$$
$$\Delta G^{\ominus} = 8600 - 14.07T(cal)$$

在有 FeS 存在的条件，FeS 将置换 Cu_2O，使之成为 Cu_2S，而 Cu_2O 没有任何可能与 Cu_2S 作用生成 Cu。也就是说，只有 FeS 几乎全部被氧化以后，才有可能进行 Cu_2O 与 Cu_2S 作用生成铜的反应。也说明了，铜锍吹炼必须分为两个周期：第一周期吹炼除 Fe，第二周期吹炼成 Cu。

2.5 粗金属的火法精炼

2.5.1 粗金属火法精炼的目的、方法及分类

由矿石经熔炼制取的金属常含有杂质，当杂质超过允许含量时，金属对空气或化学药品的耐蚀性、机械性以及导电性等有所降低，为了满足上述性质的要求，通常需要用一种或几种精炼方法处理粗金属，以便得到尽可能纯的金属。在有些情况下要求金属纯度很高，在其他情况下，精炼的目的是为了得到一种杂质含量在允许范围的产品。此外，有些精炼是为了提取金属中无害的杂质，因它们有使用价值，如从铅中回收银。

火法精炼常常是根据下列步骤来实现：

第一步，均匀的熔融粗金属中产生多相体系（如金属—渣、金属—金属、金属—气体）。

第二步，把上述产生的各两相体系用物理方法分离。

可把精炼的产物分为三类：金属—渣系、金属—金属系、金属—气体系。

2.5.2 熔析精炼

所谓熔析是指熔体在熔融状态或其缓慢冷却过程中，使液相或固相分离。熔析现象在有色金属冶炼过程中广泛地应用于粗金属精炼，如粗铅熔析除银、粗锌熔析除铁除铅、粗锡熔析出铁等。

熔析精炼过程是由两个步骤组成：

第一步，使在均匀的合金中产生多相体系（液体＋液体或液体＋固体）。产生多相体系可以用加热、缓冷等方法。

第二步，是由第一步所产生的两项按比重不同而进行分层。

在均匀合金中产生多相的方法有下列两种：

（1）熔化：将粗金属缓缓加热到一定温度，其中一部分熔化为液体，而另一部分仍为

固体，借此将金属与其杂质分离。

（2）结晶：将粗金属缓缓冷却到一定温度，熔体中某种成分由于溶解度减小，因而呈固体析出，其余大部分熔体仍保持在液体状态，借此以分离金属及其所含杂质。

2.5.3 萃取精炼

在熔融粗金属中加入附加物，此附加物与粗金属内杂质生成不溶解于熔体的化合物而析出，这是在恒温情况下进行的。例如粗铅加锌除银、粗铅加钙除铋精炼等。

2.5.4 氧化精炼

氧化精炼的实质是利用空气中的氧通入被精炼的粗金属熔体中，使其中所含的杂质金属氧化除去，该法的基本原理基于金属对氧亲和力的大小不同，使杂质金属氧化生成不溶于主体金属的氧化物，或以渣的形式聚集于熔体表面，或以气态的形式（如杂质 S）被分离。

氧化精炼过程，通常是把粗金属在氧化气氛中熔化，将空气或富氧鼓入金属熔池中或熔池表面，有时也可加入固体还原剂。发生的反应主要使杂质金属 Me′ 的氧化，生成的杂质金属氧化物 Me′O 从熔池中析出，或以金属氧化物挥发，而与主体金属分离。

当空气鼓入熔池中形成气泡时，于是在气泡与熔体接触的界面处发生如下反应：

$$2[Me] + O_2 \Longrightarrow 2[MeO]$$

$$2[Me'] + O_2 \Longrightarrow 2[Me'O]$$

由于杂质 Me′ 浓度小，直接与氧接触机会少，故杂质金属 Me′ 直接被氧化的反应可以忽略。因此金属熔体与空气的氧接触时，熔融的主体金属便首先氧化成 MeO，随即溶解于 [Me] 中，并被气泡搅动向熔体中扩散，使其他杂质元素 Me′ 氧化，实质上起到了传递氧的作用。故氧化精炼的基本反应可表示为：

$$[MeO] + [Me'] \Longrightarrow (Me'O) + [Me]$$

2.5.5 硫化精炼

用硫除去金属中的杂质是有色金属精炼过程中若干反应的基础。如粗铅中的铜、粗锡中的铜和铁，或粗锑中的铜和铁，都常用加硫方法将铜、铁除去。

熔融粗金属加硫以后，首先形成金属硫化物 MeS，其反应为：

$$Me + S \Longrightarrow MeS$$

此金属硫化物与溶解于金属中的杂质 Me′、Me″等发生相互反应，MeS 与 Me′间的反应可表示为：

$$MeS + Me' \Longrightarrow Me'S + Me$$

反应的方向决定于 $\Delta G^\ominus$，而 $\Delta G^\ominus$有决定于 MeS 与 Me′S 的标准自由焓，也可通过比较硫化物离解压的大小作出判断，即：

$$\Delta G^\ominus = \Delta G^\ominus_{Me'S} - \Delta G^\ominus_{MeS} = \frac{1}{2}RT\ln P_{S_2(Me'S)} - \frac{1}{2}RT\ln P_{S_2(MeS)}$$

若使反应向右进行，必须要 $P_{S_2(Me'S)} < P_{S_2(MeS)}$。即主金属硫化物在给定温度下的离解压大于杂质硫化物的离解压时，杂质硫化物才能形成。如果所形成的各种杂质硫化物在熔体中的溶解度很小，而且密度也比较小，那么，它们便浮到熔体表面而除去。

2.6　耐火材料基本知识

2.6.1　概述

凡是耐火度不低于1580℃，具有抵抗高温骤变和炉渣侵蚀，并能承受高温荷重的材料统称耐火材料。工业炉窑种类繁多，结构形式各异，所以，对不同的冶金炉窑其耐火材料也就不同，就一个炉窑来说其各部分的温度、结构要求不同，选用的耐火材料也就不同。

在冶金炉窑工作过程中，耐火材料不但受到高温作用，还受到各种各样的物理、化学和机械作用，如：在高温下承受炉窑的荷重和在操作过程中所产生的应力作用；由于高温的急变或高速流动的高温炉气或火焰、烟尘、液态金属、炉渣的冲刷和块状物料的撞击作用等。因此，对耐火材料提出一系列的要求。同时，耐火材料的质量高低，决定着炉窑的使用寿命以及热修、冷修的周期，影响着产品的产量、燃耗及成本。

2.6.2　耐火材料的分类及性质

2.6.2.1　耐火材料的分类

A　按化学—矿物组成分

按化学—矿物组成分为：

（1）氧化硅质耐火材料；

（2）硅酸铝质耐火材料；

（3）氧化镁质耐火材料；

（4）炭质耐火材料；

（5）特种耐火材料。

B　按耐火材料的化学性质分

按耐火材料的化学性质分为：

（1）酸性耐火材料；

（2）碱性耐火材料；

（3）中性耐火材料。

C　按耐火材料的耐火度分

按耐火材料的耐火度分为：

（1）普通耐火材料，耐火度为 1580～1770℃；

（2）高级耐火材料，耐火度为 1770～2000℃；

（3）特级耐火材料，耐火度为大于 2000℃。

D　按制造工艺分

按制造工艺分为：

(1) 天然岩石；

(2) 泥浆浇注；

(3) 可塑成型；

(4) 半干成型；

(5) 捣打；

(6) 熔铸等制品。

E 按烧制方法分

按烧制方法分为：

(1) 不烧砖；

(2) 烧制砖；

(3) 耐火混凝土；

(4) 熔铸砖。

2.6.2.2 耐火材料的化学矿物组成

A 化学组成

除碳质耐火材料外，其他普通耐火材料主要化学成分都是氧化物。不同的耐火材料有不同的化学成分，而每一种耐火材料按各个成分的含量多少，又分为占绝对数量的基本成分和占少量的杂质成分两部分。例如：黏土质耐火材料的主要成分为 Al_2O_3 和 SiO_2，其主要杂质成分为 Fe_2O_3、CaO、Na_2O、K_2O 等。

B 矿物组成

耐火材料原料及制品中所含矿物的种类及数量，统称为矿物组成。对具有相同化学成分的耐火材料，其矿物组成不一定也相同，而耐火材料的一系列指标又主要决定于矿物组成。

耐火材料矿物组成分为主晶和基质两类。主晶是耐火材料中主要组成的骨料；基质是包围于主晶四周，起胶结作用的结晶矿物或非结晶玻璃质。它的熔点较低，起着熔剂作用。

C 耐火材料的物理性能

a 气孔率

气孔率是指材料中的气孔体积占材料总体积的百分数。

耐火材料中的气孔按存在形式的不同可以分为三种类型：

(1) 闭口气孔：不与大气相通的气孔；

(2) 开口气孔：与外界大气相通的气孔；

(3) 连通气孔：贯通整个耐火砖的气孔。

气孔率越小，耐火材料抵抗侵蚀的能力及结构强度越高。气孔率越高，特别是互不连通的气孔越多，材料的导热能力越低。轻质黏土砖、轻质高铝砖等保温材料均采用增加气孔率的方法来降低其导热能力。

b 吸水率

吸水率是材料中气孔部分所吸收水的质量占材料干燥质量的百分比。

c 透气性

耐火材料的透气性的大小可以用透气系数来表示，即在 10Pa 的压力差下，1h 通过厚度为 1m 的面积为 $1m^2$ 耐火材料的空气量。

透气系数通常用来表征耐火材料透气性能的指标，对一般耐火材料来说，制品的透气性越小越好。但是在特殊的情况下，却需要具有一定的透气性。如用氩气通过透气砖，对钢液进行净化处理，这种制品的透气性就被看作主要性能指标之一。

d 体积密度

材料的干燥质量与材料总体积之比称为体积密度。体积密度大的耐火耐火砖，内部很致密，气孔率低，同时抵抗炉渣侵蚀的能力较强。

e 真比重

真比重是指耐火材料的单位体积（不包括气孔体积）所具有的质量。真比重经常作为鉴定耐火材料的纯度和耐火原料及制品烧结程度的依据。

f 常温耐压强度

它是指耐火制品在常温下，单位面积上所能承受的最大压力。常温耐压强度是评定耐火材料质量的重要指标之一。耐火制品应该具有较高的强度，是因为耐火制品不仅要经受砌体结构的静荷重作用，还要承受撞击、磨损、冲刷等机械作用。一般耐火制品的耐压强度要求不小于 10 ~ 15kg，但实际上大多数耐火材料的耐压强度都在 15kg 以上。对耐火材料常温耐压强度的要求，一般比实际使用时的实际负荷要高得多。例如耐火砖在冶金炉窑上所承受的实际负荷一般不超过 98 ~ 196kPa，炉顶砖不超过 392 ~ 490kPa。

g 弹性变形

弹性变形是用于分析耐火制品在使用过程中受热时所产生的应力和应变特性的。弹性变形与耐火制品的热稳定性有直接关系，弹性变形越大，热稳定性越好，即表示缓冲因热膨胀所产生的应力的能力。

h 热膨胀

耐火制品和一般物体一样，受热或冷却都会产生热胀冷缩的现象，称为热膨胀。

耐火制品的热膨胀直接影响到制品的热震稳定性，热膨胀越大，热震稳定性越差。热膨胀值的大小也决定炉体砌筑时必须要留有一定的膨胀缝，否则就会使炉体在烘烤时因砌体膨胀而开裂或崩塌。

由多种矿物组成的耐火制品，在受热过程中，不同温度范围产生不均等的热膨胀。因此在制品内部也常出现不均等的膨胀，产生膨胀应力，这是造成耐火制品开裂甚至损坏的重要原因。

i 导热性

耐火材料的导热能力用导热系数来表示。导热系数越大则耐火材料的导热能力愈大。

j 导电性

在低温下，除碳质、石墨黏土质、碳化硅质等耐火材料有较好的导电性外，其他耐火材料都是电的绝缘体。但在温度升高时则开始导电，在 1000℃ 以上其导电性能提高特别显著。在耐火材料用作电炉内衬和电的绝缘材料时，这种性质具有重要的意义。

k 比热容

工程上通常用常压下加热 1kg 物质使之温度升高 1℃ 所需的热量称为比热容。比热容随着温度的升高而增大。耐火材料的比热容取决于其自身的矿物组成，并影响到蓄热量的大小。对于间歇式的炉窑关系到蓄热损失的大小。

2.6.3　耐火材料的高温使用性能

2.6.3.1　耐火度

耐火材料抵抗高温而不熔融的性能称为耐火度。耐火度只是表示耐火材料软化到一定程度时的温度，是一个人为的指标。

耐火度和熔点是两个不同的概念。对纯物质来说，从固态熔融成液态有一定的平衡温度，即熔点。如氧化铝的熔点 2050℃，氧化硅的熔点 1713℃，但耐火材料一般都不是单一的物质组成，而是由多种物质组成，所以，它的熔点是在一定的温度范围进行的，因此它没有固定的熔点，而是随着温度的升高发生连续软化的现象。首先是易熔杂质开始熔化，随着温度的升高。溶液量不断增加，直至制品全部熔融。

耐火材料的耐火度，只能表明其抵抗高温作用的能力，不能作为使用温度的上限，因为耐火材料在实际使用过程中，在经受高温作用的同时，还伴随着荷重和炉渣侵蚀等各种作用，使耐火材料能够承受的温度降低。

2.6.3.2　热稳定性（即耐急冷急热性）

耐火材料对于急冷急热的温度变化的抵抗性能，称为热稳定性。在各种冶金炉窑中耐火材料往往处在温度急剧变化的条件下工作，例如，铜阳极炉的操作口、放渣口等部位，这里的耐火砖都受着强烈的急冷急热作用。由于耐火材料的导热性较差，炉子生产过程中造成的砖的表面和内部的温度温度差很大，又由于材料受热膨胀或冷却时的收缩作用，均使砖内部产生应力，当这种应力超过砖本身的结构强度时，就产生裂纹，剥落，甚至使砖体崩裂，这种破坏作用往往是炉体遭到损坏的重要原因之一。

在冶金炉中对于温度变化剧烈或变化频繁的部位，应选择热稳定性较好的耐火材料砌筑，在使用过程中，尽量避免温度的激烈波动。

2.6.3.3　抗渣性

耐火材料在高温下抵抗熔渣侵蚀的能力称为抗渣性。这些熔渣包括熔炼的炉渣、轧钢皮、灰渣等。熔渣侵蚀是各种冶金炉窑中耐火材料损坏的主要原因，所以抗渣性对耐火材料有着极为重要的意义。

耐火制品在高温冶金炉中，不仅有化学侵蚀，还有物理溶解与机械冲刷作用。这些作用一般是同时存在的。如在高温下熔渣与耐火材料起化学反应生成易熔化物，从材料表面熔融下来，使耐火砖由表面至内部一层层的被侵蚀。此外，在高温条件下液态炉渣通过耐火砖的气孔渗入，有可能使耐火砖某些成分物理溶解于炉渣中，加上流动性熔渣的机械冲刷作用，也将引起耐火材料的表面逐渐脱落。

2.6.3.4　高温体积稳定性

耐火材料的高温体积稳定性是指耐火材料在高温下长期使用时体积发生不可逆变化。

其结果是使耐火砖的体积发生收缩或膨胀，通常称为残存收缩或残存膨胀（即重烧收缩或膨胀）。

耐火制品在高温条件下使用时，如果产生过大的重烧收缩，会使炉子砌体的砖缝增大，影响砌体的整体性，甚至会造成炉体损坏，尤其是炉顶砖，它的收缩会引起炉顶下沉变形。相对来说，重烧膨胀危害较小，尤其是不大的膨胀对于延长砌体的寿命，特别是炉顶寿命常有较好的作用，但过大的重烧膨胀，也会破坏砌体的几何形状，特别是炉顶，重烧膨胀会使炉顶隆起，破坏它的几何形状和应力的均匀分布，使炉顶崩塌。

2.6.4　耐火砖的生产过程

根据长期的生产实践总结出了其生产工序和加工方法为：原料→原料加工→配料及混炼→成型→干燥→烧成→成品检查→成品入库。

（1）原料。耐火制品对原料的要求是：合适的化学矿物组成；原料中的杂质含量要少且均匀分布；便于开采加工制造，而且成本要低。

（2）原料加工。大致分为选矿、干燥、煅烧、破碎和筛分几个方面。

（3）配料。将不同粒度的物料按一定的比例进行配合的工艺称配料。在耐火制品生产中，通常力求制得高密度的砖坯，为此要求砖料的颗粒组成具有较高的堆积密度。要达到这一目的，只要将几种颗粒互相填充就能得到高致密度的制品。

（4）混炼。混炼是将不同组分和粒度的物料用适量的结合剂水及添加剂经混合抗压作用达到分布均匀和充分湿润的砖料制备过程。

（5）成型。将砖料加工成一定形状的坯体或制品的过程称为成型，通常成型也使坯体或制品获得较致密的均匀的结构，并且有一定的强度。

（6）烧成。烧成是指对砖坯进行煅烧的热处理过程。目前所用的烧成设备，主要是倒焰窑和隧道窑两种。

2.6.5　常用耐火砖

2.6.5.1　黏土砖

凡含 Al_2O_3 在30% ~46%范围内的耐火制品统称为黏土质耐火制品，黏土砖是最普通的耐火砖，外表呈浅棕色、黄色或黄白色。

2.6.5.2　黏土砖的组成

黏土砖是用黏土烧成制得的熟料作为骨料，用生黏土作结合剂，制出所需要的形状，然后烧结而成。其主要成分是：SiO_2 45% ~65% 和 Al_2O_3 30% ~46%。这两种成分在砖内结合成硅酸铝化合物形式。其他还有 Fe_2O_3、CaO、MgO、TiO_2、K_2O 以及 Na_2O 等杂质，约占5% ~7%。

2.6.5.3　黏土砖的特性

A　耐火度

含 Al_2O_3 含量愈多，对应的液相线温度愈高。一般黏土砖的耐火度在 1580 ~1730℃，当温度升高到1545℃时就产生液相，黏土砖开始变软，达到1800℃时全部变为液相。

  B 荷重软化点

因为黏土砖在较低温度下开始软化，如果受外力就变形，所以黏土砖的荷重软化点比其耐火度低得多，只有1350℃，所以黏土砖不适宜用于高温荷重较大的地方。

  C 抗渣性

黏土砖含 SiO_2 在50%~65%之间，属于弱酸性耐火材料，故对酸性熔渣具有一定的抵抗能力，但容易被碱性熔渣所侵蚀。

  D 耐急冷急热性

黏土砖的膨胀系数小，所以，它的耐急冷急热性好。在850℃时水冷次数一般为10~25次。可以用于温度波动频繁之处，烘炉时也不易产生炸裂现象。

  E 体积稳定性

在1375℃时，黏土砖残存收缩约0.5%~0.7%。黏土砖在高温下砖的体积会缩小，会使炉子砌砖体的砖缝变宽，给炉子寿命带来危险。

2.6.5.4 黏土砖的用途

黏土砖的原料来源丰富，制造工艺简单，原料成本低廉，工作温度在1400℃左右，且对酸碱性炉渣有一定的抵抗能力。所以在冶金生产中应用很广泛。高炉、热风炉、平炉、加热炉以及各种有色冶金炉都有使用黏土砖。且适用于温度变化大的部位。

2.6.6 不定型耐火材料

2.6.6.1 耐火混凝土

耐火混凝土是由耐火骨料、耐火掺和料和胶结剂按一定的比例组成，经搅拌成型、养护硬化后而得到的耐火材料，允许使用温度为1500~1800℃。它可以制成任何形状的或大块预制件，从而使炉体砖缝减少，增强了炉子的整体性、气密性和抗渣性，有利于提高炉体的使用寿命。多用于加热炉、均热炉、热处理炉、回转窑、隧道窑、多膛焙烧窑和蒸汽锅炉等许多热工设备上。

2.6.6.2 耐火捣打料

耐火捣打料是由耐火骨料和掺和料、胶结剂或另掺外加剂等组成，按比例拌和后，用捣打方式施工，则称为耐火捣打料。

捣打料可以代替耐火砖用来捣筑冶金炉的某些部位，也可以捣筑整个炉子，与耐火砖整个砌体比较，捣筑而成的炉体具有无砖缝、坚实致密、不容易渗漏金属、抗侵蚀能力强的特点。

2.6.6.3 耐火泥

耐火泥加水或水玻璃等黏结剂，调制成泥浆或不加水的干泥浆，用来填充砌砖缝，使分散的砖块结合成整体，既增加了砌体的强度又防溢气及高温熔体的侵入。砖缝是炉子砌体的薄弱环节，容易溢气而影响炉温，也容易被熔融炉渣由此侵入而腐蚀耐火材料。因此要求填充砖缝的火泥具有良好的黏结性能，有较好的致密性，并具有与耐火砖相近似的高温性能。

耐火泥的选用应根据砖砌体的化学性质、砖缝大小来确定。一般选用的耐火泥性质和耐火砖性质相同，根据砖缝的不同应选用不同粒度的火泥和调制不同稠度的泥浆，砖缝大的选用粒度和稠度大的泥浆，砖缝小的选用粒度和稠度小的泥浆。对于要求抗水性和强度大的砌体应采用干砌，如平炉、铜精炼炉炉顶等部位。

2.6.6.4 耐火涂料

耐火涂料也称为耐火涂抹料。它是用颗粒较小的骨料、掺和料和胶结剂或另掺外加剂，按比例调制成膏状或浆状，以涂抹方法施工的耐火涂抹料。

耐火涂料应用广泛，大致有两种情况：

（1）在使用温度较低，设备构造复杂和衬体较薄时，经常采用耐火涂料施工，制作衬体；

（2）在使用温度较高和有特殊要求的部位，经常采用涂抹料制作涂层，以保护原来的衬体，提高设备的使用寿命。

耐火涂料涂层厚度不易过厚，一般为 3 ~ 5mm。其性能要求：

（1）应具有良好的黏结性，贴附内壁而不脱落；

（2）对用于高温炉的耐火涂料除满足第一个要求外，还要求其耐火性能、抗渣性、耐磨性都要高于砌体的内衬。

2.7 重油的基本知识

重油是原油提取汽油、柴油后的剩余重质油，其特点是相对分子质量大、黏度高。重油的密度一般在 0.82 ~ 0.95g/cm³，比热在 10000 ~ 11000kcal/kg 左右。其成分主要是碳水化合物，另外含有部分的硫黄（约 0.1% ~ 4%）及微量的无机化合物。

型号 100 号闪点（开口）≥120℃；凝点≤25℃；灰分≤0.3%；水分≤2%；含硫量≤2%；机械杂质≤2.5%；发热值≥40100kJ/kg。

重油是石油经炼制提炼出汽油、煤油、柴油、润滑油等产品后的残余物。从广义上讲，密度较大的油都可以称为重油，在常温下重油的密度一般为 0.85 ~ 0.96g/cm³。重油俗称：渣油、裂化重油和燃料重油。重油的主要特性参数有黏度、凝固点、闪点、燃点、密度、发热量等。

（1）黏度：黏度是表示油对它本身的流动所产生的阻力的大小，是表示油的流动性的指标。重油的黏度一般以恩氏（恩格尔）黏度°E 来表示。恩氏黏度是指在一定的温度下（如 50℃、80℃、100℃等），200mL 重油从恩氏黏度计流出的时间与 20℃的同体积蒸馏水从恩氏黏度计流出时间之比。

在常温下重油的黏度很大，温度越高，黏度越小，但温度高到 120℃以上时黏度则无显著的变化。因此，重油在燃烧前必须预先加热，其加热温度应根据重油的品种和对黏度的具体要求等情况而定。一般对压力雾化油嘴的炉前用油，黏度要求保持在 2 ~ 4°E，进入油喷嘴的油温大致在 100℃以上。

（2）凝固点：重油的温度降到一定的数值时即失去流动性，将盛油的试管倾斜45°，重油的液面在1min内仍然保持不变时的温度即为这种重油的凝固点。我国的重油的凝固点一般在15℃以上。

（3）闪点和燃点：重油加热到某一温度时，如用明火接近其表面，则会产生短暂的闪火，这一温度称为闪点。我国重油的闪点为80~300℃。如对油继续加热，当温度升高到一定值后油将会着火燃烧。使重油持续燃烧（时间不少于5s）时的最低温度称为燃点或着火点。油的着火点一般要比它的闪点高20~30℃，其具体数值视燃油品种和性质而不同。

（4）密度：重油的密度为重油在一定温度下单位体积的质量与同体积温度为4℃的纯水的质量之比。在石油工业中，规定以油温为20℃时的密度作为油品的标准密度。

（5）发热量：重油的发热量的含义、单位等与煤的发热量相同。重油的发热量 Q_{yd} 一般为9000~10500kcal/kg。

我国重油按其黏度特性分为20号、60号、100号、200号4个牌号。20号重油适宜用于较小油喷嘴的燃油冶金炉；60号重油适宜用于中等油喷嘴的冶金炉；100号重油适宜用于大型油喷嘴或有预热设备的大型冶金炉。重油按其含硫量多少分，有低硫油（$SY < 0.5\%$）、中硫油（$SY = 0.5\% ~ 2.0\%$）和高硫油（$SY > 2.0\%$），金川铜厂使用的200号重油（残渣油）在20℃时的黏度 U20 约为 $47m^2/s$，重度为 $0.97kg/m^3$。

轻柴油按凝固点分为10号、0号、-10号、-20号、-35号5个牌号。重柴油分为10号和20号两个牌号（其代号分别是 RC3-10 和 RC3-20）。

2.7.1 重油的燃烧机理

重油的燃烧，必须供给充足的空气或氧分以达到良好的着火热力条件，这是燃料燃烧的共同点。为了强化燃烧过程，重油燃烧时必须先把它微小颗粒的油雾，即"雾化"。重油的燃烧主要是雾化后的油滴与空气中的氧分混合，着火。重油未雾化直接燃烧，它与空气中的氧接触面积小，燃烧速度慢，产生的热量少。而重油雾化后的油滴，因其沸点较低（200~300℃）受热后就被蒸发为易燃的油蒸汽，在高温下与氧接触发生燃烧反应。若在与氧接触之前进入较高温度状态时，则发生热解与裂化，其反应式为：

$$C_nH_m \longrightarrow nC + m/2H_2$$

下面以甲烷为例来说明碳氢化合物的燃烧机理：

在氧的存在下，甲烷很容易放出一个氢原子，即：

$$CH_4 \longrightarrow CH_3 + H$$

它与氧分子作用而生成羟基为：

$$H + O_2 \longrightarrow OH + OH$$

$$CH_3 + OH \longrightarrow CH_3OH（甲醇）$$

而甲醇又进一步氧化为：

$$CH_3OH + O \longrightarrow HCHO（甲醛） + H_2O$$

甲醛很容易再分解成 H_2 和 CO，即：

$$HCHO \longrightarrow H_2 + CO$$

生成物将继续燃烧生成 CO_2 和 H_2O。

油燃烧的全过程包括着热过程、物质扩散过程和化学反应过程，整个过程油滴的加热和氧分子的扩散是影响燃烧速度的主要因素。重油雾化的好坏是决定燃烧效率高低的先决条件，雾化得好，蒸发得快，使氧和油迅速混合，燃烧效果就好。

重油的雾化：重油的雾与重油质量，油压，雾化剂，喷嘴有直接的关系。重油一般含有 1% ~ 2% 的机械杂质，须采用过滤器滤去杂质。重油的黏度不超过 5 ~ 15E。油压直接影响油的流速和流量，也影响着雾化的质量。雾化的质量与雾化剂的压力有关，压力高，雾化剂的速度快，雾化效果好，倾动炉的用油量大，所以采用高压喷嘴二次蒸汽雾化。

油与空气的混合：油雾化后，要与空气中的氧分充分混合才能有效燃烧，雾化得细，油粒分布均匀，燃烧速度快，效率高。

喷嘴：实现重油燃烧过程的装置称为喷嘴。喷嘴的作用是实现雾化，种类有低压喷嘴和高压喷嘴。低压喷嘴的基本特点：

(1) 雾化剂压力低（300 ~ 700mmHg，1mmHg = 133.322Pa），雾化质量差；

(2) 雾化剂用量大，喷射角度小，燃烧能力小（250 ~ 300kg/h）；

(3) 油与空气混合充分，空气压力低，形成的火焰短且软；

(4) 动力消耗小，噪声低，维修方便。

高压喷嘴的基本特点：

(1) 结构紧凑，燃烧能力大；

(2) 雾化剂压力高（2 ~ 12 大气压，1atm = 101.325kPa），蒸汽消耗比例为 0.5 ~ 0.8kg/min；

(3) 助燃空气量大，喷射速度快，形成的火焰长且硬；

(4) 动力消耗大，噪声大。

2.7.2　提高重油燃烧效率的措施

提高重油燃烧效率的途径：

(1) 采用热风，使用热风可以提高燃烧温度，节约燃料。

(2) 利用富氧，含氧分多，燃烧空气量少，加快了反应速度，提高了燃烧温度，降低燃料消耗 10% ~ 35%。

影响重油燃烧效果的因素：

(1) 风量、油量、氧量的控制，风油比控制较低，燃烧不完全，炉内烟气显红色；风油比控制太大，烟气量大，带走热量多，热能损失大。

(2) 燃烧风管、燃烧器结铜、结油焦，造成参与燃烧反应的实际风量不足。燃烧器盖板漏风，都影响燃烧效果。

(3) 雾化蒸汽压力低，造成雾化效果差，重油易于结焦，热效率低落。

(4) 供油温度低，重油流动性差，难于雾化，与氧反应不彻底，浪费燃料。重油温度要求不低于130℃。

(5) 重油含水，燃烧火焰不稳定，易引起泵的震动，导致供油量波动。更容易重油冒罐，因此要定期排水。

2.7.3　重油的基本情况

重油又称燃料油，呈暗黑色液体，主要是以原油加工过程中的常压油，减压渣油、裂化渣油、裂化柴油和催化柴油等为原料调和而成。

按照国际公约的分类方法，重油称为可持久性油类，顾名思义，这种油就比较黏稠，难挥发。所以一旦上了岸，它是很难清除的。另外这种油它对海洋环境的影响比起非持久性油来，要严重得多。比如它进入海水以后，因为比较黏稠，如果海鸟的羽毛沾了这些油，就影响海鸟不能够觅食，不能够飞行，同时海鸟在梳理羽毛的时候，就会把这个有害的油吞食到肚子里，造成海鸟的死亡。还有一些鱼类，特别是幼鱼和海洋浮游生物受到重油的影响是比较大的。到了海边的沙滩以后，这种油就黏在沙滩上，非常难清理。有关专家表示，对付油污染可以调用围油栏、吸油毡和化油剂等必要的溢油应急设施。由于油的黏附力强，养殖户在油污染来时可以用稻草、麻绳等物品来进行围油和回收油。

2.7.4　重油资源及其分布

重油的资源量十分巨大，原始重油地质储量约为8630亿吨，若采收率为15%，重油可采储量为1233亿吨。其中委内瑞拉的超重油和加拿大的沥青占总量的一半以上。这仅为已探明储量，真正的重油资源可能更多。

1996年世界石油年产量为35亿吨，重油产量为2.9亿吨，约占总产量的5%～10%。其中加拿大的重油产量为4500万吨，美国的产量为3000万吨，其余的产量来自世界上其他国家，包括中国、委内瑞拉、印度尼西亚等。

2.7.5　重油的利用

重油除了黏度高外，其硫含量、金属含量、酸含量和氮含量也较高，因此提出了一些特殊的研究开发问题。在开采阶段，重油需要成本很高的二次、三次采油方法；管输时，为了达到一定的流速，需要提高泵能，同时要加热管线并加入稀释剂；改质时，重油通常需要特殊的脱硫和加气处理，重油中的镍和钒使催化剂受污染的机会增加，高比例的常压渣油需要更多的转化设备，将其改质成运输燃料。

重油开发中普遍使用的技术是在储层中降低重油黏度，提高温度，使黏度降低以提高产量和采收率。最近几年，水平井技术的应用日益增加，降低了开发成本。针对重油，正在开发一些先进的上游技术，如使用多分支水平井从每口井中获得更多的产量。

2.7.6　重油——未来的重要能源

石油工业堪称世界经济发展的命脉。随着人类年复一年地开采石油，常规原油的可采储量仅剩1500亿吨，而目前全球原油年产量已达30亿吨，如此算来，常规油的枯竭之日已不十分遥远。

很多人甚至预期，到2010年人类就将买不到便宜的石油。所幸的是，大自然还给人类留下了另一个机会——重油和沥青砂。这种储量高达4000亿吨的烃类资源日益引起人们的关注。

重油是一种密度超过0.93g/cm³的稠油，黏度大，含有大量的氮、硫、蜡质以及金属，基本不流动，而沥青砂则更是不能流动。开采时，有的需要向地下注热，比如注入蒸汽、热水，或者一些烃类物质将其溶解，增加其流动性，有的则是采用类似挖掘煤炭的方法。由于重油的勘探、开发、炼制技术比较复杂，资金投入大，而且容易造成环境污染，因而重油工业的发展比较艰难。然而，面对 21 世纪常规油资源趋于减少的威胁，许多有识之士从长远出发，正孜孜不倦地研究新技术开发重油，使人类广泛利用这种资源的可能性不断增强。

近 20 年来，全球重油工业的发展速度比常规油快，重油和沥青砂的年产量由 2000 万吨上升到目前的近 1 亿吨。委内瑞拉是重油储量最大的国家，人们预期在不远的将来其日产重油量可达 120 万桶；加拿大目前的油砂日产量达 50 万桶；欧洲北海的重油日产量达 14 万桶；中国、印度尼西亚等国的重油工业近年来也发展迅猛，年产量都在 1000 万吨以上。此外，还有一些国家重油储量很大，但由于油藏分布于海上，或在地面 2000m 以下，现在还难以大量开采利用。

比较常规油、重油和天然气这三大类烃类资源的状况，可以看到重油的前景是最好的，因为它的储量是年产出量的几千倍，而常规油的这个指标只有 50 倍。天然气在全球的分布和利用程度很不平衡，在很多国家它占所利用能源的比重非常之小。据美国能源部的预测，世界常规油产量将在 20 年内达到高峰，然后出现递减。随之而来的资源短缺加上油价攀升，将标志着非常规资源投入工业化生产，这就是重油和沥青砂，它们可能构成 21 世纪中叶世界能源供给的一半以上。谢夫隆石油公司总裁兰尼尔预计，下个世纪全球重油资源量可能被证实为超过 6 万亿吨。由此可见，重油工业的发展潜力是相当巨大的。

当前，受国际原油市场波动和世界经济影响，对油价十分敏感的重油工业处境十分艰难，面临严峻的挑战。如何将重油和沥青砂充分应用于产业发展，同时又为子孙后代留下一个清洁的环境，也成为世界石油界面临的一项共同课题。在北京召开的第七届重油及沥青砂国际会议上，来自联合国和 20 多个国家的官员和专家 520 多人聚集一堂，共同围绕"重油——21 世纪的重要能源"这一主题展开讨论。联合国培训研究署重油及沥青砂开发中心已承担起促进重油技术国际交流与合作的职责，它利用其网络促进技术转让和全世界对技术专长的共享。

21 世纪能否全面实现重油的价值将取决于国际能源市场、重油资源量以及提高新技术的应用这 3 个方面。人们目前亟须解决两个关键性问题：一是改进技术，加强管理，降低成本，在低油价条件下走出重油开发利用的新路子；二是针对重油开发容易造成环境污染的实际情况，制定出适应全球环境要求的开发方案。

近年来，重油和沥青砂作业的环境和技术改进有了一些进展，包括将矿区原油燃料发生蒸汽改为更有效更清洁的可燃气发生蒸汽；减少开采和改质作业中温室气体和二氧化硫的排放量；采用高效隔热油管将高干度蒸汽送入地层；利用水平井钻井技术使地面占地少于直井，从而减少环境破坏；利用流度控制剂更有效地将蒸汽流导向未驱扫区，减少污水产量，等等。21 世纪已有的石油技术和当前从 20 世纪 60 年代以来对重油和沥青砂开采的实践，已对这一重要资源的扩大开发和利用提供了必要的技术手段和一定的经验。重油及沥青砂作为全球能源的替代资源走向世界舞台，已是大势所趋。

2.7.7 我国重油工业现状

从第七届重油及沥青砂国际会议上获悉，我国稠油热采技术虽起步较晚，但发展较快，已形成较为成熟的稠油热采配套技术，发现 70 多个稠油油田，总地质储量约 12 亿立方米，年产量达 1300 万吨，已累计生产逾亿吨。

重油及沥青砂资源是世界上的重要能源，目前全球可采储量约 4000 亿吨，是常规原油可采储量 1500 亿吨的 2.7 倍。随着常规石油的可供利用量日益减少，重油正在成为未来人类的重要能源。经过 20 年的努力，全球重油工业有着比常规油更快的发展速度，重油、沥青砂的年产量由 2000 万吨上升到近亿吨，其重要性日益受到人们的关注。

我国陆上稠油及沥青砂资源分布很广，约占石油资源量的 20%，其产量已占世界的 1/10。自 1982 年在辽河油田高升油藏采用注蒸汽吞吐开采试验成功以来，我国的稠油开采技术发展很快，蒸汽吞吐方法已成为稠油开采的主要技术，热采量到 1997 年稳定在 1100 万吨水平上，热采井数达到 9000 口，加上常规冷采产量，占陆上原油总产量的 9%。全国稠油产量主要来自辽河、新疆、胜利、河南 4 个油田，投入开发的地质储量超过 8 亿吨。据了解，这次会议之所以选择在中国召开，主要是十几年来亚洲特别是中国的重油工业有了迅猛的发展，开始在世界上占有重要地位。

国内稠油专家刘文章在谈到国内重油工业发展的现状时指出，经过最近十几年的发展，中国的热采工程技术已成熟配套，对各种类型油藏，尤其是对深层、多油层、非均质严重的稠油油藏，注蒸汽开发取得了很大成绩。今后我国稠油技术将会得到更大发展，主要方向：一是普通稠油油藏将逐步由蒸汽吞吐转入二次热采，提高开发效果，提高原油采收率；二是特、超稠油将采用多种水平井热采技术来增加产量；三是采用新技术提高复杂条件下的稠油油藏的开发水平。

3 铜冶炼基本原理

3.1 自热熔炼基本理论

3.1.1 熔炼过程描述

自热熔炼是向炉内熔体连续吹入高压工业氧气的冶炼过程。炉内流体的流动特性是由通过氧枪喷嘴喷射的气流来控制的。当高速气流喷入熔体时，立即在熔体内形成一个流股，熔体被气流击散而分成若干小流股和气泡；同时，由于气流的存在，在流股四周造成压力差，喷流区形成负压，熔池中其余部分均为正压，熔体由正压区流向负压区，使熔体翻腾、搅动以及造成喷溅，熔体向四周和上下循环流动，气泡从熔体中逸出形成烟气。在连续吹入氧气时，熔体的翻腾搅动反复进行。若熔体表面加有炉料，将被翻动的熔体迅速熔化，熔体在与气流或气泡的接触中进行氧化和造渣过程，伴随着放出大量的热，维持正常需要的冶炼温度。炉渣与冰铜由于化学结构不一样而不相溶，由于密度不同而分离，通过从放出口排放冰铜和炉渣，维持炉内一定的冰铜层和炉渣层，而使熔炼过程连续进行。

3.1.2 自热熔炼的特点

从自热熔炼的过程看，具有以下特点：

（1）入炉物料加入到强烈搅动和翻腾的熔体熔池内，主要反应如物料的熔化、硫化物的氧化反应、造渣反应在熔体（炉渣和冰铜）和气体包围的涡流中进行。熔体中进行的全部物理化学过程的条件最大限度地实现最佳化。

（2）显著增加难熔成分（主要指矿物和熔剂）在渣中的熔化速度及硫化物的细小悬浮体的聚集速度，还促进相的分离，炉子的生产率比其他炉型都高。

（3）炉料的熔化是通过物化反应来完成的。

（4）熔体内的硫化物氧化作用是借助于液—气相质量传递。

（5）熔剂的造渣作用是靠固—液相反应来完成。

（6）由于熔体流股被击散，硫化物的燃烧点大为分散，为富氧熔炼创造了条件。

（7）由于强氧化性气体的作用，锍熔体在放出之前就已经被分开，渣与锍熔体之间达到了成分平衡。这一切有利于降低渣中铜的溶解量和夹杂的锍量，可使铜镍等有价金属的实收率提高。

3.1.3 自热熔炼的基本反应

炼铜矿物中主要的化合物是硫化物、氧化物和碳酸盐。可能的矿物组成有：$CuFeS_2$、CuS、Cu_2S、FeS_2、FeS、ZnS、PbS、NiS 等。氧化物有 Fe_2O_3、Fe_3O_4、Cu_2O、CuO、ZnO、

NiO、MgO、Al_2O_3、CaO 和 MgO，一般是由碳酸盐分解而来。这些组分在熔炼过程中将会发生以下的物理化学反应。

3.1.3.1 炉料中水分的蒸发

矿石或精矿中或多或少都含有水分，由于受炉内高温作用，水分会蒸发成水蒸气进入烟气中。炉料中的水从入炉时就开始蒸发，直至水分蒸发完毕。

3.1.3.2 炉料的熔化

炉料的熔化大部分是通过熔体的翻腾和搅动发生传热过程而熔化，有的高熔点物料（如熔剂）是通过化学侵蚀而熔化。由于自热炉内熔体的翻腾和搅动剧烈，炉料的熔化速度快。

3.1.3.3 热分解反应

在熔炼未经焙烧或烧结处理的精矿时，炉料中含有较多的高价硫化物，在炉内被加热后离解成低价化合物，主要反应有：

$$2FeS_2 \Longrightarrow 2FeS + S_2$$

$$4CuFeS_2 \Longrightarrow 2Cu_2S + 4FeS + S_2$$

$$2(NiFe)_9S_8 \longrightarrow 6FeS + 4Ni_3S_2 + S_2$$

$$4CuS \Longrightarrow 2Cu_2S + S_2$$

上面反应的分解产物 FeS、Cu_2S、Ni_3S_2 在高温下是稳定产物。

在较高温度下，炉料中的 CuO 也发生分解反应：

$$4CuO \Longrightarrow 2Cu_2O + S_2$$

在 1105℃时，分解压 $P_{O_2} = 101.32kPa$，产物 Cu_2O 在冶炼温度下（1300 ~ 1500℃）是稳定物质。

另一类热分解反应是碳酸盐的分解：

$$CaCO_3 \Longrightarrow CaO + CO_2$$

在 910℃时，$P_{CO_2} = 101.32kPa$

$$MgCO_3 \Longrightarrow MgO + CO_2$$

在 640℃时，$P_{CO_2} = 101.32kPa$

3.1.3.4 硫化物氧化反应

硫化物氧化反应是熔炼过程中脱硫的重要反应。由于这一类反应的进行，炉料中部分硫被氧化，呈 SO_2 形态脱除，从而保证获得一定品位的冰铜。炉内的氧势强弱控制着脱硫程度，也就控制了产出冰铜的品位。主要的氧化反应有：

A 高价硫化物直接氧化

$$2FeS_2 + 4O_2 \Longrightarrow 2Fe + 4SO_2$$

$$4CuFeS_2 + 5O_2 =\!=\!= 2Cu_2S \cdot FeS + 4SO_2 + 2FeO$$

$$2CuS + O_2 =\!=\!= Cu_2S + SO_2$$

B　低价硫化物的氧化反应

$$2FeS + 3O_2 =\!=\!= 2FeO + 2SO_2$$

$$2Cu_2S + 3O_2 =\!=\!= 2Cu_2O + 2SO_2$$

其他金属硫化物（Ni_3S_2、PbS、ZnS 等）也被氧化成相应的氧化物。

C　FeO 氧化成 Fe_3O_4

在较强氧化性气氛下，有部分 FeO 将会氧化成 Fe_3O_4，其反应式如下：

$$6FeO + O_2 =\!=\!= 2Fe_3O_4$$

Fe_3O_4 俗称磁性氧化铁，是稳定的化合物。其突出特点是熔点高（1597℃），密度大（5.1g/cm³），所以当 Fe_3O_4 含量较高时，会使炉渣的密度和黏度增大，恶化渣与锍的澄清分离，增加铜等有价金属在渣中的损失。同时，溶于冰铜中的 Fe_3O_4 在炉温下降时，会析出沉于炉底及其他部位，形成炉结，还在冰铜与炉渣界面上形成一层黏渣隔膜层危害正常操作。因此，磁性氧化铁的铁的生成对自热熔炼是有害的，必需创造条件使它形成 Fe_3O_4 还原成熔点较低且易造渣的 FeO。研究指出，在温度升高和有 SiO_2 存在的前提下，Fe_3O_4 可被 FeS 还原成 FeO 与 SiO_2 发生造渣反应，其反应式如下：

$$3Fe_3O_4 + FeS =\!=\!= 10FeO + SO_2$$

$$10FeO + 5SiO_2 =\!=\!= 5(2FeO \cdot SiO_2)$$

在生产实践中，为减少熔炼过程的 Fe_3O_4 量，主要采取以下一些措施：

（1）适当提高炉温；

（2）根据炉料特点，适当增加炉渣中 SiO_2 含量，一般为 35% 以上；

（3）适当控制冰铜品位，以保持足够的 FeS 量；

（4）创造 Fe_3O_4 和 FeS 和 SiO_2 的良好接触条件。

3.1.3.5　交互反应

自热熔炼中另一类反应是硫化物与氧化物的交互反应，它是最重要的一类反应。因为这一类反应决定着铜与其他有价金属在冰铜中的回收程度，决定着 Fe_3O_4 还原造渣的顺利和完全程度。来自于热分解和氧化反应的生成的 Fe_3O_4、FeS、FeO、Cu_2S、Cu_2O 在高温下相互接触条件下将进交互反应。这类反应又可以分成以下几种类型：

（1）Fe_3O_4 和 FeS 的还原造渣反应：

$$3Fe_3O_4 + FeS + 5SiO_2 \longrightarrow 5(2FeO \cdot SiO_2)$$

（2）氧化物硫化反应。有色金属氧化物 MeO 与 FeS 之间的反应是造硫过程中有价元素富集于冰铜的基本反应：

$$Cu_2O + FeS =\!=\!= Cu_2S + FeO$$

炉料中镍钴等氧化物也按上面反应式进行：

$$MeO + FeS =\!=\!= MeS + FeO$$

（3）相同金属氧化物与硫化物之间的反应主要是 Cu_2S 与 Cu_2O 的反应：

$$2Cu_2O + Cu_2S =\!=\!= 6Cu + SO_2$$

3.1.3.6 造渣反应

由以上各个熔炼化学反应产生的金属氧化物与炉料中的熔剂（SiO_2）发生造渣反应，形成低熔点共晶物，即炉渣。主要反应为：

$$2FeO + SiO_2 =\!=\!= 2FeO \cdot SiO_2$$

3.1.3.7 燃料的燃烧反应

根据理论计算，只有当矿物中含 S 超过 25% 时，自热熔炼才能完全实现过程自热化。但是，由于精矿成分、系统生产平衡等问题，往往造成了靠化学反应放热不能维持系统的热平衡，这时，就需要补充少量热量。自热熔炼一般采用烧油或烧煤来补充热量。其主要反应是：

$$C + O_2 =\!=\!= CO_2 + 40604kJ$$

$$4H + O_2 =\!=\!= 2H_2O + 143188kJ$$

由于自热熔炼采用工业纯氧吹炼，炉内氧热控制较高熔炼过程中的物理化学反应进行很快，炉子的生产率及除硫率高；另外，由于采用氧化连续吹炼，产出的烟气量小，烟气中 SO_2 浓度高，烟气可用于制酸，且烟气量小，带走的热量小，热利用率高。

3.2 卡尔多炉基本理论

3.2.1 概述

卡尔多炉是一个即可前后倾动，又可绕炉子中心轴线旋转的冶炼炉，因吹炼时炉子至于倾斜位置，所以又称斜吹氧气回转转炉。在吹炼时炉子还在继续转动，冶炼时熔体中不存在死角，每一部分都处于充分搅拌之中，因此冶炼的动力学条件是其他炉型所不能比拟的。由于是纯氧吹炼，因此热效率很高。

卡尔多炉的另一特点是氧枪带着油枪，即是一只油氧双功能枪，可以用其烤炉、化料生产和直接吹炼热料。

我国于 20 世纪 60 年代引用此炉型用于炼钢作业中，主要是处理高磷生铁时需有很好的脱磷条件，70 年代将卡尔多炉用于高镍硫冶炼成粗镍。现又用于吹炼自热炉产出的粗铜。

铜熔炼卡尔多炉所处理的原料为自热炉产出的含硫粗铜，其品位在 88%~93%，含镍在 3%~6%，含硫 1%~2.5%。卡尔多炉吹炼的目的就是将冰铜转变为粗铜。已经知道，冰铜为具有均匀液相的几种共熔体，所以吹炼就是氧化除去冰铜中的铁、镍和硫以及部分其他杂质，从而获得金属铜。产出的粗铜含铜大于 97%、含镍小于 1%。

卡尔多炉吹炼是周期性作业，每个周期又分为两个阶段，即造渣期和造铜期。全周期都是通过氧枪喷嘴向熔体中喷入高压工业氧去完成的。由于喷入气流的强烈搅拌和炉体本身的高速旋转，使熔体翻腾，达到气—固—液三相的充分接触，完成铁、镍等杂质的氧化，并与加入的石英熔剂造渣，同时放出大量的热，维持正常的冶炼温度，而冰铜逐渐被富集。冰铜和炉渣由于密度不同及相互溶解度有限。炉子停氧和停止旋转时分成两层，炉渣定期排除。这就是造渣期。而造铜期是在不加熔剂的情况下继续吹炼，使部分硫化亚铜氧化成氧化亚铜，氧化亚铜与未氧化的硫化亚铜发生交互反应而得到金属铜。

3.2.2　卡尔多炉吹炼的基本原理

卡尔多炉所处理的原料为自热炉产出的含硫粗铜，需要对含硫粗铜中的镍、硫等杂质元素进一步脱除。在吹炼过程中，杂质元素氧化的可能性及反应的顺序，主要决定于它们与氧的化学亲和力大小及它们在溶液中活度的高低。在熔融的粗铜液中镍对氧的化学亲和力比铜大，镍元素首先被氧化，并与加入炉内的石英石、石灰石发生造渣反应：

$$2Ni_3S_2 + 7O_2 === 6NiO + 4SO_2 \uparrow$$

$$2NiO + 3SiO_2 === 2NiO \cdot 3SiO_2$$

$$CaO + SiO_2 === CaO \cdot SiO_2$$

铜对氧的亲和力虽比镍小，但因其浓度高，吹炼时部分也被氧化：

$$2Cu_2S + 3O_2 === 2Cu_2O + 2SO_2 \uparrow$$

但只要熔体中还有 Ni_3S_2、Cu_2S 存在，生成的 Cu_2O 随即被硫化：

$$4Cu_2O + 2Ni_3S_2 \longrightarrow 4Cu_2S + 6NiO$$

$$2Cu_2O + Cu_2S === 6Cu + SO_2$$

这就是吹炼的第一周期———造渣期。

在吹炼的第二周期———造铜期，由于镍杂质已基本被除去。这时 Cu_2S 开始大量氧化，氧化生成的 Cu_2O 与未氧化的 Cu_2S 发生交互反应而生成金属铜：

$$2Cu_2S + 3O_2 === 2Cu_2O + 2SO_2$$

$$2Cu_2O + Cu_2S === 6Cu + SO_2$$

这就是卡尔多炉除镍的原理。但由于 Ni_3S_2 和 Ni 的氧化速度很慢，且浓度比铜低得多，因此，欲使粗铜中的含镍降低，必须提高 Cu_2O 的含量，即过吹，即使如此，镍在吹炼过程中也不能完全除去，粗铜中残镍仍有 0.5% ~ 1.0%，而且后期渣含铜也相当高。同时，作业过程中卡尔多炉还要求保持较低的温度，一方面，镍的氧化造渣是放热反应，因此只有保持低温操作才能满足除镍的要求；另一方面由于存在以下反应：

$$Ni_3S_2 + 4Cu === 2Cu_2S + 3Ni$$

$$4Cu_2O + Ni_3S_2 === 8Cu + 3Ni + 2SO_2$$

$$Ni_3S_2 + 4NiO === 7Ni + 2SO_2$$

所以，粗铜中存在有铜镍合金，低温有利于抑制铜镍合金的生成；另外，由于镍及镍的氧化物可部分溶解在粗铜中，且其溶解度随温度的增大而增大，因此，卡尔多炉吹炼过程炉温控制十分严格，操作中通过加入冷料控制炉温而满足除镍的要求，产出含镍小于1%的粗铜液，送精炼炉进一步精炼。

3.3 粗铜的火法精炼

3.3.1 概述

从卡尔多炉吹炼产出的粗铜，除含有98%～99.5%的铜外，还含有0.5%～2%杂质。这些为数不多的杂质，有的对铜的使用性能、加工性能有不良的影响，且不能满足工业应用的要求。例如：纯铜导电性为100%，当含砷0.01%时则降为96.5%，含0.1%的硫时，铜在热加工时发生开裂，有鱼纹，即所谓热脆。有的是很有回收价值的金属，如金、银及少量铂族元素，需要综合回收。由于火法精炼只能将对氧亲和力大的杂质除到一定程度，而贵金属都留在火法精炼铜中，因此，金川公司的炼铜是将粗铜先进行火法精炼，再进行电解槽精炼进一步除去杂质，最后从阳极泥中将贵金属和稀有元素提取出来。粗铜火法精炼流程如图3-1所示。

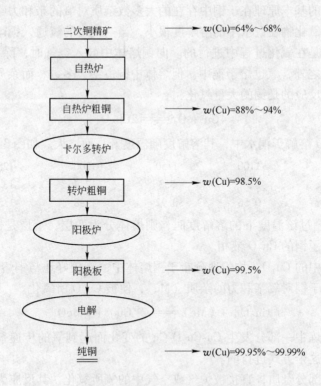

图 3-1　粗铜火法精炼流程图

现代各铜冶炼厂采用的粗铜精炼方法，是先经火法精炼除去部分杂质，然后进行电解精炼才能产出符合市场要求的纯铜，因为火法精炼只能除去部分杂质，而杂质含量高的粗铜又不能直接电解，所以，粗铜火法精炼的任务是除去一部分杂质，为铜电解提供优质的阳极板，粗铜中的硫和氧以及溶解在铜液中的 SO_2，在铜液凝固时，会从铜液中析出大量

的 SO_2，致使浇铸成的阳极板内会留有空洞和形成凹凸不平的表面，这种不合格的阳极板是不能送去电解的。粗铜进行火法精炼除去部分杂质，使送去电解的阳极板含铜达到98.5%~99.5%，杂质总含量控制在0.5%~1.5%范围内，铸出的阳极板表面光滑平整，厚薄均匀，无飞边毛刺，无附着物致密、板悬吊垂直度好、密度可达 $8.8g/cm^3$ 以上的阳极，能满足电解工艺的要求。

金川铜车间粗铜的火法精炼是在阳极精炼炉中进行。根据精炼过程的物理化学变化，可分为加料保温、氧化、还原和浇铸4个步骤，其中主要是氧化、还原这两步。

3.3.2　粗铜火法精炼原理

粗铜的火法精炼通常是在1150~1250℃的温度下，先向铜熔体中鼓入空气，使铜熔体中的杂质与空气中的氧发生氧化反应，以金属氧化物 MO 形态进入渣中，然后用碳氢还原剂将熔解在铜的氧除去，最后浇铸成合格的阳极送去电解精炼。

粗铜的火法精炼包括氧化与还原两个主要过程。

3.3.2.1　铜火法精炼的氧化过程

粗铜氧化精炼的基本原理在于铜中存在的大多数杂质对氧的亲和力都大于铜对氧的亲和力，且多数杂质氧化物在铜水中的溶解度很小，当空气中的氧通入铜熔体中便优先将杂质氧化除去。脱硫是在氧化过程中进行的。向铜熔体中鼓入空气时，除了 O_2 直接氧化熔铜中的硫产生 SO_2 之外，氧也熔于铜中。但熔体中铜占绝大多数，而杂质占极少数，按质量作用定律，优先反应的是铜的大量氧化：

$$4Cu + O_2 \rule[0.5ex]{1em}{0.4pt}\rule[0.5ex]{1em}{0.4pt} 2Cu_2O$$

所生成的 Cu_2O 溶解于铜水中，其溶解度随温度升高而增大。如图3-1所示。

温度/℃	1100	1150	1200	1250
溶解的 Cu_2O/%	5	8.3	12.4	13.1
相应的 O_2/%	0.56	0.92	1.38	1.53

当 Cu_2O 含量超过该温度下的溶解度时，则熔体分为两层，下层是饱和了 Cu_2O 的铜液相，上层是饱和了铜的 Cu_2O 液相。

溶解在铜熔体中的 Cu_2O，均匀地分布于铜熔体中，能较好地与铜熔体中的杂质接触，那些对氧亲和力大于铜对氧亲和力的杂质（Me），便被 Cu_2O 所氧化。

$$[Cu_2O] + (Me) \rule[0.5ex]{1em}{0.4pt}\rule[0.5ex]{1em}{0.4pt} 2[Cu] + [MeO]$$

这样在氧化精炼中一部分发生 Cu-Cu_2O-Cu 的变化而起到氧的传递剂作用。铜熔体中杂质氧化主要是以这个方式进行的。

当然，也有少部分杂质，直接被炉气或空气中的氧所氧化，其反应为：

$$2(Me) + O_2 \rule[0.5ex]{1em}{0.4pt}\rule[0.5ex]{1em}{0.4pt} 2[MeO]$$

这种反应，在氧化精炼中不占主导地位。

为了使空气中的氧尽量与铜反应生成 Cu_2O，且使 Cu_2O 与杂质良好接触，进而氧化杂质。就必须把空气鼓入铜熔体中，使空气形成无数小气泡，使铜熔体翻腾，以增大气—液相接触面，加快 Cu_2O 和杂质间的扩散，强化氧化精炼过程。

铜液中 Cu_2S 和其他金属硫化物，它在精炼初期氧化得较缓慢，但在氧化后期时，温度达 1175℃时，硫在铜液中溶解度可达 9%，开始按 $[Cu_2S] + 2[Cu_2O] = 6[Cu] + SO_2$ 反应激烈地放出 SO_2，使铜水沸腾，有小铜液滴喷溅射出，形成所谓"铜雨"而将硫脱除，也标志着氧化将结束。

3.3.2.2 阳极炉氧化过程杂质行为

杂质的氧化顺序，从理论上说，可按杂质对氧的亲和力的大小来粗略地判断，其排列顺序为铝、硅、锰、锌、铁、镍、砷、锑、硫、铋、铜、银、金。然而，在实际精炼过程中，杂质氧化的明显顺序是不存在的，而是许多杂质同时发生氧化，只是在某一个时刻氧化程度不同而已，杂质的氧化顺序和除去程度，与下列因素有关：

(1) 杂质在铜中的浓度和对氧的亲和力；

(2) 杂质氧化后所生成的氧化物在铜中的溶解度；

(3) 杂质及其氧化物的挥发性、杂质氧化物的造渣性。

上述因素中，杂质的浓度、对氧的亲和力和杂质氧化物在铜中的溶解度是主要因素，杂质及其氧化物在铜中的溶解度愈大，则该杂质愈难除去，杂质对氧的亲和力愈小，则该杂质愈难氧化，因而也难以除去。因此在阳极炉精炼过程中，杂质按其易难除去程度可分为三类：易除去的、难除去的和不能除去的。

A 易除去杂质

易除去杂质包括铁、锌、铅、锡、硫等。

a 铁

铁是易于除去的杂质，它在铜的熔体中是有限溶解，不与铜生成化合物，在火法精炼中，能迅速而完全地除去，它在炉料的熔化和氧化阶段初期即被氧化成 FeO 并与石英熔剂作用生成硅酸盐炉渣，或进一步氧化成 Fe_2O_3，与其他金属氧化物生成铁酸盐即 $MeO·Fe_2O_3$ 炉渣。如精炼作业在碱性炉衬的炉子中进行，过程又不加入石英熔剂，则全部的铁几乎都氧化成 Fe_2O_3 而呈铁酸盐炉渣。

b 锌

锌和铜在液态时互溶，固态时形成一系列固溶体。精炼过程中，锌可直接蒸发，熔体中的 ZnO 在有还原剂覆盖铜熔体的情况下，也能被还原成金属锌而蒸发，并在炉气中被氧化成 ZnO，随炉气排出。此外，还有一部分 ZnO 与 SiO_2 作用生成硅酸锌即 $ZnO·SiO_2$，与 Fe_2O_3 生成铁酸锌即 $ZnO·Fe_2O_3$ 炉渣。

当精炼含锌高的铜料时，为加速锌的蒸发，在熔化期和氧化期均应提高炉内温度，并在熔体表面覆盖一层木炭或不含硫的焦炭颗粒，使还原成金属锌蒸发，以免生成结块而妨碍蒸锌过程的正常进行。

c 铅

铅和铜在固态时互不溶解，在铜熔体中溶解度很小，但铅对电解的危害较大，须将其控制在所允许的范围内，铅的氧化是在铜熔化时就开始，一直延续到开始还原时为止，通常采用的除铅方法是向炉内加入石英熔剂，使 PbO 呈硅酸盐的形态除去，因 PbO 浓度较大，所以用压缩空气强制将细粉状熔剂吹入熔体内效果较好。然而用硅酸盐造渣脱铅的方法操作时间长，铜的损失大，炉渣酸性化，对碱性炉衬腐蚀严重，尤其是要使铅的含量降低到 0.005% 以下更是如此。

此外用氧化硼作熔剂，使铅呈硼酸盐形态除去，也有显著效果，但其成本较高。

d　锡

锡是比较难以除去的杂质，但从处理矿石或精矿得到的粗铜中，含锡很少，一般只有万分之几，不会给精炼作业带来较大困难。锡在氧化后，可用加入碱性熔剂如 Na_2CO_3 和 CaO 等方法除去。

e　硫

硫在粗铜中，主要以 Cu_2S 和其他金属硫化物形式存在，它在精炼初期氧化得较缓慢，但在氧化后期时，便开始按 $[Cu_2S]+2[Cu_2O]=6[Cu]+SO_2$ 反应激烈地放出 SO_2，使铜水沸腾，有小铜液滴喷溅射出，形成所谓铜雨。

要使硫降至 0.008% 以下，在 1200℃ 时铜水含氧在 0.1% 即可。然而为了加速反应，实践中常将氧的浓度提高到 0.9%～1%，保持熔体中 Cu_2O 为饱和状态。同时采用低硫的重油供热，炉气中 SO_2 浓度应低于 0.1%，防止 SO_2 溶解于铜熔体中，温度应控制在 1200℃，并使炉内为中性或微氧化性气氛。

B　难除去的杂质

难除去的杂质包括镍、砷、锑。

a　镍

镍在氧化阶段氧化缓慢，而氧化生成物分布在炉渣和铜水中，镍之所以难除去，一方面由于镍对氧的亲和力接近于铜，另一方面在有砷、锑存在时，镍、砷、锑的氧化物形成易溶于铜熔体中的三元氧化物，阻碍镍进入炉渣。镍氧化生成的 $NiO \cdot Cu_2O$ 和 $As_2O_5 \cdot Sb_2O_5$ 生成镍和铜的砷酸盐和锑酸盐，即 $6Cu_2O \cdot 8NiO \cdot As_2O_5$ 和 $6Cu_2O \cdot 8NiO \cdot Sb_2O_5$，所谓"镍云母"它们部分溶于铜中，使除去镍、砷、锑困难，部分沉积炉底易形成炉结，为了除镍，可在较低温度加入 Fe_2O_3 与 Na_2CO_3 造渣，以分解和破坏镍云母，减少这些化合物在铜熔体中的溶解。

b　砷、锑

砷、锑在精炼时，如形成 As_2O_3 和 Sb_2O_3，易于挥发而除去，如形成 As_2O_5 和 Sb_2O_5，则不能挥发，与铜的氧化物生成砷酸盐和锑酸盐，溶解于铜熔体中，难以除去。

在精炼的氧化期，砷和锑生成具有挥发性的三氧化物，即 As_2O_3 和 Sb_2O_3，一部分随炉气逸出，其余部分与铜生成可溶于铜熔体的亚砷酸铜和亚锑酸铜，如熔体中始终饱和以 Cu_2O 时，砷、锑的三氧化物将继续氧化成不挥发的五氧化物，即 As_2O_5 和 Sb_2O_5，并生成砷酸铜和锑酸铜溶解于铜熔体中。当精炼含砷、锑相当高的粗铜时，根据砷、锑化合物的性质，可采取重复氧化和还原数次，将其从铜中除去，可向铜熔体中加入 Na_2CO_3 或 CaO 等碱性溶剂，使砷、锑生成不溶于铜的砷酸钠、砷酸钙、锑酸钠、锑酸钙，组成炉渣，上升到熔体表面而被除去。

C　不能除去杂质

不能除去杂质包括金、银、硒、碲、铋等。

a　金和银

金、银在火法精炼中不被氧化而留在精炼铜中，只有银部分地被挥发性杂质如锌、砷、锑等带走，因此银损失可达 2.5%。

b 硒、碲

硒和碲在粗铜中的含量很少，通常只是十万分之几，硒、碲在氧化精炼时，有少量被氧化成 SeO_2、TeO_2，随炉气排出，但大部分的硒、碲仍留在铜液中，在电解精炼时，从阳极泥回收。

c 铋

铋与铜在熔体中完全互溶，对氧的亲和力与铜差不多，沸点又高，因此，既不能氧化，又不能挥发除去，基本进入铜液中。

对于处理的二次铜精矿，其主要杂质成分为铁、镍、硫、金银贵金属及稀有金属，所以进入火法精炼炉中的粗铜液它可能存在的杂质也不外乎这几种。

3.3.2.3 阳极炉还原精炼原理及生产控制

A 阳极炉还原精炼原理

在氧化精炼过程中，为了有效地除杂脱硫，必须使 Cu_2O 在熔体中达到饱和的程度，这样在氧化精炼结束时，铜熔体中仍残留着 8% ~10% 相对数量的 Cu_2O。为了满足阳极铜的要求，必须把这部分 Cu_2O 还原成金属铜。还原的目的就是脱氧。

铜火法精炼中常用的还原剂有：木炭或焦粉、粉煤以及插木法还原、重油、天然气、甲烷或液氨。其中使用气体还原剂是最简便的但受区域影响无法普及，近年来国内各工厂大都采用重油作还原剂，虽然还原效果好，也比较经济，但油烟污染严重。随着目前环保趋势要求，使用粉煤为原料的固体还原剂开始普及。旧熔炼系统采用重油为还原剂和燃料，新系统则采用碳质固体还原剂，燃料为重油。

无论采用哪种还原剂，其还原过程均为还原性物质对氧化亚铜的还原。下面以重油作还原剂为例分析其还原过程。重油主要成分为各种碳氢化合物，高温下分解才成氢和碳，而碳燃烧成 CO。所以重油还原实际上是氢、碳、一氧化碳及碳氢化合物对氧化亚铜的还原：

$$Cu_2O + H_2 = 2Cu + H_2O$$

$$Cu_2O + C = 2Cu + CO$$

$$Cu_2O + CO = 2Cu + CO_2$$

$$2Cu_2O + CH_4 = 4Cu + CO_2 + 2H_2$$

$$4Cu_2O + C_xH_y = 8C_x + 0.5(y-2)H_2 + H_2O + CO_2 + CO$$

在用重油做还原剂时，铜熔体中出现的气体有 CO、CO_2、H_2O、N_2、H_2 和 SO_2。前四种气体基本上不溶解于铜熔体中，而后两种气体则易溶解于铜熔体中。采用重油还原时，铜样断面不如插木还原的铜样光亮，其原因是插木时分解放出大量水蒸气、氢气和甲烷等，水蒸气的存在稀释了氢气的浓度，降低了氢的分压。而用重油还原时，分解出来的水蒸气很少，故氢气浓度大、氢的分压较大。而氢在铜水中的溶解度与其分压的平方根成正比，与温度成正比，温度越高其溶解度越大。所以用重油还原时吸收的氢比插木还原多，当铜凝固时，部分氢析出，铜样断面出现许多微观小孔，使其外观金属光泽不亮。

铜中含氧过多会使铜变脆，延展性和导电性都变坏；铜中含氢过多，在阳极板内会有气孔，对电解精炼非常不利，若制成铜线锭，则在加热时铜中的氢与氧化亚铜作用产生水蒸气，使铜变脆，发生龟裂（也称氢病），导致力学性能变坏。

在用碳质固体还原剂还原时，先是碳先与铜液作用燃烧生成一定量的 CO，再将 Cu_2O 还原成金属铜，其反应原理如下：

$$2C + O_2 \Longrightarrow 2CO$$

$$C + O_2 \Longrightarrow CO_2$$

$$Cu_2O + C \Longrightarrow 2Cu + CO$$

$$Cu_2O + CO \Longrightarrow 2Cu + CO_2$$

随着还原过程的进行，由于 Cu_2O 被还原，铜熔体中含氧量逐渐降低，当其减少至 0.03% ~ 0.05% 时熔体有从炉气中强烈吸收 SO_2 的可能，故还原过程应以铜熔体含氧降低至 0.03% ~ 0.05% 为极限。还原程度应严加控制，尽可能使铜熔体中的 Cu_2O 完全还原，又不让 SO_2 溶解于其中，否则 SO_2 在浇铸阳极板时重新排出而留下气孔，降低质量。

SO_2 在铜中的溶解度随温度而变化，温度越高溶解度越大，为了防止 SO_2 溶解于铜熔体中，要求还原剂含硫不宜超过 0.5%，控制铜液温度不高于 1170 ~ 1200℃。

试样表面微凸起细皱褶，断面结晶致密颗粒细小散布有金属星点，颜色带丝绸金属光泽呈砖红色。

B　还原终点温度对阳极板浇铸的影响

浇铸时，如铜熔体温度过高，还原终点温度则对阳极板浇铸产生影响：

（1）吸气性强，吸进的气体在铜熔体冷凝时排出，在阳极板上留有气孔；

（2）阳极板面不致密，冷凝所需时间长，影响浇铸速度；

（3）使铸模涂料变质，产生黏膜现象。

如铜熔体温度低，铜液的流动性不好，阳极板耳子上不去，板子飞边量大，影响板子质量，易引起流槽、包子结死影响出炉，熔体浇铸温度要求控制在 1265 ~ 1280℃。

C　还原终点判断对阳极板浇铸的影响

及时准确把握还原终点。如还原过老，当铜熔体中含氧低于 0.05% 时，氢的溶解度会急剧增加，阳极板会出现氢气孔，否则会出现氧气孔。

还原后期应经常取样判断其进行程度，随着氧化亚铜的不断还原，试样断面开始是丝状粗粒结晶结构. 逐渐转变为细粒放射状，最后变为细粒致密结晶，还原初期试样断面呈砖红色，后来转为玫瑰色；从无光泽变为最后的丝绸光泽、金属亮色最初集中最后散开，试样表面开始时中心带有凹槽，到还原结束时成为微带皱纹的平整表面。此时，铜液中的残氧量约为 0.03% ~ 0.05%（终点控制含氧 0.1% ~ 0.2%）。

综上所述，铜的火法精炼主要是氧化精炼和还原精炼两个重要过程组成，氧化使金属中的杂质发生氧化而除去；还原脱除铜熔体中溶解的氧，并获得组织致密、延展性能良好的铜。这两个过程是相继地在同一个炉中进行，有时还反复操作，以达到预期的精炼效果。

3.4　倾动炉的冶炼原理

3.4.1　铜火法精炼的氧化过程

氧化精炼的基本原理在于铜水中存在的大多数杂质对氧的亲和力都大于铜对氧的亲和

力,且多数杂质的氧化物在铜中的溶解度很小,当空气中的氧鼓入铜水中便优先将杂质氧化除去。熔体中含铜比例高,杂质含量少,其氧化机理为铜首先发生氧化作用:

$$4Cu + O_2 \Longrightarrow 2Cu_2O$$

所生成的 Cu_2O 立即溶解于熔融铜中,其溶解度随温度升高而增加。

由于熔体中杂质金属 Me 浓度小,直接与氧接触的机会极少,故杂质金属直接氧化的反应几率小,可以忽略。

$$2Me + O_2 \Longrightarrow 2MeO$$

因此,当铜水与鼓入空气中的氧接触时,金属铜便首先氧化成氧化亚铜,随即溶于铜水中,并被气体搅动向四周扩散,使其他杂质金属 Me 氧化,实际上氧化亚铜起到了传递氧的作用。故氧化精炼的基本反应表示为:

$$[Cu_2O] + [Me] \Longrightarrow 2[Cu] + (MeO)$$

由于铜熔体中铜的浓度很高,且当杂质氧化时也不会发生多大变化,故可认为铜的活度 $\alpha(Cu) \approx 1$。所以氧化精炼反应的平衡常数可写为:

$$K = \alpha(MeO)/\alpha(Cu_2O) \cdot \alpha(Me)$$

因为 $\alpha(Me) = \gamma(Me) \cdot N(Me)$($\gamma(Me)$ 为杂质金属的活度系数),则残留在铜水中的杂质极限浓度为:

$$N(Me) = \alpha(MeO)/K \cdot \gamma(Me) \cdot \alpha(Cu_2O)$$

以上可以看出:

(1) 铜中残留杂质的浓度与铜液中氧化亚铜的活度成反比,故在氧化精炼过程中应使铜中的氧化亚铜始终保持饱和状态。

(2) 铜中残留杂质的浓度与该杂质金属的活度系数成反比,而与渣相中该杂质金属氧化物的活度成正比,因此为了最大限度地除去铜中的杂质,需要选择加入适当的熔剂和及时地排渣,以降低渣相中杂质金属氧化物的活度。

(3) 铜中残留杂质的浓度与反应的平衡常数 K 成反比。因杂质反应是放热反应,随着温度的升高,K 值减小,则铜中残留杂质的浓度增大。同时,温度过高,熔体中饱和氧化亚铜也多,造成渣含铜高,还原时间延长。故氧化精炼的温度不宜过高,一般在 1140 ~ 1170℃,而杂铜精炼为了造渣的需要,氧化造渣的终点温度应为 1180 ~ 1200℃,此时铜中约饱和了 8% 的氧化亚铜。

上述影响因素是从金属—渣相的理论考虑,实际生产中还受炉内压力、杂质及其氧化物的挥发性、密度、造渣性等因素的影响,氧化过程是一个动态的过程。

3.4.2　杂质在精炼过程中的行为

在熔融状态的铜液中,杂质的氧化物及其硫化物将有一部分溶解于铜中,另有一部分杂质以炉渣夹杂物形式混在熔体中,而大部分的金属杂质在熔体中,以游离状态存在。因此了解杂质在铜熔体中的行为十分重要,可以通过研究下列平衡关系来考察:

$$[Cu_2O] + [Me] \Longrightarrow 2[Cu] + (MeO)$$

$$K = \alpha2(Cu) \cdot \alpha(MeO)/\alpha(Cu_2O) \cdot \alpha(Me)$$

在 1200℃时不同金属的 K 值示于氧化反应的热力学数据表 3-1 中。

表 3-1　1200℃时熔融铜中各元素氧化反应的热力学数据

元　素	熔融铜中的含量/%	平衡常数 K	活度系数 $\gamma_{(Me)}$
Au	0.003	1.2×10^{-7}	0.34
Ag	0.1	3.5×10^{-5}	4.8
Pt	—	5.2×10^{-5}	0.03
Pd	—	6.2×10^{-4}	0.06
Se	0.04	5.6×10^{-4}	1
Te	0.01	7.7×10^{-2}	—
Bi	0.09	0.64	2.7
Cu	约 99	—	≤1
Pb	0.2	3.8	5.7
Ni	0.2	25	2.8
Cd	—	31	0.73
Sb	0.04	50	0.013
As	0.04	50	0.0005
Co	0.001	1.4×10^2	—
Ge	—	3.2×10^2	—
Sn	0.005	4.4×10^2	0.11
In	—	8.2×10^2	0.32
Fe	0.01	4.5×10^3	15
Zn	0.007	4.7×10^4	0.11
Cr	—	5.2×10^6	—
Mn	—	3.5×10^7	0.80
Si	0.002	5.6×10^8	0.1
Ti	—	5.8×10^9	—
Al	0.005	8.8×10^{11}	0.008
Ba	—	3.3×10^{12}	—
Mg	—	1.4×10^{13}	0.067
Ca	—	4.3×10^{14}	—

表中数据是按 K 值的增加而排列的，即根据 ΔG（自由焓）值可以把金属分成三类。

第一类金属，从金到碲，具有小的 K 值，意味着用氧化的方法除去它们是困难的，希望夹杂富集在阳极铜中，通过电解车间、一车间回收。

第二类金属，从铋到铟，用简单的氧化操作是较难除去的。

第三类金属，从铁到钙，具有大的 K 值意味着易被氧化除去。

根据热力学数据的计算排列出杂质的氧化先后次序，即：铝、硅、锰、铁、锌、镍、锡、铅、硫、铋、锑、砷、银、金。杂质除去的难易程度与很多因素有关，主要因素包括：

（1）杂质在铜中的浓度和杂质元素对氧的亲和力；

（2）杂质氧化后所产生的氧化物在铜中的溶解度；

（3）杂质及其氧化物的挥发性，杂质氧化物的造渣性；

（4）杂质及其氧化物与铜液的比重差。

杂质及其氧化物在铜液中的溶解度愈大，则该杂质愈难除去；杂质对氧的亲和力愈小，则该杂质愈难氧化，因而愈难脱除。

3.4.3 良性渣的形成

低沸点金属杂质除挥发进入烟气外，在氧化阶段，金属杂质的氧化物与石英沙形成良性渣也是相当重要的。目的是为了杂质的分离。当稀渣形成时，杂质与铜分离的效果好，说明氧化结束了。可通过目测熔体表面，取样判断决定。渣层厚度有时可达 150mm。

渣中主要金属化合物是 Cu_2O，SiO_2，FeO，还有 Al_2O_3，CaO，MgO。这些化合物和二氧化硅结合成渣，渣的黏性和温度有关，炉温高，渣的流动性相对会好，反之亦然。杂铜中的铁与添加剂中的铁全部熔化富集形成的氧化物主要是 FeO。FeO 是造渣必需的添加剂。

入炉物料成分的变化决定渣量的变化，每炉渣量波动范围在 20～35t，造渣率约为 8%。

渣的生成是在氧化阶段，氧化结束时，造渣完成。在氧化开始时生成的渣是不均匀的，黏性的，为了造稀渣需要延长氧化时间。继续氧化，渣量会增加，熔体温度相应提高。

决定渣型的主要因素如下：

（1）正确使用添加剂得到最佳的渣型；

（2）加入物料成分的配比、混合均匀；

（3）熔炼时快速提温。

熔炼温度高，易造良性渣，但渣含铜高。高熔化点氧化物 Al_2O_3（2053℃），ZnO（1725℃），CaO（2570℃）的生成量决定渣型。

二元和三元系统的低熔点化合物，主要有：

二元系统	熔炼点	化合物
Cu_2O-SiO_2	1060℃	8%SiO_2
Cu_2O-PbO	680℃	82%PbO
	小于1000℃	55%～100%PbO
Cu_2O-Al_2O_3	1165℃	8%Al_2O_3
SiO_2-PbO	711℃	90%PbO
	小于1000℃	100%～67%PbO

SiO$_2$-ZnO	1432℃	57% ZnO
SiO$_2$-FeO（铁橄榄石）	小于 1200℃	29% SiO$_2$
三元系统	熔炼点	化合物
Al$_2$O$_3$-FeO$_x$-SiO$_2$	1083℃	12% Al$_2$O$_3$，48% FeO$_x$，40% SiO$_2$
CaO-FeO$_x$-SiO$_2$	1093℃	15% CaO，47% FeO$_x$，38% SiO$_2$

氧化物 Cu$_2$O，PbO 和 SiO$_2$ 的结合使渣的熔点降低。从文献可知，稀渣的生成，取决于 SiO$_2$/FeO 的重量比，SiO$_2$/FeO = 5/3 是比较适宜的。

$$S = (\%Cu_2O + \%SiO_2 + \%CaO + \%PbO)/(\%Al_2O_3 + \%ZnO + \%FeO)$$

式中　S——造渣指数。

该值能说明渣的黏性，值越高，渣就越稀。但是，高 SiO$_2$ 含量又会增加渣的黏度。另外，加入的 SiO$_2$ 作为熔剂应尽量少，以限制其与衬砖的碱性化合物发生反应，侵蚀耐火砖。实际经验说明 Al$_2$O$_3$ 和 ZnO 化合物的总量不应超过 12%。

造渣指数 $S = 2$ 为渣流动性好的最小值，如果 $S < 2$ 应继续氧化或增加熔剂（SiO$_2$、FeO）。

除了良性渣以外，精炼渣中可能还有一些未熔化合物，这些未熔化合物或存在渣中，或浮在渣表面。要人为扒出。

未熔化合物主要为：烧结石英砂，炉子衬里和破裂的耐火砖，高熔点的不锈钢废料。未熔化合物使渣流受阻并造成渣含铜升高，因此，必须从杂铜中仔细分拣出来。石英加入要确保均匀分配，避免堆积造成烧结。

从工厂长期实践的经验可知，为了造稀渣，还须配备一些特殊的添加剂如破碎的玻璃、苏打、硼砂、萤石、火绒（引火物）。

3.4.4　铜火法精炼的还原过程

3.4.4.1　铜火法精炼的还原原理

粗铜经过氧化后，残留的大部分杂质被脱除，但铜水中还有饱和了 8% 的 Cu$_2$O，铜中含氧过多，铜变脆，延展性和导电性降低。因此必须用还原剂进行还原脱氧。还原剂有多种，包括木材、重油、天然气、氨、液化石油气等。

还原反应的主要化学方程式如下：

$$2C_3H_8 + 3O_2 \mathrel{=\!=\!=} 6CO + 8H_2$$

$$Cu_2O + CO \mathrel{=\!=\!=} 2Cu + CO_2$$

$$Cu_2O + H_2 \mathrel{=\!=\!=} 2Cu + H_2O$$

空气通过炉门缝隙进入，会造成燃油和还原剂完全燃烧，炉内始终呈还原气氛。

3.4.4.2　还原效率的影响因素

还原效率的影响因素主要有以下几点：
（1）还原有效成分 CO、H$_2$ 等生成量；
（2）还原剂在铜水中的停留时间；

（3）铜水的含氧量；

（4）还原剂生产 CO 效率；

（5）还原剂的流量；

（6）还原剂吹送压力。

还原有效成分 CO 和 H_2 的生成量与还原剂的裂化程度有关，铜熔炼使用的还原剂煤基还原剂通过空压风吹入铜水中，在高温的条件下生产 CO，在此过程中 CO 生成量较少，还原剂的利用率低，如何提高利用率有待进一步研究和在实验中不断总结、摸索。

4 自热炉系统附属设备设施

>>

4.1 上料系统

4.1.1 概述

上料系统的任务是为自热炉提供足够合格的二次铜精矿和烟灰组成的混合精矿、熔剂、块煤等物料，从而保证自热炉生产的顺利进行。

4.1.1.1 熔剂、烟灰、块煤在冶金过程中的作用

熔剂在冶金过程中的主要作用是与在熔炼过程中产生的氧化亚铁发生造渣反应，产出熔点、密度及黏度都合适的液态炉渣，产出的炉渣易于从炉内排出。自热炉设计选用石英石作为熔剂，造渣反应方程式如下：

$$3Fe_3O_4 + FeS + 5SiO_2 \longrightarrow 5(2FeO \cdot SiO_2)$$

石英石的配入量是根据所产炉渣的性质来决定的，其原则是：

(1) 炉渣与冰铜不互相溶解且密度相差较大；

(2) 冰铜及铜在渣中的溶解度小；

(3) 具有良好的流动性，溶点和黏度适当；

(4) 热熔及表面张力尽量小。

在自热熔炼的生产过程中，烟气中含有一定浓度的烟尘，经收尘系统收集下来。由于烟尘中含有一定数量的有价金属，必须进行回收，但烟尘与二次铜精矿的物质组成比较有较大差别，尤其含硫量小和其他杂质多，必须与二次铜精矿进行配比和均匀混合，再进行入自热炉熔炼。

自热炉中加入块煤主要是为了给冶炼过程补充热能，从而使炉温保持恒定，以利于冶金过程稳定而连续进行。

4.1.1.2 固体物料的基本性能

固体物料的基本性能有：粒度，堆积角和陷落角，真密度和假密度等，下面将分别给予定义。

A 粒度

通常所见的固体物料多呈大小颗粒不同，形状各异的混合物料，一般用粒度来表示固体物料的大小颗粒程度。混合物料粒度的表示方法有两种：平均粒度和最大粒度。

(1) 平均粒度。平均粒度的计算方法有两种：

1）算数平均粒度：

$$dcp = (l + b + h)/3$$

式中，l，b，h 分别表示物料的长、宽、高。

2）几何平均粒度：

$$dcp = (l \cdot b \cdot h)^{1/3}$$

（2）最大粒度。物料最大粒度就是95%物料通过筛孔的大小。

B　堆积角和陷落角

（1）堆积角。堆积角又称休止角、安息角等，是粉状及块状、粒状物在水平面上自由堆积时，其自由表面（倾斜面）与水平面能形成的最大夹角。有静堆积角和动堆积角之分。

（2）陷落角。自由堆积在水平面上的粉状、粒状及块状物料，通过底部开孔陷落时漏斗状流出，其物料自由表面与平面间所能形成的最小夹角。

C　真密度和假密度

密度是指单位体积物料的质量，采用的单位是吨/米^3。当物体颗粒间没有空隙存在时，单位体积单位质量称为物料的真密度。

4.1.2　物料运输系统设备性能

4.1.2.1　物料运输系统运输物料量及性能

物料运输系统物料量及性能见表4-1。

表 4-1　物料量及性能

物料名称	物料量/t·d^{-1}	粒度/mm	密度/t·m^{-3}	水分/%
二次铜精矿	285	$-75\mu m$（-200目）	3.0	8~10
烟　灰	13	$-75\mu m$（-200目）	1.2	1
石英石	10.26	20~30	1.6	<3
块　煤	6.5	30~50	0.8	<3

4.1.2.2　物料运输系统主要设备及性能

物料运输系统主要设备及性能见表4-2。

表 4-2　物料运输系统主要设备及性能

序号	设备名称	数量	规格型号	技术性能
1	梁式抓斗吊车	3	$Q=5T$	斗子容量1m^3
2	双轴螺旋搅拌机	1	电机J10	功率9.5kW　转速31r/min
3	1号皮带	1	B800×3350	带速：1m/s　电机功率：4kW　倾角：0°
4	2号皮带	1	B800×3550	带速：1m/s　电机功率：4kW　倾角：0°

序号	设备名称	数量	规格型号	技术性能
5	3号皮带	1	B800×80350	带速1m/s　电机功率：45kW　倾角：16°
6	5号皮带	1	B800×43150	带速1m/s　电机功率：15kW　倾角：15.56°
7	6号皮带	1	B800×12700	带速1m/s　电机功率：5.5kW　倾角：0°
8	称重皮带给料机	2	F52-800-4200	带宽：800mm　中心距：4200mm
9	称重皮带给料机	2	F52-650-4200	带宽：650mm　中心距：4200mm
10	7号皮带	1	B800×11250	带速1m/s　电机功率：5.5kW　倾角：0°

4.1.3　岗位操作技术

4.1.3.1　双螺旋搅拌机

A　开车前准备

开车前准备如下：

（1）检查所有地脚螺栓、连接螺柱是否有松动；

（2）检查各润滑点油量是否充足；

（3）检查各运转部位是否有障碍物，下料口是否畅通。

B　运转注意事项

运转注意事项如下：

（1）经常检查电机、减速机有无异常声音或振动；

（2）发现设备被卡、下料口堵塞应立即停车，及时处理；

（3）除紧急事故外，不得带负荷停车。

4.1.3.2　皮带运输机

A　开车前准备

开车前准备如下：

（1）检查各部位螺丝是否紧固，减速机油量是否会合适，皮带有压料，下料口是否畅通；

（2）检查运转部位有无障碍物，各卸料器是否完好；

（3）检查距皮带不安全范围内是否有人或障碍物；

（4）启动前需先点动，经试车无问题后方可开车。

B　运转注意事项

运转注意事项如下：

（1）经常检查电机、减速机有无异常声音或振动；

（2）卸料器刮板是否压紧；

（3）及时发现和调速皮带跑偏和蛇形；

（4）发现设备被卡，下料口堵塞，应立即停车及时处理；

（5）除紧急事故外，不得带负荷停车，以免造成电机烧坏或拉断皮带；

（6）除紧急事故外，必须与上下岗位取得联系，经确认后方能停车，以防压死皮带。

4.2　燃油系统

自热熔炼在能耗上的最大特点是充分利用硫化物的氧化放热而节约大量的能源。但是，由于二次铜精矿含硫较低，含水分较高，需补充热量来维持系统的热平衡。自热炉采用燃烧重油或配入块煤补充热量。本节主要叙述重油性质、燃油系统及系统操作的主要注意事项。

4.2.1　重油的性质

原油经过加工，提炼了汽油、煤油、柴油等轻质产品后剩下的相对分子质量较大的油就是重油，其主要化学成分是碳和氢。重油作为工业炉燃料，有以下几种重要特性。

4.2.1.1　粒度

粒度是表示流体流动的时间内摩擦力大小的物理指标。我国工业上表示重油黏度通用的是恩氏黏度（°E）。重油的牌号是指在50℃时，该重油黏度的°E值。例如：100号重油是指该重油在50℃时的恩氏黏度为100°E。

重油的黏度随温度的升高而降低。重油黏度过高会造成燃烧不好。

4.2.1.2　闪点和着火点

重油被加热时，表面会产生重油蒸汽，随着温度的升高，油蒸汽量越来越大，并和空气混合。当达到一定温度时，火种一接触油气混合物质发生闪光现象，这一引起闪光的最低温度称为重油的闪点。继续加热，产生油蒸汽的速度更快，此时不仅闪光而且可以连续燃烧，这时的温度称为重油的燃点。再继续提高油温，即使不接近火种也会发生自燃，这一温度称为重油的着火点。重油的着火点通常约在500~600℃。

闪点、燃点、着火点关系到重油的使用安全。一般重油的开口闪点在80~130℃，闪点以下油没有着火的危险，所以储油罐的加热温度必须控制在闪点以下。

4.2.2　重油的燃烧过程

4.2.2.1　重油的雾化

燃烧必须具有使液体燃料质点能与空气中的氧安全接触的条件。为此，重油燃烧前必须进行雾化，以增大其和空气接触的面积。重油雾化是借助某种外力作用。克服重油本身的表面张力和黏性力，使油破碎成很细的雾滴。影响重油雾化效果的主要因素有以下几点。

A　重油温度

提高重油温度可以显著降低油的黏度，表面张力也会相应减小，可以改善重油的雾化质量。

B　油压

采用气体雾化剂，油压不宜过高，否则雾化剂来不及对油流股起作用使之雾化；而机械雾化是靠油本身以高速喷出，造成油流股的强烈脉动而雾化的，油压越高，雾化越好。

C　雾化剂的压力和流量

低压和高压油烧嘴都是用气体作雾化剂，雾化剂以较大的速度和质量喷出，依靠对油表面的冲击和摩擦作用进行雾化。

D　油烧嘴结构

常采用适当增大雾化剂和油流股的交角，缩小雾化剂和油管出口断面，使雾化剂造成油流股的旋转流动等措施，来改善油的雾化效果。

4.2.2.2　加热和蒸发

重油的沸点只有200~300℃，而着火温度在600℃以上，因此油在燃烧前先变为油蒸汽。为了加速重油的燃烧，应使油更快地蒸发。

4.2.2.3　热解和裂化

油和油蒸汽在高温作用下，高分子碳氢化合物会裂解为低分子化合物，与氧混合，达到着火温度就可以进行燃烧反应。如在高温下没有氧接触，重油会进一步热分解为碳粒，没有来得及蒸发的颗粒，会聚结在烧嘴中，造成烧嘴的结焦现象。

4.2.2.4　油雾与空气的混合

油雾与空气的混合是决定燃烧速度和质量的重要条件，影响混合最关键的因素是雾化质量，雾化越好，混合条件越好。实际生产中，控制重油的燃烧过程，就是通过调节雾化与混合条件来实现的。

4.2.2.5　着火燃烧

油蒸汽及热解、裂化产生的气态碳氢化合物与氧接触并达到着火温度时，发生剧烈氧化反应而完成燃烧过程。

综上所述，重油的燃烧是经过雾化、蒸发裂解、混合、着火等过程来实现的。

4.2.3　自热炉燃油系统

自热熔炼在能耗上最大特点是充分利用硫化物的氧化放热而节约大量的能源。但是，由于二次铜精矿含硫较低，含水分较高，需补充热量来维持系统的热平衡。自热炉采用燃烧重油或配入块煤补充热量。

自热炉所用重油由车间重油间经油泵输送至自热炉重油调节阀站，重油油温通过加热器控制，燃烧用油油量通过进枪调节阀与回油调节阀控制。整个重油输送管路为便于重油输送，管路上敷设有蒸汽伴热管保温。自热炉重油调节系统如图4-1所示。

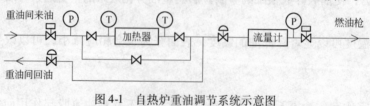

图4-1　自热炉重油调节系统示意图

Ⓣ—测温计；Ⓟ—测压计；⧓—切断阀；⧓—调节阀；⋈—截止阀

4.3　氧　系　统

4.3.1　供氧系统管路图

自热炉用氧由二期 14000m³ 氧气站（标态）供给，氧气首先进入自热炉氧气调节间，经流量检测及压力调节后送入自热炉氧枪，同时在氧气调节间设有氧浓度在线分析仪，氧气调节间供氧管路如图 4-2 所示。

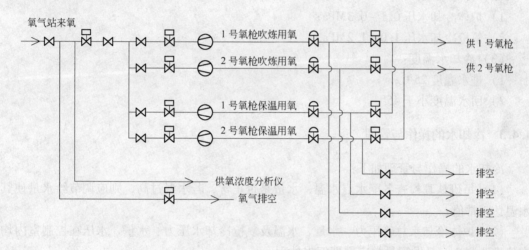

图 4-2　自热炉氧气调节控制原理图
⊘—流量计；⊠—气动切断阀；⊘—气动调节阀；⋈—截止阀

4.3.2　氧气系统的操作与控制

氧气系统的操作与控制如下：

（1）在氧气系统操作之前，应仔细检查各阀门的开闭状态及仪表显示值；

（2）送氧时，先打开总切断阀，再打开分路切断阀，后缓慢打开调节阀，使氧气及氧流量达到工艺技术要求；

（3）停氧时，先缓慢关闭调节阀，再关闭分路切断阀，后关闭总切断阀；

（4）自热炉保温作业时，须用保温管路供氧。

4.4　冷却水系统

4.4.1　冷却水系统简介

为了延长自热炉耐火材料的使用寿命和氧枪的使用寿命，自热炉采用软化水强制冷却系统。软化水来自动氧 5 号水泵房，其中炉体冷却水由 40m 高位水箱供给；氧枪冷却水由室外的循环给水经加压泵加压后送至氧枪，回水经过闭式冷却塔降温后进入加压泵循环供水。水套回水返回到室外排水管网，经冷却后回到 5 号泵房水池循环，在 5 号泵房补充冷却过程中循环损失的水。

4.4.2 技术操作条件

技术操作条件如下：

（1）冷却水量：

1）炉体冷却水 460 ~ 560m³/h；

2）氧枪冷却水 90 ~ 110m³/h。

（2）冷却水压：

1）炉体冷却水压 0.1 ~ 0.3MPa；

2）氧枪冷却水压 1.0 ~ 1.2MPa。

（3）冷却水温度：

1）进水温度 25℃；

2）回水温度小于 45℃。

4.4.3 冷却水的操作与管理

冷却水的操作与管理如下：

（1）每班认真检查各配水点水温，水量是否正常，若水温过高，则应调节给水量使其水温达正常值；

（2）炉体冷却水总管压力、水量、水温及氧枪冷却水压力、水量、水压在控制室内均有仪表监测，一旦发现异常应立即汇报处理；

（3）维护好测温装置，发现问题及时与仪表工联系修复；

（4）检查配水管、管接头及阀门是否有漏水；

（5）检查集水箱是否堵塞及排水是否飞油或外溢。

4.5 排烟收尘系统

4.5.1 概述

排烟收尘系统的作用是将自热炉产出的烟气及时排走，维持炉内一定的负压，并将烟气中的烟尘收集下来。

自热炉炉膛负压是自热炉生产的一项重要控制参数，它对于炉况、热平衡、烟尘率及环保有显著影响，同时，它对于自热炉的耐火材料的寿命尤其是炉顶也有一定的影响，正常生产时，炉内压力控制在 -5Pa 的微负压状态。

4.5.2 排烟收尘系统工艺

自热炉烟气经过余热锅炉降温后通过人字烟道送入湿法收尘系统，烟气在湿法收尘系统首先依次进入喷雾冷却塔、文氏管、旋流脱水器，将温度降至 70℃ 以下，送化工厂制酸。

4.5.3 自热炉炉内负压的控制

4.5.3.1 炉内负压的控制

自热炉炉内负压值是对炉顶测压孔测出的压力显示值。它的控制主要是通过调节排烟机的调频频率来控制，对测压孔应定期清理，以免压力检测失真。

4.5.3.2 影响炉内负压的主要因素

影响炉内负压的主要因素如下：
(1) 烟道的畅通；
(2) 加料管压料风的风量；
(3) 送氧量及燃油量；
(4) 投入的精矿量；
(5) 排烟系统的阻塞情况；
(6) 排烟机的调频频率。

4.5.4 排烟系统烟道阻塞情况的判断

当排烟机的频率达到最大值，炉膛内仍然是正压，可以通过以下方法确定烟道的阻塞区域，以利于及时清理：

(1) 从仪表上观察各部位的负压值。在自热炉控制室可以监测的负压值有：主排风机出口—旋流脱水器出口—文氏管出口—文氏管进口—喷雾冷却塔入口—余热锅炉对流区—上升段顶部，从各段的负压值变化情况与正常运行的负压值比较，可以判断烟道的阻塞情况。

(2) 从仪表上观察各部位的烟气温度值。从各段的温度变化情况及与正常运行的烟气温度值进行比较，烟气温度下降快的点可能阻塞。

(3) 可以通过对排烟系统动压和静压的测量，来判断烟道的堵塞。

5 铜自热炉生产实践

5.1 铜自热熔炼特点

金川铜厂自热熔炼炉是世界上第一座用于生产铜的自热炉，处理的矿物是二次铜精矿。二次铜精矿是高冰镍经过磨浮选矿，镍和铜分离得到铜精矿。设计二次铜精矿含水分 8%~10%，干矿化学成分为：$w(Cu)$ 为 68.5%，$w(Ni)$ 为 4.0%，$w(Fe)$ 为 4.0%，$w(S)$ 为 21.5%，精矿不经干燥直接入炉。二次铜精矿的特点，决定了金川铜厂自热熔炼炉的特点：

(1) 二次铜精矿实际是高品位冰铜，自热熔炼二次铜精矿实际是一般火法炼铜步骤中冰铜吹炼的一部分。

(2) 二次铜精矿中含有 4% 以上镍，镍以 Ni_3S_2 形态存在。若要使自热熔炼二次铜精矿产出精铜品位达到 98% 以上，必须使 Ni_3S_2 氧化成 NiO 进入渣中。而在硅酸盐系渣中，NiO 含量升高会使炉渣熔点升高，黏度增大，要想保证炉渣放出时的良好流动性，必须使炉温提高到 1400℃ 以上。所以，从生产配合、工艺配置及经济效益方面综合平衡，控制自热炉产出粗铜品位 88%~94% 左右，以保证炉渣能顺利排出和下道工序不加燃料时的热量充足。

5.2 自热熔炼工艺流程

金川铜厂自热熔炼引进俄罗斯氧气顶吹自热熔炼技术，工程设计由北京有色冶金设计研究总院和列宁格勒设计研究院共同研制。整个系统包括备料系统、自热熔炼、卡尔多转炉吹炼、阳极精炼等主系统和供氧、供电、供水、供风、供油、排烟除尘、炉渣处理等配套系统。处理的主要原料是二次铜精矿，设计处理能力为 45000t/a，目前生产能力为 80000t/a，可产出铜阳极板 52000t/a。

二次铜精矿设计成分为：

水分：8%~10%，

干矿组成：$w(Cu)=68.5\%$，$w(Ni)=4.0\%$，$w(Fe)=4.0\%$，$w(S)=21.5\%$。

最终主产品是铜阳板，主要成分为：

$w(Cu)=98.5\%$，$w(Ni)=0.5\%$。

主要生产流程如图 5-1 所示。自热熔炼设备流程如图 5-2 所示。

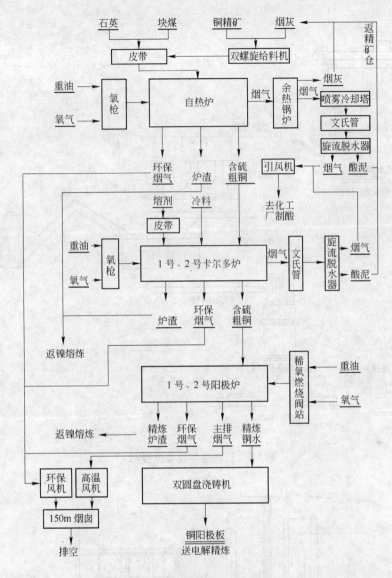

图 5-1 自热熔炼工艺流程图

5.3 铜自热炉炉形结构及其特点

金川铜厂自热炉是竖式圆柱形炉形，炉壳外径 4.6m，炉膛内径 3.6m。炉体的主要组成部分有：炉基和炉底、炉墙、炉顶、熔体放出口，氧枪机、余热锅炉系统等，主要结构如图 5-3 所示。

5.3.1 炉基和炉底

自热炉底温度较高，需要有良好的通风冷却，所以炉底设计有 8 个通风口，用轴流风机强制冷却，为了保证生产安全，炉底有黏土砖铺成的安全坑。

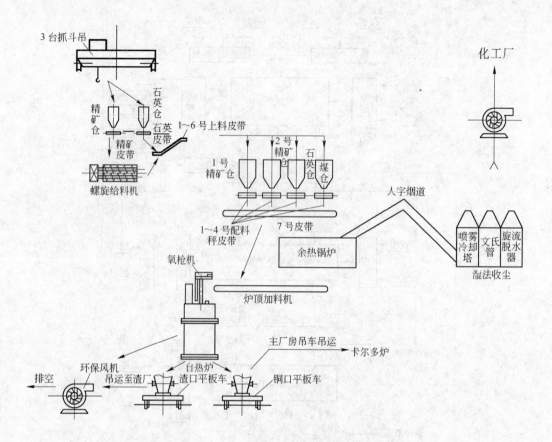

图 5-2 自热熔炼设备流程图

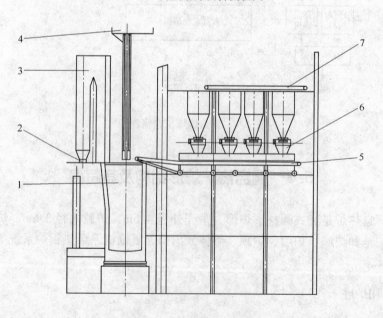

图 5-3 自热炉系统配置图

1—自热炉；2—锅炉刮板；3—余热锅炉；4—氧枪机；5—炉顶加热机；6—配料秤皮带；7—6 号皮带

5.3.2 炉墙

炉壳采用 36mm 钢板制成,内砌耐火砖。在高温区装有水套。整个炉墙从拱脚以上 3m 安装 26 块齿形水套,齿形水套以上有 13 层水套,1~6 层平水套每层由 10 块组成,7~8 层平水套每层由 12 块组成,9~13 层平水套每层由 10 块组成。

5.3.3 炉顶

炉顶采用 8 块铜水套拼接而成,附设有烟气出口、氧枪口及加料口。炉子耐火砖砌体如图 5-4 所示。

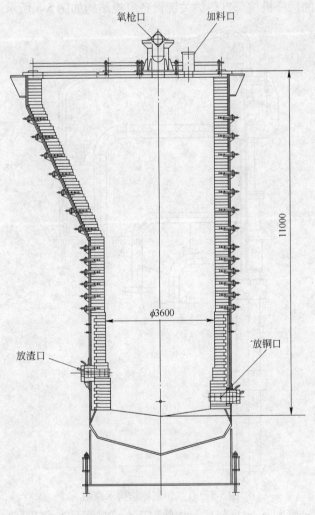

图 5-4 自热炉砖体砌筑示意图

5.3.4 余热锅炉系统

为了综合利用烟气余热和保证排收尘系统的正常运行,在炉顶烟气出口直接安装余热锅炉。

5.3.5 放出口

自热炉共有 3 个放出口，1 号、2 号放铜口、放渣口，放铜口距炉底 500mm；放渣口距炉底 1400mm。

5.3.6 氧枪机

氧枪机主要由骨架和行走机构组成，其上安装有关键设备枪和氧枪传动机构。为了保证生产的顺利进行，氧枪机上安装有两支氧枪，1 号枪和 2 号枪。两支氧枪都有自己的传动机构。氧枪传动机构主要包括电动机、减速机、传动链条和配重。另外，在氧枪机架上安装有检测熔体层的探杆机构。自热炉关键设备氧枪结构如图 5-5 所示。

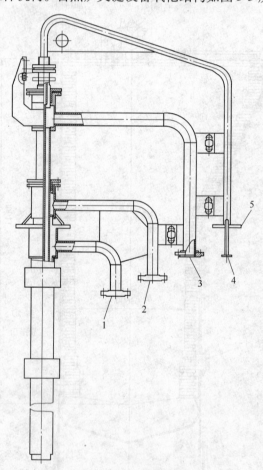

图 5-5 自热炉氧枪结构示意图

1—进水口；2—出水口；3—氧管进口；4—油管进口；5—蒸汽伴管

5.4 开 炉

自热炉开炉工作是自热熔炼生产实践过程的一个重要环节。开炉工作做得好，对于自热炉的正常生产以及自热炉的炉寿命起着至关重要的作用。自热炉开炉包括中小修开炉、年度检修开炉和大修开炉等。自热炉的开炉过程可分为开炉前的准备工作、烘炉升温、投料转入正常生产几个阶段进行。

5.4.1 开炉前的准备工作

在自热炉开始升温前，整个系统必须经过细致的检查，对存在问题的设备、设施进行检修，按开炉计划的要求，在规定的时间内具备正常运行和满足正常生产的条件。对各系统的具体要求如下。

5.4.1.1 物料运输系统

物料运输系统要求：
(1) 所有设备完好，空负荷连续运行无异常；
(2) 各台配料秤经校验，计量误差在规定范围内；
(3) 所有料仓完好，料仓内无杂物。

5.4.1.2 炉体系统

炉体系统要求：
(1) 炉体砌体按要求进行检修，炉内废杂物如耐火砖和耐火土等清理干净；
(2) 加料管及氧枪套管完好无损；
(3) 放渣、放铜流槽及衬套进行检修；
(4) 氧枪机进行检查和检修，氧枪进行空负荷试车，两支氧枪均完好。

5.4.1.3 环保系统

环保系统要求：
(1) 通风机及排烟管进行检修、清理和密封；
(2) 蝶阀控制无问题；
(3) 吸烟罩完好。

5.4.1.4 排烟收尘系统

排烟收尘系统要求：
(1) 所有设备及烟道经过检修，烟道内无烟灰或其他杂物；
(2) 收尘器经过检修；
(3) 所有漏风点进行密封；
(4) 排烟系统保温。

5.4.1.5 供氧系统

供氧系统要求：
(1) 动氧车间能正常供氧；
(2) 氧气调节阀内所有截止阀、切断阀及气动调节阀密封好、运行正常；
(3) 流量及压力表进行检查或检修；

（4）用氮气对所有管路进行吹扫。

5.4.1.6　供油系统

供油系统要求：

（1）对油泵、各阀门、加热器进行过检查、检修，重油循环无问题；

（2）管路保温。

5.4.1.7　冷却水系统

冷却水系统要求：

（1）冷却水系统经检查无泄漏点；

（2）试车水流量，水压达到规定要求。

5.4.1.8　余热锅炉系统

余热锅炉系统要求：

（1）各设备运行无异常；

（2）经打压试验，整系统无泄漏点；

（3）所有仪表经检修无问题。

5.4.2　烘炉升温

在自热炉开始进行投料作业之前，必须将炉子进行烘烤，即烘炉。烘炉是经大、中、小修之后对砌体的一个预热过程，是使炉衬砌体的水分蒸发，耐火材料受热膨胀及耐火材料晶形转变的过程。

5.4.2.1　烘炉升温曲线

为了保证烘炉质量，烘炉升温必须按照升温曲线进行。自热炉升温曲线如图5-6所示。

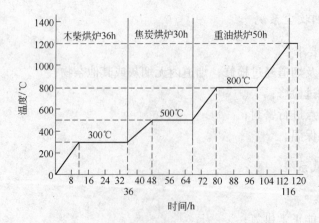

图 5-6　自热炉升温曲线

（温度都是以炉子出口即余热锅炉入口烟气温度为基准。）

5.4.2.2 烘炉技术条件及注意事项

烘炉技术条件及注意事项如下：

（1）0~300℃为木柴烘炉阶段；

（2）300~500℃为焦炭烘炉阶段；

（3）500℃以上为重油烘炉阶段。

A 木柴烘炉

木柴规格：直径约为100mm，长约1m。

如果过长要折短，过粗要劈开，合乎规格后用吊车将木柴吊至炉台上，从工作门人工投放炉内。木柴烘炉时，排烟机不启动，要保证升温均匀，木柴不能一次性加入太多，炉内不能断火。在加焦炭之前3h，开加料口压料风助燃。

B 焦炭烘炉

焦炭要通过配料秤计量加入。

焦炭量：100~200kg/h

氧压：0.1~0.2MPa

氧枪枪位：1000mm

初期氧压低，后期氧压高。排烟机不启动。

C 重油烘炉

氧气压力：0.15~0.3MPa

重油流量：800℃之前，80~120kg/h

800℃之后，120~170kg/h

氧枪每隔30min动作一次，以保证受热均匀。炉膛内保持零压。在烘炉过程中，升温时尽量保证温度均匀上升；恒温时，切忌温度波动大。

5.4.3 投料

在炉子烘烤达到要求后，即可转入投料运行阶段。投料是为了使炉内生成一定高度的熔体层，为正常生产作准备。熔池升至800~1000mm后，烧铜口放铜，若放铜顺利，即可转入正常生产。

投料技术条件控制如下：

炉温：1230~1300℃

氧压：0.8~1.2MPa

氧量（标态）：3500~4200m³/h

进料速度：20~28t/h

重油量：400~800kg/h

熔剂率：3.4%

上升段顶部负压：-10~10Pa

枪位：距熔体面200~400mm

5.5 生 产

自热熔炼的生产过程是一个复杂的系统控制过程，生产的正常进行对全系统的每一道工序，每一个岗位的操作和控制都有着严格的要求。

自热熔炼生产正常进行的目标是：

(1) 按合适的温度和品位产出含硫粉粗铜；

(2) 产出合格的炉渣；

(3) 产出合格的烟气。

自热熔炼生产正常进行是以生产的技术控制和生产的操作控制两方面的工作为基础的。生产的技术控制和生产的操作控制二者相互依存，相互促进，缺一不可。生产的技术控制是生产操作控制的基础和依据；生产的操作控制是生产的技术控制的保障。下面主要介绍自热熔炼正常生产的技术控制和操作控制。

5.5.1 进料量

进料量指每小时进入炉内的精矿量，单位：吨/小时（t/h）。进料量通常由炉床面积和床能力决定。目前进料量为 28t/h，进料量直接关系到炉子的热平衡及物料平衡，控制要严格。

在实际生产中，若进料量过大，可能造成如下情况：

(1) 炉况恶化，渣铜分离不好；

(2) 烟尘率增大；

(3) 产出含硫粗铜品位低；

(4) 产生生料堆。

5.5.2 氧料比

氧料比是指鼓入炉内的氧气量与精矿量的比值，在其他技术条件控制不变时，氧料比决定炉内氧势的高低，因而决定含硫粗铜的品位及炉渣中 Fe_3O_4 的含量。自热炉设计氧料比控制为（标态）$215m^3/t$ 精矿，根据生产实践，目前的氧料比控制在（标态）$150m^3/t$。

氧料比控制是自热熔炼重要的技术控制参数，它直接关系到自热熔炼能否连续进行。若氧料比控制过高，则造成：

(1) 炉渣过氧化，渣中 Fe_3O_4 含量升高，渣含铜升高，且易导致冒渣事故；

(2) 渣中 NiO 含量升高，Fe_3O_4 含量升高，炉渣熔点及黏度升高，流动性不好；

(3) 产出含硫粗铜品位太高。

若氧料比控制过低，则造成：

(1) 含硫粗铜品位太低；

(2) 渣铜分离不好；

(3) 硫化物氧化放热减少，为保证正常炉温须提高燃料率。

5.5.3 熔剂率

熔剂率是指配入炉内的熔剂量占投入精矿量的百分比。熔剂率的控制是根据精矿中的含铁量来控制的，直接关系到自热炉渣型的好坏。自热炉设计以石英石作熔剂，熔剂率为4%。后来经过生产实践，将熔剂率设定为3.6%。熔剂率过小，渣中 Fe_3O_4 含量升高，造成操作困难，渣含铜升高，且易导致氧枪烧损。熔剂率过大，可能造成炉温低，且渣中 SiO_2 升高影响炉寿命。

5.5.4 燃料率

燃料率是指燃料消耗量占投入精矿量的百分比。为了给熔炼过程补充热量，自热熔炼可采用重油或块煤等为燃料。自热炉设计采用油为燃料，燃料率为2.5%。随着重油价格的上涨及供应紧张，2003年以煤代油取得成功。自热炉以块煤为燃料时，燃料率为4.0%左右。

燃料率的控制关系到炉温的高低，关系到炉况的好坏。若燃料率控制过高，则会出现以下结果：

（1）炉温高，影响寿命；

（2）烟气温度高，影响排烟系统；

（3）用于燃料燃烧的氧量增多，铜品位下降，渣铜分离不好；

（4）增加燃料消耗，使生产成本提高。

若燃料率过低，则会造成以下结果：

（1）炉温低，影响正常操作；

（2）用于燃料燃烧的氧量少，铜品位上升。

5.5.5 氧压

氧压是指氧气喷嘴前氧管内的氧气压力。使用同种氧气喷嘴时，氧压决定着氧气流的喷出速度。自热炉氧压为1.2MPa。

5.5.6 炉膛压力

炉膛压力是指炉膛内气压与大气压的差值。若炉膛气压大于大气压，炉膛呈正压；若炉膛气压小于大气压，炉膛呈负压。自热炉控制控气量增多，热损失增多，产出烟气量增大；若炉膛负压太小或正压，烟气不能及时排出，影响环境。

5.5.7 氧枪枪位

氧枪枪位通常用氧枪枪头距熔体面的距离来表示。氧枪枪位关系到氧气流穿入熔体层的深度以及对熔体的搅拌强度。自热炉氧枪枪位根据炉况不同，控制范围为200~500mm，若氧枪枪位控制过高，熔体不能翻腾，易造成熔体局部过氧化，且熔体喷溅严重，氧枪枪位控制过低，易造成氧枪的烧损。

5.5.8 熔体层控制

熔体层控制对熔体的温度分布有较大影响，对操作有较大影响。自热炉正常熔体层控制1200~1800mm，其中渣层500mm左右。

熔体层控制过高，底部熔体温度低，造成熔体放出困难，且炉底 Fe_3O_4 析出，形成结层；熔体层控制过低，熔体喷溅严重。

渣层控制对自热炉熔体温度、生产操作尤其重要。

渣层控制过高，由于炉渣导热性能差，铜层温度低；渣层控制过低，氧气流透过渣层使水铜层翻腾，易造成氧枪枪头腐蚀，且烟气温度急剧上升。

自热炉的技术控制及操作控制是个复杂而综合的控制过程，某个方面控制不好，就有可能造成生产故障。因此，若想达到自热熔炼正常生产的目标，必须严格遵照熔炼规程控制技术参数和操作。

5.6　常见故障及处理

在自热炉的生产实践过程中，有可能出现多种多样的故障，这些故障可分为常规故障和突发性故障。不管是哪种类型的故障，都包括了生产、工艺、设备和设施等方面出现的问题。这些问题的存在，有的给正常生产带来了困难，有的严重影响生产效益，而有的却严重威胁着生产的安全性。

本节主要介绍常见工艺故障，形成故障的原因、预防措施及处理方法等。

5.6.1　加料口黏结

加料口黏结，使炉料不能顺利入炉，严重影响自热炉的作业率。

5.6.1.1　形成故障的原因

形成故障的原因如下：

（1）炉温低，整个炉顶黏结而导致加料口黏结；

（2）熔体面太高，熔体喷溅到加料管后冷却而黏结；

（3）氧枪枪位控制不好，引起熔体喷溅严重。

5.6.1.2　预防措施

预防措施如下：

（1）经常观察加料口黏结情况，及时清理黏结物；

（2）遵守工艺参数，保证炉子的热平衡；

（3）熔体面和氧枪枪位控制合理，减少熔体的喷溅。

5.6.1.3　处理方法

处理方法如下：

（1）使炉膛保持微正压，使黏结物熔化；

（2）停炉，用清理工具清理。

5.6.2　氧枪枪头黏结严重

在吹炼时，为了延长氧枪的使用寿命，有意将氧枪枪头挂一层渣，渣层对氧枪有保护作用，这个过程俗称挂渣。但如果氧枪黏结物过多，会引起氧枪摆动厉害，且对氧枪传动系统有影响，有时造成氧枪拔不出氧枪口，有时甚至影响氧气喷射流的性质，对操作造成困难。因此，氧枪枪头黏结严重对自热炉操作不利。

5.6.2.1 故障原因

故障原因如下：
(1) 炉温低，造成炉渣黏度大；
(2) 渣型不好，熔体喷溅严重；
(3) 枪位控制过低；
(4) 长时间不清理氧枪。

5.6.2.2 预防措施

预防措施如下：
(1) 保持适当的炉温；
(2) 定期清理氧枪；
(3) 及时调整好渣型；
(4) 氧枪枪位控制合适。

5.6.2.3 处理方法

处理方法如下：
(1) 确定和调整技术参数，保证正常的炉温及渣型；
(2) 清理氧枪黏结物。

5.6.3 氧枪枪头渗漏水

由于自热炉正常作业时氧枪受高温、高温熔体冲刷及高浓度 SO_2 烟气等的作用，枪头可能腐蚀而渗漏水。氧枪漏水后，水进入高温熔体对自热炉的生产构成极大的安全隐患。

5.6.3.1 故障原因

故障原因如下：
(1) 氧枪枪位控制太低，熔体冲刷氧枪；
(2) 渣铜分离不好，熔体喷溅厉害，枪头被溅起的冰铜腐蚀；
(3) 渣层控制太低，溅起的冰铜对氧枪腐蚀；
(4) 氧枪油喷嘴安装偏离中心，导致重油燃烧偏心引起的高温腐蚀；
(5) 水压、水流量太小，水冷强度不够。

5.6.3.2 预防措施

预防措施如下：
(1) 按技术要求加工氧枪；
(2) 保持氧枪冷却水的水压、水量；
(3) 按技术要求控制氧枪枪位及渣层高度；

（4）定期检查氧枪。

5.6.3.3 处理措施

发现氧枪渗漏水，立即停油氧和停止进料，停氧枪加压泵，关闭氧枪冷却水，将氧枪提出炉口，换备用氧枪作业，同时，通知维修工修复氧枪。

5.6.4 渣铜分离不好

渣铜分离不好严重影响自热炉的吹炼操作，导致渣含铜高，不仅使自热炉直收率降低，而且炉渣不易放出。另外，渣铜分离不好易造成氧枪枪头腐蚀。

5.6.4.1 故障原因

故障原因如下：
（1）炉温太低，炉渣黏度大；
（2）含硫粗铜品位低；
（3）熔剂配入太少，炉渣中 Fe_3O_4 含量升高；
（4）熔体过氧化。

5.6.4.2 预防措施

预防措施如下：
（1）根据工艺规程控制氧料比、燃料率、熔剂率、炉膛负压等；
（2）根据原料变化情况调查氧料比，熔剂率；
（3）根据燃料变化情况调整燃料率。

5.6.4.3 处理方法

分析出故障原因，采取相应的处理措施：
（1）若是炉温低，可采取适当提高燃料率而降低精矿量来提高炉温；
（2）若是含硫粗铜位低，可采取适当增大氧料比或小料量吹炼；
（3）若是熔剂太少可根据检测结果补充熔剂；
（4）若是熔体过氧化可加入精矿或黄铁矿还原同量配入适量的熔剂。

5.6.5 冻结层过高

保持适当的冻结层有利于保护炉底炉衬，但当炉底冻结层高于 600mm 时，会影响从放铜口放铜，并且使炉子的有效容积减小，影响正常操作，冻结层更高时，会严重影响自热炉的生产。

5.6.5.1 故障原因

故障原因如下：
（1）事故停炉时间长，铜渣因温度降低凝结；
（2）炉温太低导致炉子底部温度低；

（3）保温时间太长，底部铜层得不到热传递而导致部温度低；

（4）熔体层控制太高尤其是渣层控制太高，底部铜层得不到热传递。

（5）熔体过氧化，Fe_3O_4 含量急剧上升。

5.6.5.2 预防措施

预防措施如下：

（1）按工艺规程控制技术参数；

（2）预计停炉时间长或保温时间长，将炉内熔体尽量放出；

（3）保持低液面操作。

5.6.5.3 处理方法

在正常情况下，保持低液面连续正常吹炼，可使冻结层降低。在冻结层高时，可采取加入黄铁矿和配入石英石进行还原造渣，消除冻结层。

5.6.6 产生生料堆

生料是指炉内存在未熔化的炉料，生料堆的产生不仅使炉膛的有效面积减少，而且使炉况恶化，易造成熔体大量喷溅，使氧枪腐蚀。

5.6.6.1 故障原因

故障原因如下：

（1）炉况不好，如炉温低，渣铜分离不好等，造成熔体搅拌不好；

（2）进料量大，超过炉子的正常床能力；

（3）氧压太低，氧气流的搅拌力小；

（4）炉料因为种种原因加不到炉子中心附近。

5.6.6.2 预防措施

预防措施如下：

（1）保持良好的炉况；

（2）保证吹炼氧压，枪位控制适当；

（3）严格遵守技术规程控制进料量；

（4）保持加料管畅通，及时清理加料管黏结物。

5.6.6.3 处理方法

小量生料堆可以采取适当减小进料量正常吹炼，一般半小时后就可熔化，有大生料堆产生时，一般采取油氧保温的方式化料。

5.6.7 冒渣

冒渣是指高温炉渣从炉内冒出，冒渣不仅是重大的安全隐患，而且冒出的炉渣易烧毁设备设施，黏结汽化冷冻器内壁。因此，冒渣对自热炉的正常生产和安全都不利。

5.6.7.1　故障原因

造成冒渣的原因就是炉渣过氧化。炉渣过氧化,会发生如下反应

$$3(2FeOSiO_2) + O_2 \longrightarrow 2Fe_3O_4 + 3SiO_2$$

生成 Fe_3O_4 是高熔点稳定氧化物,使炉渣的熔点及黏度升高,使熔体内的气泡不能顺利逸出,而导致冒渣。冒渣有两个条件:一是炉渣过氧化,二是炉温较高。

(1) 氧料比不合理,即氧量过大;

(2) 渣层过厚,渣子黏度增大,熔池搅拌空间受限造成炉渣局部过氧化而冒渣;

(3) 放渣前渣型不好,渣温偏低,需进行 5~10min 的空吹调整,导致煤量加入不及时而过氧化冒渣;

(4) 断料造成渣子长期空吹而过氧化冒渣;

(5) 炉子长时间保温易发生渣子过氧化而冒渣;

(6) 化炉子出口过渡段时,大量过氧化的熔融物落入熔池长时间积聚而冒渣。

5.6.7.2　预防措施

预防措施如下:

(1) 严格作业指导书,严格工艺纪律,并随时检控及调整各项参数在规定范围之内;

(2) 在吹炼过程中,在保证合适的氧料比的前提下,杜绝断料;

(3) 在保温过程中,保持低渣层,炉膛内保持微正压,并且油氧比合适;

(4) 经常观察炉况,发现有过氧化现象,可采取加焦炭或碎煤进行还原。

5.6.7.3　处理方法

发现冒渣事故后,一般难以制止,主要采取措施防止冒渣对人身及设备造成危害。措施如下:

(1) 马上停油氧,将氧枪从炉内提出;

(2) 将加料皮带开至安全处;

(3) 停止冒渣后,检查炉体冷却无故障,其他设备无损坏,清理完现场恢复生产。

5.6.8　喷炉

自热炉翻料喷炉。即大量氧化物与硫化物瞬间发生反应产生大量气体而拖动熔体造成喷炉。

5.6.8.1　故障原因

故障原因如下:

(1) 炉况恶化时,炉子上部黏结严重,造成物料入炉后不能正常进入熔池而在上部形成堆积,当达到一定量时突然翻料造成喷炉。

(2) 氧枪黏结严重,在头部形成不规则结瘤,物料入炉后在此形成堆积,当达到一定量时或动枪时突然翻料造成喷炉。

（3）长时间断料使炉内形成过氧化状态，突然加入大量硫化矿物料而造成喷炉。

5.6.8.2　预防措施

预防措施如下：

（1）自热炉炉况恶化，上部黏结严重时及时用 1 号提温熔化黏结物。标准为按 28t/h 进料量物料正常落入熔池，目测黏结料台不高于料口北侧垂直面，否则严禁进料吹炼。

（2）氧枪头部不规则结瘤属炉况恶化，渣型不好，铜渣分离不清所致，此时应及时清理氧枪，并做好相关预防措施后调整炉况；正常情况下连续吹炼 2h 后对氧枪进行一次检查清理。

（3）发生长时间断料炉内过氧化现象，必须先加入块煤进行还原，确认过氧化迹象减弱后再从小量缓慢加入精矿直至正常。

5.6.8.3　处理方法

处理方法如下：

（1）马上停油氧，将氧枪从炉内提出；

（2）将加料皮带开至安全处；

（3）停止冒渣后，检查炉体冷却无故障，其他设备无损坏，清理完现场恢复生产。

5.7　技术经济指标

技术经济指标是生产水平和技术水平的衡量标准。自热炉的主要技术经济指标有单位生产率、作业率、金属直收率和回收率、燃料率等。下面分别予以介绍。

5.7.1　单位生产率

单位生产率又称床能率或床能力，是指单位时间内单位炉床面积所处理的固体炉料数量，一般以昼夜内每平方米炉床面积处理的固体物料的吨数来表示。自热炉床能力设计值为 $50t/(m^2 \cdot d)$，比一般熔炼炉都高。目前，自热炉的生产能力已达到设计水平。单位生产率由每小时的进料量及作业率决定。

5.7.2　作业率

作业率是指实际作业时间占日历时间的百分比，自热炉的实际作业时间是实际吹炼时间，设计作业率为 83.3%。作业率是由综合因素决定，它与设备运行、生产配合和协调、炉况的好坏及外围条件等密切相关。

5.7.3　金属直收率和回收率

铜自热熔炼炉的金属直收率指产出的含硫粗铜中所含金属量与加入炉内物料中含该金属量的百分比。直收率决定于渣率、渣含铜、烟尘率及原料的金属含量等。自热炉设计直收率为 97%。

由于自热炉产出的烟尘及炉渣含有铜、镍等有价金属，都回收加以利用。其中烟灰返回到精矿仓与二次铜精矿混合入炉，炉渣返回镍系统作为转炉吹炼的冷料。所以，在计算回收率时应把回收烟灰及炉渣中的金属量考虑进入分子项，自热炉的回收率设计为99.1%。

5.7.4 燃料率（燃料消耗）

燃料率以燃料占精矿量的百分比来表示。自热炉设计以重油为燃料，燃料率为2.5%，近年来，由于重油供需矛盾激化，价格上涨，自热炉以煤代油势在必行。以块煤为燃料时，燃料率为3.5%~4%。

5.7.5 炉寿命

炉子寿命是指两次大修之间炉子的作业时间。炉寿命决定于冰铜及炉渣性质。作业制度，耐火材料质量，烘炉和砌炉质量以及操作水平等。由于自热炉内高温熔体剧烈翻腾，对炉衬冲刷力大，所以自热炉的炉寿命较短，这是自热炉的主要缺点之一。

6 卡尔多炉结构及其附属设备设施

<<<<<<<<<<<<<<<<<<<<<<<<<<<<<<<<<<<<<<<<<<<<<<<<<<<<<<<<<<

卡尔多炉系统设备、设施主要由上料系统、炉体设备及配套液压系统、氧枪机构、收尘系统、环保系统、氧气系统、重油系统、蒸汽系统、控制系统组成。

6.1 上 料 系 统

卡尔多炉熔剂上料方式为皮带上料,熔剂从精矿仓通过94m皮带拉运至自热炉厂房转运皮带再转送至卡尔多炉厂房,通过分料器将石英、石灰下到不同的料仓,需要时通过加料管加入到卡尔多炉。8号~11号胶带输送机技术参数见表6-1~表6-3。

表 6-1 8 号胶带输送机技术参数

项 目	数据或型号	备 注	项 目	数据或型号	备 注
规 格	6563		倾角/(°)	9	
形 式	槽型		胶带速度/m·s⁻¹	1.25	
输送量/t·h⁻¹	150		减速机型号	K87DV132M4	左 装
水平长度/m	30		电机功率/kW	7.5	
提升高度/m	3.90				

表 6-2 9 号胶带输送机技术参数

项 目	数据或型号	备 注	项 目	数据或型号	备 注
规 格	6550		倾角/(°)	0	
形 式	槽型		胶带速度/m·s⁻¹	1.25	
输送量/t·h⁻¹	150		减速机型号	K87DV132M4	
水平长度/m	22.82		电机功率/kW	4.0	
提升高度/m	0				

表 6-3 10 号、11 号胶带输送机技术参数

项 目	数据或型号	备 注	项 目	数据或型号	备 注
规 格	6550		倾角/(°)	0	
形 式	槽型		胶带速度/m·s⁻¹	1.25	
输送量/t·h⁻¹	150		减速机型号	K87DV132M4	
水平长度/m	8.50		电机功率/kW	4.0	
提升高度/m	0				

6.2 炉体设备及配套液压系统

炉体设备及配套液压系统如下：

（1）炉壳：炉壳分为炉口护罩、炉帽和炉身三部分，考虑检修和砌筑砖体，这三部分之间为螺栓连接，方便拆卸。

（2）滚圈：滚圈为整体锻件，要求调质处理，表面淬火硬度 54～60HRC。

（3）滚圈与炉壳之间采用锥面定位，螺栓连接，考虑热膨胀和制造误差，具体的安装结构上有一定的柔性调节能力。

（4）托圈：托圈组装由上下托圈、支撑梁、安装座、固定端和浮动端耳轴等组成，安装座通过支撑梁与托圈焊接为一体，耳轴安装在托圈的两端，分别由固定端和浮动端轴承支撑，炉壳和旋转机构通过安装座相连接，由旋转机构驱动炉壳旋转。

（5）连接机构：炉体采用底部支撑，通过一组轴承组成的连接机构与托圈组装在一起，此结构可正向承托炉体的轴向载荷，也可反向吊挂住炉体。

（6）托轮装置：由于炉体的工作位置是倾斜的，为保证炉体旋转，在托圈与滚圈之间安装了托轮装置。

（7）顶紧装置：在与托轮装置相对的位置上设有顶紧装置，顶紧装置只在炉体倾动时起作用，保证炉体倾动过程中的径向定位，不会随倾动的进行而晃动，顶紧装置采用液压缸顶紧。

每台氧气斜吹旋转转炉还设有两个液压顶紧滚圈的装置，顶紧液压缸缸径为 265mm，行程约 25mm。这两个液压缸同步工作，平时靠弹簧顶紧滚圈，当炉体旋转时要先给液压缸送油松开顶紧装置，再旋转炉体。

（8）压紧辊：按圆周方向均布三套压紧辊，用以承受炉体的轴向载荷，但由于已经采取了底部支撑，压紧辊属于双保险装置，在炉体首次安装时按设计制造安装，经冷试和热试，如果发现底部支撑装置安全可靠，能够满足正向、反向、旋转和倾动过程中的使用要求，则压紧辊可拆除。

（9）炉衬：炉衬选用半再结合镁铬砖砌筑，炉壳与砖体之间衬镁质捣打料。

（10）驱动装置：该炉设有旋转机构和倾动机构，这两套机构均选用液压马达驱动，驱动速度可调，均可以正转和反转。

卡尔多炉技术性能见表 6-4。卡尔多转炉炉体结构如图 6-1 所示。

表 6-4 卡尔多炉技术性能

序　号	项　目	单　位	数据或型号	备　注
1	炉膛有效容积	m³	1.8～2.0	
2	炉膛直径	mm	φ2000	
3	炉膛高度	mm	3800	
4	炉膛总容积	m³	9.8	
5	炉口直径	mm	1000	

序 号	项 目		单 位	数据或型号	备 注
6	吹炼角度		(°)	28	
7	炉体旋转速度		r/min	0~12	
8	炉子倾动速度		r/min	0.5~1.0	
9	炉子倾动角度		(°)	270	±135
10	倾动液压马达	数 量	台	1	
		额定扭矩	N·m	4000	
11	旋转液压马达	数 量	台	1	
		额定扭矩	N·m	42000	
12	设备重量		t	约100.3	
	其 中	耐火材料	t	约35.7	
		金属结构	t	约64.6	
	最大起吊重量		t	约60	

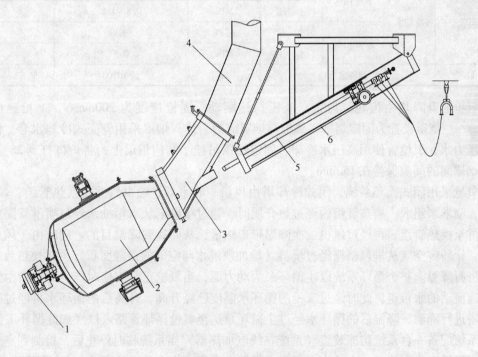

图6-1 卡尔多转炉炉体结构

1—液压马达；2—炉壳；3—固定烟罩；4—水冷烟道；5—氧枪；6—氧枪吊挂

6.3 氧 枪 机 构

卡尔多炉氧枪技术性能见表6-5。

表6-5 卡尔多炉氧枪技术性能

序 号	项 目		单 位	数据或型号	备 注
1	氧枪	吹氧能力	m³/h	约1200	
		吹氧压力	MPa	0.15~0.8	
		油枪能力	kg/h	50~150	
		油 压	MPa	0.1~0.3	
2	枪提升速度		mm/s	200	
3	枪下降速度		mm/s	100	
4	氧枪驱动油马达			INM1-250D60221	
5	额定输出扭矩		N·m	2400	
6	输出转速		r/min	15~30	
7	安装方式			内花键连接法兰固定	
8	内花键形式			6~80d11×90d11×20h7	
9	氧枪工作行程		mm	2200	最大4000
10	冷却水	氧枪用水 水 量	m³/h	30	软化水
		水 压	MPa	0.8~1.2	
		烟罩用水 水 量	m³/h	约30	
		水 压	MPa	0.3	
11	设备总重		kg	约10500	

氧枪的升降均由齿轮、齿条、液压马达驱动。提枪速度为200mm/s，下枪速度为100mm/s。烟罩设置为固定烟罩，氧枪与烟罩成为一体，烟罩采用管壳式冷却水套，使用车间压力水，氧枪管使用高压水冷却。固定烟罩吊挂于结构钢梁上，将炉口打到28°，与固定烟罩间的间隙保持在150mm。

氧枪采用闭式循环系统，闭式冷却塔由风机、收水器、喷淋管路、换热管组、填料、水箱、喷淋泵组成。换热管组内经过热介质时，通过喷淋泵从水箱抽水经过喷淋管路成伞花状淋至换热管组，再经过风机二次降温带走热量，从而达到降温目的。同时由于风机的引力，让新鲜空气从进风格栅经过填料（增加喷淋水与空气的接触面积）再对换热后的喷淋水进行降温。整个循环系统以主循环泵为动力源，当氧枪正常工作时产生的热量由管路内高速流动的水带走，此时经过氧枪的循环水温度已经升高，升高后的循环水再经过闭式冷却塔进行降温，降温后的循环水经过主循环泵送至氧枪循环管路入口（如此循环工作）。循环系统配备一台系统防冻装置（系统在线电加热器）当系统临时停止后，检测到室外管路的水温低至设定值时，主控室进行声光报警，提醒工作人员手动启动一台（变频）主循环泵与系统在线电加热器，保证系统管路内的水衡温低流量循环，当检测到水温升至高设定值时，自动关闭在线电加热器。

当系统正常生产时，微渗漏检测系统测得循环系统补水量处于非正常状态时进行声光报警，超过警戒设定量时输出报警信号，用于提枪动作。

塔体水箱内有一只温度传感器，用于检测室外塔体水箱内的水温，当水温低于设定值时，通过PLC自动启动水箱电加热器，以防冬天气温过低致使水箱温度过低结冰。

6.4 收 尘 系 统

自热炉产出的含硫粗铜进入卡尔多炉吹炼脱镍，炉子为间歇作业，烟气成分、温度均不稳定，波动比较大。由于烟尘可溶性强，90%~95%的烟灰均可溶于循环液中，因此卡尔多炉采用湿法收尘，其流程为：烟气经冷却烟道冷却至270℃进入环缝文丘里。在冷却烟道与环缝文丘里之间设有金属膨胀节，为设备的热胀冷缩提供补偿量。环缝文丘里通过压力变送器和液压伺服装置联合控制环缝文丘里的喉口开度，使得烟气在喉口处的烟气流速高速而稳定，达到稳定精除尘的目的。经过精除尘的烟气中还含有大量的含尘水，需要经过旋流脱水器进行脱水，旋流脱水器的脱水效率可高达99%。再经风机诱引进入制酸系统。工艺流程简化、除尘效果好、脱水效率高。

卡尔多炉湿法收尘收集的烟尘水溶液进入储液槽中储存，然后通过底流泵打入两个容积分别为300m³的沉降槽进行固液分离，含铜酸液由槽车送铜盐厂处理，酸泥经过压滤返回精矿仓。沉降槽的上清液返回进入稀酸循环槽，再通过稀酸循环泵打入文丘里收尘器中进行收尘。

6.4.1 文丘里收尘器

文丘里收尘器是利用固体颗粒和水珠惯性碰撞的原理。在这个装置中，要净化的烟气和水在流动的气流中被雾化。气体和水珠之间的相对速度是相当高的，气体速度达3660~7320m/s，这种洗涤器有一个收缩——扩张喉口，从这个喉口喷入细小水珠，烟气和水进行充分的接触，烟气中的烟尘颗粒被水吸附。粉尘颗粒与水珠结合后汇集在洗涤器喉管收缩部分下面的分叉部位的壁上，向下流到收尘器的底部沿排水管进入储液槽，净化后的烟气被排出。收尘效率与压力降成正比，因此，可以通过调节压力降、喷水流速和进气速度来提高文丘里收尘器的收尘效率。

6.4.2 旋湿脱水器

旋湿脱水器是利用气体和液体在离心力的作用下因密度的不同而分离的一种装置，其原理是在筒体内装有多层同心挡板，中心是封闭的圆筒。进入收尘器的烟尘既有切线运动，又有径向运动，其轨迹形成一条合成抛物线，烟气中的液体水珠在离心力的作用下被捕集。

6.5 环 保 系 统

卡尔多炉环保采用密闭烟罩结构，外侧环保烟罩门是可移动开起、关闭，在卡尔多炉进料过程，通过炉前控制柜操作移动开，炉体吹炼作业时，烟罩门关闭。

每台卡尔多炉均设有环保烟罩和吸风点，将炉口散发的少量烟气及时收集到环保通风系统，这部分废气由150m的环保烟囱排放。卡尔多炉环保烟罩门技术性能见表6-6。

表6-6 卡尔多炉环保烟罩门技术性能

序 号	项 目		单 位	数据或型号	备 注
1	行走轮外径		mm	400	
2	行走速度		m/s	约0.209	
3	工作行程		mm	约7000	
4	挡轮外径		mm	240	
5	减速器	型 号		KH97TDV100M4/BMG/HF /TF/VS-M4-B	SEW
		速 比		$i = 140.28$	
		电动机类型		DV100M-4	
		电动机型号	kW	2.2	
		转 速	r/min	1400	
6	位置和过行程控制	名 称		行程开关	
		型 号		WLCA12-2N-LE	OMRON
		数 量		4	
		额定值		AC-15 2A/250V	
7	制动器			电动机附带制动器	
8	车轮轮压 2个		kg/个	$T = 6000$	
9	车轮水平力 2个		kg/个	$R = 1500$	
10	挡轮轮压 4个		kg/个	$F = 1500$	
11	门重量		kg	7421	

7 卡尔多炉生产实践

<<<<<<<<<<<<<<<<<<<<<<<<<<<<<<<<<<<<<<<<<<<<<<<<<<<<<<<<<<

该系统的卡尔多炉始建于 1988 年，先期用于处理二次铜精矿，1994 年自热炉投产后，开始单台作业处理自热炉产出的含硫粗铜液，2010 年 12 月扩建为 2 台 $\phi 2000 \times 3800$ 卡尔多炉。

7.1 开炉准备

在卡尔多炉点火烘炉前，必须对系统进行单体试车和联动试车，对整个系统进行细致的检查，按开炉计划要求，在规定的时间内具备正常运行和满足正常生产的条件。

开炉准备工作是生产实践过程中的一个重要环节，开炉准备工作对于烘炉，按计划投料生产以及提高炉寿命起着重要的作用，开炉准备工作是保证按升温曲线烘烤的前提条件。

为了保证卡尔多炉在开炉中能顺利进行，需对材料、备件及工器具进行准备。

7.1.1 材料准备

7.1.1.1 开炉需要的燃料

开炉所需燃料包括：木材、块煤、重油。

7.1.1.2 质量要求

燃料质量要求：

（1）必须保证木材干燥，一般木材的长度控制在 2~3m。

（2）重油不得含物理水分。

型号：100 号；闪点（开口）：不小于 120℃；凝点：不大于 25℃；灰分：不大于 0.3%

水分：不大于 2%；含硫量：不大于 2%；机械杂质：不大于 2.5%；发热值：不小于 40100kJ/kg

（3）块煤粒度：30~50mm 占总量 85% 以上，最大不超过 80mm。

水分：4%~6%；化学成分：$w(C) = 60\% \sim 70\%$；$w(S) = 0.2\% \sim 0.5\%$；灰分为 7%~10%；发热值：不小于 25000kJ/kg

7.1.2 备件及工器具准备

开炉过程所需要配备的工器具有：大锤、手电、活动扳手、钢钎等。

7.2　烘　炉

7.2.1　烘炉的目的及意义

烘炉是不定型耐火材料施工和使用中的关键环节，其作用主要是排除衬体中的游离水，化学结合水和获得高湿使用性能。烘炉得当，能提高炉窑及热工设备的寿命，否则水分排出不畅通，将使衬体产生裂纹，降低强度，严重时甚至引起衬体的剥落或爆炸事故。衬体的低温阶段脱水是比较多的，主要是游离水，还有部分结合水，随着温度的继续升高，结合水和结晶水则不断排除，不同耐火材料在烘烧过程中脱水率不同，因此烘炉曲线的制定应根据不同的耐火材料进行制定。在衬体烘烤时，测温点的位置要有代表性，这样才能较真实的代表衬体温度，也就是说，烘烤制度中所指的保温温度是衬体工作面的温度。在冶金的烘炉过程中，应精心操作，严防熄火或者过热损毁衬体。衬体温度应当均匀，稳定，同时应根据烘炉情况随时调整烘炉温度，以保证烘炉质量。烘炉的目的和意义就是通过对衬体的烘烤，将耐火材料的水分排出，使耐火材料逐步完成晶格变形，完成膨胀过程，从而使耐火材料达到在生产过程中保持稳定。

7.2.2　卡尔多炉烘炉

卡尔多炉烘炉分为中、小修后烘炉作业和大修后烘炉作业。中、小修后烘炉是指除炉衬检修以外因其他原因停炉后的烘炉。大修烘炉是指卡尔多炉达到使用寿命，更换炉内衬砖后的烘炉。

7.2.2.1　中、小修后烘炉

确认水、汽、油、氧等各管道阀门及机械、电气、仪表设备正常后，方可进行油氧烘炉。

（1）油氧烘炉期间，为使炉体受热均匀，可低速转动炉体。

（2）油氧烘炉期间，每小时对冷却水系统和湿法收尘系统进行检查确认。

（3）油氧烘炉不得少于4h，烘炉结束，确认炉体衬砖无异常后进料生产。

7.2.2.2　大修后烘炉

卡尔多炉共有3个炉体，一般为两用一备，当在用卡尔多炉达到使用寿命需进行更换时，备用卡尔多炉首先在修炉平台处砌筑完成，并用木柴和块煤进行烘烤，待更换炉壳时停止烘烤，更换完后继续烘烤。

新建和大修的炉体烘烤3~4天，烘烤时首先用木柴升温至300℃，然后加入块煤加吹升温至500℃，再用重油和氧气烘烤至1250℃即可加热生产。烘炉要依据烘炉温度控制表进行控制，用各种燃料进行烘炉时可根据炉体的实际情况进行烘烤，烘烤时间可长于烘炉温度控制表所规定的时间，但不能短于所规定的时间。烘炉时按时按量进行燃料的添加作业，特别在木柴烘炉期间，严禁断火（更换炉壳时可停止烘炉），炉温要保持均匀，温度波动范围±100℃。

A 木材烘炉

烘炉前将炉膛内以及现场周围的杂物清理干净，并对炉体进行详细的检查。当确认无误后，将木材投入炉内并用油棉纱点燃，首次投入的木材量应在炉容积的1/4。在木柴烘炉期间，严禁断火（更换炉壳时可停止烘炉），要及时按时按量添加，炉温要保持均匀。

B 焦炭烘炉

在炉内木材燃烧完全时加入块煤，插入风管，通入空气压缩风。在块煤烘炉期间，对炉内的块煤燃烧情况进行检查确认，火焰应呈橘黄色，炉温要保持均匀，要及时添加块煤。在炉体进行安装过程中，应关闭压缩风并取出风管，炉内可以暂时停止烘炉。

C 油氧烘炉

炉体安装就位后，对炉体的倾动进行试车，倾动制动良好，水、汽、油、氧等各管道阀门及电气、仪表设备运行正常，辅助设备如排烟收尘系统、氧枪机构运行正常后，方可油氧烘炉。

送氧油时先送氧后送油，送油时必须缓慢打开进油阀，严禁关闭回油阀，待少量油进入炉内后，方可进一步调节进油阀将油流量调节至要求的大小。油氧烘炉时，为使炉体受热均匀，可间断低速转动炉体。在烘炉期间，每两小时检测一次炉壳温度，同时对冷却水系统进行检查。在油氧烘炉期间，每两小时对炉帽连接销子进行调整，防止过紧拉断或过松膨胀不均匀。卡尔多炉烘炉温度控制见表7-1。

表7-1 卡尔多炉烘炉温度控制

烘炉阶段	木柴烘炉	焦炭烘炉	重油烘炉
控制温度/℃	常温约300	300~500	500~1250
时间要求	烘炉时间不少于12h	烘炉时间不少于72h，烘炉速度5~10℃/h。且当温度升至500℃时进行恒温作业，恒温时间不少于24h	烘炉时间不少于16h，用氧烘烤4h，油氧烘烤12h，烘炉速度45~50℃/h。温度升至900℃时进行恒温作业，恒温时间不少于4h。当温度达到1250℃时即可投料生产

烘炉要依据烘炉温度控制表进行控制，用各种燃料进行烘炉时可根据炉体的实际情况进行烘烤，烘烤时间可长于烘炉温度控制表所规定的时间，但不能短于所规定的时间。

7.3 试 生 产

7.3.1 试生产的目的

试生产的目的是保证炉窑的安全运行以及各个所属设备、设施的安全运行，为生产和经济技术指标提供最佳的生产依据。

7.3.2 卡尔多炉试生产的方法

将自热炉产出粗铜液加入卡尔多炉内进行吹炼作业，第一炉次不加任何冷料，确保卡尔多炉砌体缝吸收铜液，使之坚固致密不漏铜。

7.4　生　产　作　业

自热炉的含硫粗铜通过铜包由吊车倒入卡尔多炉，主要生产作业包括：进料，吹铜，扒渣，压渣出铜 4 个过程，每个作业过程耗时约 2 ~ 3 个小时，每日生产 10 ~ 12 炉（次）。

卡尔多炉产出的炉渣经渣包冷却和破碎后，返镍转炉回收有价金属，粗铜倒入包子由吊车倒入阳极炉，经阳极炉精炼后浇铸成阳极板。

7.4.1　进料

将自热炉含硫粗铜液用包子吊至卡尔多炉，配合炉体的倾动，缓慢加入炉内，一般为一包（约 8 ~ 17t），同时按熔剂配比要求加入石英石和石灰石，要求熔剂干燥不潮湿，炉渣含 SiO_2 控制在 18% ~ 25%。

在吹炼过程中，还必须适量的加入冷料，目的是为了消耗吹炼过程中生成的过剩热量，以取得炉子的热平衡，即避免高温作业，以减少炉壁耐火材料的损耗，保证粗铜含镍，同时还可以回收冷料中的铜。

加入冷料的数量及种类与自热炉放出含硫粗铜品位及温度有关，品位低，炉温高，卡尔多炉所需加入的冷料多。卡尔多炉添加的冷料主要有自产铜包底，阳极炉溜槽，生产过程中产生的碎铜杂料。

7.4.2　吹铜

加料完毕，进行吹铜作业，主要是把 Cu_2S 中的硫全部氧化除去，以得到金属铜，这个过程中最主要的是准确的判断吹铜终点，操作人员应根据吹炼过程，进行综合性判断，从炉口的火焰及烟气来准确地把握造铜终点，当烟气发蓝，温度降低，火焰无力，则表明吹炼已达终点，及时将表面的渣层排除，即可压渣出炉，否则会出现欠吹或过吹现象。同时取样进行粗铜品位的判定，当铜样表面明显鼓起、呈鼓包状、断面出现较多气孔时，表明粗铜品位 $w(Cu) \geqslant 97\%$、$w(Ni) \leqslant 1.0\%$。如铜样表面为金属黄色，有气孔和黑斑，表明铜欠吹，呈黑色表示过吹了。

7.4.3　扒渣

卡尔多炉操作平台下部设有包子房，渣包置于电动平板车上。判断吹炼达到终点，渣型符合要求后，将炉体倾动至扒渣位置，静止片刻，使炉渣与粗铜分层，然后进行扒渣作业。好的渣型是卡尔多炉吹炼操作的关键，因为除去铁、镍等杂质主要是通过渣子来达到。卡尔多炉扒渣过程由人工用木耙扒渣至包内完成。扒渣作业要做到快→慢→稳，即快速将渣子扒至炉口，然后缓慢扒入渣包内，整个过程要平稳，使铜水与渣子进一步分离，提高铜的直收率。

7.4.4　压渣出炉

当铜液吹好后，将炉渣扒净后进行压渣，炉体倾动至 64°，通过低速旋转炉体均匀加入石英石。压渣用石英石量根据炉温进行配加。添加完成后，停止旋转炉体，待表面结壳后进行出铜作业。操作工开出平板车，吊走渣包，将粗铜包放至平板车上，开动平板车至炉口下方停好。出铜时随时调整粗铜包的位置接好铜水以防外溢。粗铜包放满后将平板车开出包子房，吊运阳极炉。

出铜完毕，清理炉口，平板车及轨道边杂料，炉倾斜至加料位置，转入下周期作业。

7.4.5 卡尔多炉原料理化性能要求

卡尔多炉原料主要有自热炉产出的含硫粗铜液，以及石英石、石灰石、冷料等。

A 自热炉含硫粗铜

化学组成：$w(Cu) = 88\% \sim 93\%$；$w(Ni) = 5\% \sim 7\%$；$w(S) = 1\% \sim 3\%$

温度：$1230 \sim 1300℃$

B 石英石

粒度：$15 \sim 30mm$ 占总量 85% 以上，最大不超过 $50mm$

水分：小于 0.3%

化学成分：$w(SiO_2) \geqslant 90\%$；$w(Al_2O_3) < 2\%$；$w(MgO) < 1\%$；$w(Fe) < 2\%$

C 石灰石

化学组成：$w(CaO) > 52\%$；$w(Al_2O_3) + w(Fe_2O_3) < 3\%$

粒度：$15 \sim 30mm$ 占总量 85% 以上，最大不超过 $50mm$

水分：不含物理水分

D 卡尔多炉供氧强度

卡尔多炉所用氧气来自厂区中压氧管网，其浓度为 99.6%。

送氧量（m^3/min）太小，反应速度慢，吹炼时间长，散热也多，不利于炉子提温，甚至达不到冶炼所需温度。铜精矿的自热炉熔炼就是因为冶炼时间较长，反应本身所产生的热不够维持冶炼所需温度，所以需补加一定数量的重油。如送氧量太大，则送入的氧可能用不完，降低氧的利用率，残余氧还带走部分热量。

送氧压力太高，将导致喷溅；压力太小，则搅拌能力差。因此必须选用合适的压力。一般来讲，卡尔多炉所用氧压要小于氧气顶吹自热炉所用氧压。

氧枪位置包括氧枪距熔体表面的距离及氧枪吹入的角度两方面。氧枪距熔体表面太远，冲击铜锍不力，熔体搅拌差；距离太近则搅拌太猛，引起喷溅。至于氧枪的角度，总的原则是应能搅拌整个熔池，在熔池中不存在死角。

7.5 吹炼过程的故障及其处理

卡尔多炉吹炼自始至终都要保持一定的温度，这个炉温是由炉内热平衡决定的，单位时间产生的热量大于支出热量，炉子温度上升，否则会下降，因此，炉内炉温是吹炼作业是否正常的重要标志。操作中主要根据冰铜品位，严格控制好供氧量、加入冷料、加入熔剂以及终点判断，以达到稳定正常操作。

如果操作失误，破坏了正常的规律，热平衡随即失调，生产会出现各种故障。归纳起来，可以分为炉子过冷、炉子过热、熔体喷出和铜水过吹。

7.5.1 炉子过冷及处理方法

当炉口火焰暗红，表明炉温过低，炉内熔体黏稠，炉渣不易分离，严重时石英石或大块被渣裹住。甚至局部有冻结现象，用测温枪检测炉内熔体温度低于1180℃，则表明炉内过冷。当加入冷料或石英熔剂过多以及停氧时间过长，鼓氧量不足时，易出现这种情况。如情况不十分严重，只要加强吹氧提温，一般可很快好转；如情况严重，应立即燃烧重油提温，提高熔体温度。待炉内温度正常后进行下一步作业。

铜水过吹，也可出现过冷，要防止过吹。

7.5.2 炉子过热及处理方法

在吹炼过程中，炉口冒出的火焰白亮，停止吹炼作业观察炉膛，内壁明显暴露，甚至砖缝已明显的沟状，用测温枪检测炉内熔体温度高于1240℃，则表明炉内过热。过热原因是由于单位时间内鼓入氧气量太多，或熔剂、冷料加入不及时或数量不足，特别是吹炼低品位冰铜时。此时可迅速向炉内加入一批冷料和熔剂。一般可很快好转，也可减少氧流量来降低热量。

7.5.3 熔体喷出及处理方法

在吹炼过程中，有时熔体猛烈地喷出炉外将使铜的回收率降低，严重时可发生人身和设备事故。熔体喷出的主要原因有：石英石加入量不足或过多，放渣不及时而过吹。另外在吹炼过程中或炉内粗铜未倒完时，不能补加含硫粗铜，因铜的氧化物和硫化物在炉内发生强烈的放气（SO_2）化学反应，使熔体猛烈膨胀，导致气液喷出炉外。

7.5.4 铜过吹及处理方法

由于卡尔多炉吹炼终点判断不准确，未在吹炼终点执行提枪作业，造成铜液过吹，炉内产生大量不易分离的稀渣。少量过吹，炉长立即停止吹炼作业，指挥岗位工添加自热炉自产冷料，待渣铜分离后，进行出炉作业。如大量过吹，炉长指挥控制室人员进行出炉作业，将过吹粗铜倒入铜包内，进行铸块作业。

7.6 卡尔多炉吹炼产物

冰铜吹炼的产物有粗铜、炉渣、烟尘和烟气。

7.6.1 粗铜

粗铜是卡尔多炉吹炼的主要产物。含铜量为97%～99.0%，含镍量≤1.0%，此外尚含有少量的铁、硫、氧、钴、砷、金、银和铂等杂质。具体组成和含量与二次铜精矿组成，附加物料的成分、技术控制条件有关。

卡尔多炉粗铜直接倒入回转阳极炉进行精炼。

7.6.2 炉渣

卡尔多炉一般渣含铜较高，约在28%～32%左右，渣中的铜大都以硫化物状态存在，少量以氧化物及金属形态存在，所以一般这炉返回镍熔炼处理，以回收其中的铜。

7.6.3 烟尘

烟尘的成分与处理冰铜成分有直接关系。烟尘主要是石英粉末、冰铜、炉渣和金属铜的细粒，还有一些易挥发的金属化合物。这些烟尘由于含铜较高，一般返回精矿仓进行处理。

7.6.4 烟气

卡尔多炉烟气中含 SO_2 浓度较高，需回收制酸，这样即综合利用了资源，又利于环境保护。卡尔多炉烟气的 SO_2 浓度，在不同的吹炼阶段是不同的。造渣期鼓入的氧不仅要把冰铜中的硫氧化，而且还要把冰铜中的铁、镍杂质氧化，然后造铜期鼓入的氧几乎全部消耗在氧化白冰铜的硫上，所以，造铜期烟气中的 SO_2 浓度要比造渣期高。

卡尔多炉烟气 SO_2 浓度较高，理应是制酸的良好原料，但是，由于卡尔多炉作业的周期性，有时要停氧操作，又由于烟罩、烟道系统的密封不良，造成烟气 SO_2 浓度降低和成分波动，给制酸生产带来许多困难。

7.7　卡尔多炉吹炼的主要技术经济指标

作为卡尔多炉特征的技术经济指标主要有：生产率、送氧时率、铜的直收率、炉子寿命等。

7.7.1　卡尔多炉的生产率

卡尔多炉的生产率有下列三种表示方法：每炉日产粗铜量（吨）；生产每吨粗铜所需时间（分钟）；每日每炉处理自热炉粗铜的吨数。

影响转炉生产率的因素：主要是炉子尺寸、粗铜品味、单位时间内鼓入炉内的氧量、送氧时率和操作条件等。炉膛增大生产率提高，粗铜品位高，造渣时间短，生产率也就高；生产率与鼓入氧量、送氧时率和氧气利用率成正比。但鼓氧量不能无限增大，以免发生大喷溅，另外，操作条件和管理水平也是提高生产率的重要因素。

7.7.2　送氧时率

送氧时率是指卡尔多炉一次作业实际送氧时数与作业时数之比，数值用百分比来表示。这是极其重要的指标，因为它不仅说明每个炉长操作的好坏，而且也是各岗位协调配合的结果。

粗铜吹炼作业是间断进行的。构成卡尔多炉停氧的主要因素有：进热料、进冷料、扒渣、出铜、清打炉口等，有时还因为等吊车，等自热炉放铜也使炉子处于停氧状态。同时在卡尔多炉吹炼期间停氧，不但不能进行任何有利于氧化除杂的效果，而且熔体会冷却下来，以至于影响下一步操作。所以应很好地组织车间生产，提高机械化程度，提高生产作业率，各岗位要充分配合，尽量缩短停炉时间，提高送氧时率。

7.7.3　铜的直收率

铜的直收率是指一次作业产出的粗铜量与加入物料总含铜的百分比。在吹炼过程中,炉料中的铜分配到粗铜,炉渣及炉气带出的烟尘及喷溅物等产物中。加入粗铜液品位愈低,渣量愈大,铜在渣中的总含量也愈大;同时,加入粗铜品味愈低,鼓入炉内的氧量越大,烟气量也大,炉气从熔体中带走的铜量也就愈多。则直收率愈低。另外,直收率与氧压、炉渣成分及操作技术等因素有关。氧压过大,氧量过多,喷溅物多,这些都会降低铜的直收率。

7.7.4　炉子寿命

卡尔多炉寿命是指大修开炉的炉,一直吹炼到下次大修更换炉壳时为止所生产的粗铜数量。或者所吹炼的炉次。比较炉寿命的好坏是用吹炼多少炉次的粗铜数量来衡量的。

炉子寿命是衡量卡尔多炉生产水平的重要指标。卡尔多炉的寿命与粗铜品位、吹炼热制度、氧枪角度及深度、耐火材料的质量、砌炉及烘炉质量以及操作等因素有关。实践证明,卡尔多炉腐蚀最严重的地方是氧枪喷射区,其次是渣线。

炉衬损坏的原因是多方面的,其主要原因是由于机械力、热应力和化学腐蚀三种作用的结果。

7.7.4.1　机械力的作用

机械力的作用主要是指熔体对炉衬的冲刷;氧流股和炉气对炉衬的冲刷;以及清打炉口、加冷料大块时的振动、冲击;Cu_2O、铜水渗入砌体,使炉衬松散。实践证明,熔体对炉衬的剧烈冲刷是炉衬损坏的主要原因。

在吹炼过程中,一方面炉体的高速旋转,使熔体剧烈翻动;另一方面氧流股以较大的动头鼓入熔池,对熔体有一股冲击力。另外,氧气从常温进入到高温区,体积将大大膨胀。若熔体温度平均以1200℃计,则鼓入的氧气体积要增大 4 ~ 5 倍,因此氧气的浮力剧增,从而产生一股巨大的冲击力,使炉衬遭到损坏。特别是卡尔多炉,直径较小,熔体在熔池中回转频繁,搅拌快,翻腾作用强烈,机械力的作用尤为突出。

7.7.4.2　热应力的作用

卡尔多炉作业是周期性间断作业,炉子温度变化剧烈,从而产生很大的热应力,使炉衬破裂。处理低品位粗铜和操作不当时尤为重要。所以严格控制炉温是提高炉衬寿命的重要措施。

7.7.4.3　化学侵蚀

熔剂中的 SiO_2 与耐火砖中的 MgO 作用生成镁橄榄石（$2MgO \cdot SiO_2$）;炉渣中的铁的氧化物能使方镁石和铬铁矿晶粒饱和,并形成固熔体,引起铬铁矿晶格破裂;耐火材料中的 MgO 在高温作用下溶解于 $2FeO \cdot SiO_2$ 渣中。温度越高,熔体中的 SiO_2 含量越大,MgO

在渣中的溶解度也越大，因而对炉衬的腐蚀也愈严重。

因此，吹炼时 SiO_2 不要过量，不宜过吹，减轻化学腐蚀；控制氧枪角度，使氧流股避免直接冲刷炉衬，减轻机械作用；控制炉温，因为炉温升高，三种作用力都增大，而耐火材料的性能降低。低温操作，即能满足吹炼要求，又能延长炉寿命。因而有效地控制吹炼温度在 1180 ~ 1240℃，是提高炉寿命的关键；减少急冷急热，减少热应力；实行"挂炉"操作，保护炉衬；提高砌炉及烘炉质量等都是延长炉子寿命的措施。

8 阳极精炼炉生产实践

‹‹

8.1 概　述

用于铜火法精炼的精炼炉有回转式精炼炉（即阳极精炼炉），固定式反射炉和旋转式精炼炉。国内各厂采用固定式反射炉较多，贵冶、大冶以及金川公司采用回转式精炼炉。

8.2 阳极精炼炉的结构及特点

阳极精炼炉是 20 世纪 50 年代开发的一种火法精炼设备，据不完全统计，目前世界上有 40 多家冶铜厂采用，每年精炼铜量达 4000kt。其炉形与圆筒形相似，由以下部分组成：筒体，燃烧系统，传动装置，炉体支撑装置，炉体驱动系统。

回转式阳极精炼炉炉口（也称进料口）处在炉体中心位置，通常规格为 1200mm × 1800mm，炉口备有炉口盖和炉口启闭装置。炉口启闭装置分液压和卷扬两种。炉口盖与炉口启闭装置相连。炉口装有三块冷却水套和一块合金炉口衬板。两个氧化还原风口开设在筒体两侧，离筒体两端约 300 ~ 1000mm，它与炉口约呈 45°夹角。燃烧系统安装在筒体两端。筒体有 30 ~ 60mm 厚锅炉钢板焊接而成。筒体内砌 400 ~ 550mm 厚耐火材料。

燃烧器固定在出烟口的相对端盖上，而重油燃烧装置和燃烧空气管一起连接在燃烧器上。燃烧器可随炉体一起倾转。

炉体支撑装置由 4 个托轮构成，托轮均采用复式托轮组传动带轮缘，另一端为光面托轮。回转炉的滚圈为二挡，其中一个与大齿轮做成一体，构成炉体传动系统的一部分。

回转炉是火法精炼的主体设备，其关键部位是氧化还原风口、出铜口、加料口透气砖、燃烧器，对耐火材料的选用有严格的要求。出铜口为特制异形镁铬砖，而筒体两端墙的保温层为 65mm 厚镁质砖，内层为镁铬砖，风口区则采用特制的 Cr_2O_3 含量高的电熔再结合镁铬砖以强化耐高温，抗冲刷，抗侵蚀作用。

燃烧室是回转炉的辅助设备，它不装熔融铜，只是利用稀释风继续燃烧回转式精炼炉出来的烟气，烟气温度虽在 1200℃，但不起冲刷作用。它选用的耐火材料是黏土砖，高铝砖和不定型耐火捣打料。

金川公司铜熔炼采用的精炼炉，容量为 120 ~ 160t 铜，外径尺寸：ϕ3680mm × 10000mm，加料口即炉口尺寸为 1800mm × 1000mm，出烟口尺寸为 700mm × 1000mm。设备总重为 297t，其中金属结构重约 144t，耐火材料重约 153t。

该阳极炉由炉体、驱动装置、支撑装置组成，此外还包括排烟系统、水冷系统、燃烧系统、透气砖装置。

8.2.1 炉体

筒体内径为 φ3600mm，钢板厚度 40mm，材质为 20g。筒体内衬 380mm 厚的铬镁砖和 65mm 厚的黏土质耐火砖，黏土砖外用 15mm 厚的镁质填料，铬镁砖和黏土砖之间也有 10mm 厚的镁质填料。采用上出烟的结构形式，出烟口外接水冷式烟罩。炉口及出烟口内侧各装有四块水冷护板，出烟口水套采用单进单出，炉口水套采用双进双出，将水套分为上下两部分，采用此结构可延长水套使用寿命，避免因水套下部漏水后造成整块水套断水而烧损水套，对生产造成影响。炉口上有一个活动炉口盖，当加料或倒渣时将炉盖打开。筒体上装有两个可拆卸的氧化及还原时插管的弧形钢板及一个可拆卸的出铜口，均有楔子固定在筒体上。筒体端盖为球缺式封头。

8.2.2 驱动装置

炉体可以正反转，可以快速旋转，也可以慢速旋转，主电机用于正常操作时的快速旋转，主电机是变频调速电机，也可以实现炉体的慢速转动。可以满足浇铸时的转速。也就是说，一台电机即可满足回转阳极炉的运转，如果交流电源发生事故，备用的电源即可投入使用。

8.2.3 支撑装置

炉体上装有滚圈和齿圈，分别支撑在装有两对托轮的底座上，每对托轮位置可调整，一确定炉体的正确位置。滚圈和齿圈设计为整体铸造加工，如受到制造厂铸造能力或运输条件限制，则滚圈和齿圈可以按剖分式铸造加工，部分的结构要精心设计。

8.2.4 排烟系统

阳极炉排烟系统的任务，就是把阳极炉生产中产生的烟气，通过排烟设施排放到空气中。阳极炉排烟系统有主排烟和环保排烟两条线路。

阳极炉排烟主线：阳极炉顶排烟出口，水冷烟罩，排烟管，排空。

环保排烟线：炉口，活动烟罩，排烟管，环保风机，排空。

阳极炉出口烟气温度 800 ~ 1200℃。

8.2.5 水冷系统

阳极炉水冷系统主要是水套，其安装部位的不同作用也不同，出烟口水套和炉口水套的设置是为了延长其衬砖寿命，用螺栓与炉口法兰连接，每块水套有单独的进、出水口，为便于炉体旋转炉体一端与回水箱采用软连接。水压为 0.3 ~ 0.4MPa，循环水消耗量 30 ~ 40t/h。水冷烟罩的作用就是导流烟气通道，能降低烟气温度。

8.2.6 燃烧系统

面对当前燃料成本的不断上升，国家对企业的环境排放要求日益严格，金川集团公司希望从降低能源消耗和减少环境排放，在部分能源消耗大、排放严重的工序进行技术改造；普莱克斯根据其在欧美有色金属冶金炉上的用氧经验，从节能减排出发，建议其去除阳极炉上原有的空气—燃料燃烧系统，改造为氧气—燃料燃烧系统，以达到降低燃料消耗和减少排放的目的。

　　普莱克斯基于稀氧燃烧技术开发的 JL 型氧气—燃料燃烧系统是，将燃料射流在高速纯氧射流下，充分混合燃烧，能节约大量燃料和减少烟气排放；同时又具有火焰长度和强度调节功能，避免热点产生。

8.2.6.1　稀氧燃烧原理

　　氧气和燃料由不同喷嘴射入炉内，高速氧气和燃料射流因为和炉内气体发生卷吸作用而被稀释，然后再彼此混合燃烧。燃料和经过稀释的热氧化剂进行反应，从而产生低火焰峰值温度的"反应区域"。稀氧燃烧原理如图 8-1 所示。

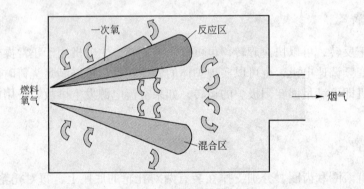

图 8-1　稀氧燃烧原理

8.2.6.2　燃烧效果

燃烧效果如下：

（1）燃料充分燃烧，节约燃料；

（2）燃料的节约，同时减少了 CO_2 的排放；

（3）采用了分级燃烧设计，具有低的火焰峰值温度和极低的 NO_x 排放；

（4）燃烧稳定，温度均匀，火焰形状可以调节。

8.2.6.3　燃烧系统

燃烧系统主要包括控制阀架、电控箱、烧嘴砖和 JL 烧嘴及配套附件，如图 8-2 所示。

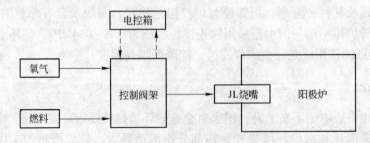

图 8-2　稀氧燃烧系统

8.2.6.4 安全保证

安全保证措施如下：
（1）氧气、燃料压力高/低连锁；
（2）氧气、燃料比例失调安全连锁；
（3）火焰探测器实时监测；
（4）炉温和点火安全连锁；
（5）任何条件下的紧急停止。

所有安全连锁一旦触发，系统将自动转入低流量安全模式或自动关断系统，仅当修复、确认后，燃烧系统才能恢复正常运行状态。

8.2.7 透气砖装置

回转阳极炉采用透气砖技术，可使炉内铜液温度均可，可以缩短氧化还原时间，提高铜水质量，降低能耗，是一项行之有效的新技术。

阳极炉透气砖系统由氮气输送管线和 PLC 氮气机柜、透气砖组成透气砖的作用：搅拌熔体、加快反应过程、防止炉腹黏结等。6 块透气砖对着炉口呈 U 形分布安装在炉底，有利于将炉渣从炉口排出。氮气总压力 0.6 ~ 0.8MPa，根据阳极炉生产特点流量设定是：进料作业设定为 100L/min（标态），氧化作业设定为 80L/min（标态），扒渣作业设定为 80 ~ 150L/min（标态），还原、保温作业设定为 50L/min（标态）。生产中各作业期透气砖流量控制是通过操作 PLC 显示面板来完成。

8.2.8 还原系统

阳极炉还原系统按所使用还原剂分为两套系统：重油还原和碳质固体还原剂还原。固体还原剂吹送系统中使用的气动阀门和振动筛的动力气源为氮气压力 0.5 ~ 0.8MPa，作业过程主吹送使用的气源为空压风，风压 0.45 ~ 0.6MPa。

生产中还原剂吹送控制要点：
（1）仓泵料加入量控制在 90% ；
（2）确认仓泵无泄气点；
（3）仓泵顶部压力始终高于主吹压力 0.05MPa，混料风控制 20% ；
（4）吹送正常再缓慢下炉子，观察氧化还原枪浸没熔体由浅到深。还原半小时后再往深下炉子；
（5）还原结束要先停料后停风，保证吹送管畅通。

8.2.9 回转精炼炉的特点

回转精炼炉的特点如下：
（1）炉子结构紧凑，散热面积小，油耗为 80 ~ 260kg/h。
（2）回转阳极炉密闭性好，炉体散热损失小，燃料消耗低。炉体密闭性好，漏烟少，减少了环境污染。

（3）炉子设有倾动装置，能以快慢不同的速度转动，能从炉口用吊车将冷料加入，避免了人工加料的劳动。

（4）精炼和浇铸自动化程度相比反射炉强，阳极精炼炉和浇铸机各设一个控制室，配置较完善的监测与控制电气仪表，从而大大改善了工作条件，减少劳动定员，提高产品质量。

（5）炉子容量从 100t 变化到 550t，处理能力大，技术经济指标好，劳动生产率高。

8.3　阳极精炼炉开、停炉

8.3.1　阳极精炼炉开炉

8.3.1.1　开炉前要求

阳极精炼炉的开炉可分为三类，即小修开炉、中修开炉及大修开炉。小修通常指阳极精炼炉检修停炉不超过 48h，恢复生产时需进行不少于 16h 的烘炉作业。中修通常指阳极精炼炉检修衬体挖补，停炉时间超过 48h 以上，恢复生产时需进行不少于 48h 的烘炉作业。大修指阳极精炼炉的衬体完全更换，需重新砌筑的检修。

阳极精炼炉大修后，为保证投料后的正常生产，必须做好开炉作业。在开炉前需对精炼炉的本体设施及辅助设施做好确认工作，并对炉体的基本尺寸做好测量，为以后的生产维护提供原始参照数据。开炉前需确认及测量的内容如下：

（1）开炉前将炉膛、烟道及炉体周围杂物清理干净；

（2）烘烤前必须对水、汽、风、油等各管路阀门及机械电气仪表设备进行彻底全面的检查，待一切正常方可烤炉；

（3）开炉前要对炉体的快慢驱动进行试车，驱动是否正常，制动是否良好，正常后方可点火；

（4）开炉前氮气及高压风供给正常；

（5）测量炉口尺寸、炉膛内径、长度、出烟口及通风口距炉底高度。

8.3.1.2　烘炉

待所有相关设施确认及测量结束后，开始烘炉。火法精炼炉的烘炉目的及要求，基本与卡尔多炉相同，也是有计划的均匀升温，由常温缓慢升至 1250℃。烘炉主要经过两个过程：

（1）常温至 500℃阶段，此过程烘炉时间不少于 40h，且 500℃恒温时间不少于 10h，其目的是除掉炉衬砖体的游离水；

（2）500~1250℃，此过程烘炉时间不少于 80h，且当温度升至 900℃时开始不少于 10h 的恒温操作，其目的是除掉砖体内的结晶水。整个烘炉时间不少于 120h。

精炼炉检修烘炉温度、时间控制见表 8-1。阳极精炼炉烘炉升温曲线如图 8-3 所示。

表 8-1 精炼炉检修烘炉温度、时间控制

炉 况	大 修	中 修	小 修
时间/h	120	48	16
烘炉阶段	重油烘炉		
温度控制	常温约500℃		500~1250℃
时间要求	先用木柴点燃，后用重油烘炉，烘炉时间不少于40h，升温速度10~18℃/h，且当温度升至500℃时进行恒温作业，恒温时间不少于10h		烘炉时间不少于80h，升温速度8~17℃/h，且当温度升至900℃时进行恒温作业，恒温时间不少于10h。当温度达到1250℃时保温6h后即可投料生产

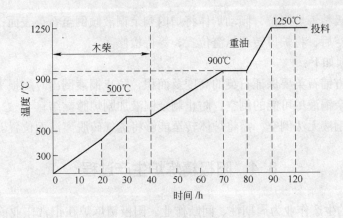

图 8-3 阳极精炼炉大修升温曲线

8.3.1.3 烘炉技术条件及注意事项

烘炉技术条件及注意事项如下：

（1）严格按烘炉升温曲线进行，及时送入压缩风，烤炉过程中严禁断火，烤炉温度必须均匀，烘炉温度波动范围为±100℃，烤炉时间允许超过规定时间，但不得低于规定时间，烤炉过程中及时调节好水冷件水量。

（2）重油烤炉4h后盖上炉口盖，随着炉温的升高逐渐增加油量，及时调节氧油比，使重油完全燃烧。

（3）为使炉体受热均匀，可间断转动炉体，使炉口处在超前朝后不同位置。

（4）升温过程中加强炉体检查，特别注意端盖的膨胀，及时调整拉杆弹簧，发现转动障碍时应及时处理。

（5）重油烘炉前应确保油路畅通后方可送油，严禁强制送油。

（6）重油烘炉时，送重油应选择木柴燃烧最旺时进行，防止重油不完全燃烧而发生爆炸。

8.3.1.4 渗铜作业

当阳极精炼炉升温时间及温度达到要求后，即可转入正常作业。在开炉后生产的第一炉次，需对炉体衬砖进行渗铜作业，即铜液加入阳极精炼炉内后，需间断性地倾动炉体，目的是使衬体尽可能的大面积吸收铜液，以使衬体坚固致密避免发生漏铜事故。

8.3.2　阳极精炼炉停炉

阳极精炼炉停炉作业主要是指为了方便检修，而做的一系列停炉操作过程。根据检修程度的不同，停炉过程也略有不同。

当阳极精炼炉附属设施检修时，通常阳极精炼炉只需要进行保温作业，不需要停炉。如果阳极精炼炉本体需要检修时，停炉操作过程如下：

（1）需要检修的阳极精炼炉，在出炉浇铸期间在平台炉口下方铺石英；

（2）阳极精炼炉出空后，停油、吹枪、停压缩风并拆除稀氧燃烧枪，拆除炉口盖，并统一放置；

（3）解除阳极精炼炉限位，倾动炉体将炉内剩余铜液倾倒至石英表面；

（4）铜液倒空后，将炉口转至扒渣位置，等待检修。

停炉注意事项如下：

（1）炉口下方铺石英要保证石英的高度及面积，防止铜液倒出时烧损平板车轨道；

（2）炉内剩余铜液尽可能的倒空，防止剩余铜液加剧炉膛黏结；

（3）如炉内铜液无法倒空，需将炉体转至能够将透气砖脱离液面位置。

8.4　阳极精炼炉生产过程

阳极精炼炉的生产作业为周期性、间断作业。阳极精炼炉在正常作业前需先进行烘炉作业，且所有新建及大、中修后的炉窑在正常作业前必须先进行烘炉，当炉温及时间达到要求后方可进行正常作业。阳极精炼炉的一个作业周期包括进料、熔化保温、氧化、还原及浇铸五个操作过程，各操作过程所用时间，依据炉料成分、处理方法及液面高低的不同而变化，且也与具体操作技术水平有关。

8.4.1　烘炉

烘炉具体要求见8.3节。

8.4.2　正常作业

8.4.2.1　进料

阳极精炼炉入炉物料分为热料和冷料两种。热料即卡尔多炉粗铜液；冷料可分为自产冷料及外购高品位冷料，即废板、电解残极高外购高品位冷料等。

卡尔多炉粗铜液借助桥式吊车用粗铜包直接倒入精炼炉内；冷料也是借助吊车采用吊挂链条捆绑加入至炉内。冷料加入是保持少加、勤加的原则，且当冷料潮湿时需经过烘烤方可加入炉内，防止发生放炮。加料过程要保证炉温控制在1200℃以上，使炉料在加入后易于熔化，以尽可能地缩短加料及提温时间并加速炉料的熔化；进料过程炉内应尽可能地保持微负压，即可减少炉气从炉口外逸影响操作，又可减少吸入冷空气而使炉温减低。

8.4.2.2 熔化保温

进料结束后，应关闭炉口并调整燃油系统，并提高炉内负压，使炉内保持氧化气氛，氧化还原孔要喷入高压风，并调整透气砖流量，以加强炉内液体的翻滚强度，不但可以加快炉内铜液提温，且促使杂质初步氧化。当炉内液面达到工艺控制要求，且炉料全面熔化，则开始进入下一工作期。

8.4.2.3 氧化

氧化是铜火法精炼的主要操作程序，其要点是增大烟道负压（负压控制（-50±20）Pa）从而提高炉内空气过剩系数，使炉内形成强氧化气氛，并且氧化还原孔通入 0.3 ~ 0.5MPa 高压风，精炼炉倾动至氧化位置，使整个熔体处于翻滚状态，扩大空气与杂质、空气与铜、氧化亚铜与杂质的接触面积，以强化氧化过程。

对于现行处理的原料，在火法精炼过程中，其氧化的目的就是脱硫，首先替铜被大量的氧化成氧化亚铜，氧化亚铜与熔体中的 Cu_2S 接触发生交互反应而放出 SO_2，从而达到脱硫效果。氧化是否结束需要取样判断，终点判断的标准是：试样表面呈凹状，结晶致密无明显气孔。

因处理原料含镍的特殊性，经过卡尔多炉吹炼后，铜液中仍含有不大于 1% 的镍及其他附带杂质，精炼炉氧化结束后，因渣量较大，需用渣耙将熔体表面的浮渣尽可能的扒净，防止影响产品质量。

8.4.2.4 还原

还原是铜火法精炼中最重要的操作，其目的是用还原性物质将铜液中铜的氧化物还原成单质铜。目前采用的还原剂有重油和粉煤，随着对环保要求的提高，粉煤还原剂已逐渐成为主流。用粉煤还原时，现将管道与精炼炉的氧化还原管连接，后对盛放粉煤的罐体进行加压，粉煤进入到罐体底部的硫化喷射器中，通过高压风吹送，经过输送管道进入精炼炉内，倾动炉体使氧化还原管浸入熔池底部，使还原剂与 Cu_2O 起还原反应。

还原时煤量的控制是通过调节与硫化喷射器连接的喷射风和助吹风实现的。还原期要尽量降低炉内抽力，使炉内保持还原气氛，炉温不宜过高，以减少氧、SO_2 等杂质气体在铜液中的溶解度。

还原终点的标志是：断面无气孔，结晶致密，表面微凸。

8.4.2.5 浇铸

还原作业结束后，开始进行圆盘浇铸作业。圆盘浇铸是生产最终产品铜阳极板的最后一个环节，精炼炉内的铜水经过溜槽、中间包和浇铸包定量浇铸到圆盘上的铜模内，再经过冷却、取板产出阳极板。浇铸作业要掌握熔体温度、铜模温度及脱模剂性质 3 个环节。严格控制熔体温度和铜模温度在一定范围内是获得优质阳极板的重要因素。浇铸熔体温度通常是维持在高出铜熔点 20 ~ 30℃，但由于处理原料含镍的特殊性，浇铸铜水含镍较高，黏度大，所以出炉浇铸温度控制较高，一般控制在 1250℃ 左右。通常铜模温度控制在 120 ~ 140℃，模温过高会损坏脱模剂黏附模壁的能力，引起黏模；模温过低则会因脱模剂水分未干而产生冷气孔，甚至引起爆炸事故。脱模剂的作用是防止黏膜，使浇铸出的阳极板背面光洁。对脱模剂的选择应结合成本考虑，最好选用不与铜熔体发生化学变化，不夹杂挥发物，粒度在 200 目以下的疏水性脱模剂，以利于物理水分的干燥和蒸发，并易于喷涂模壁。常用的脱模剂有骨粉、硫酸钡等。

圆盘浇铸作业无论采取人工浇铸还是自动定量浇铸，铸出的阳极板外形都会产生各种缺陷。必须对可修整的阳极板缺陷进行修整，以提高合格率。阳极板的修整工作主要有：除去飞边毛刺；将耳部不平或扭曲处进行校直或扭转；除去表面夹杂；对可处理的鼓包板进行修整；用液压平板机平整弯曲的板面；为保证阳极板在电解槽内的悬垂度，需用内圆铣刀将耳部下沿切削成弧形或平形。现代很多铜厂的阳极板外形修整，已实现机械化、自动化。

8.5 阳极精炼炉的产物及指标控制

8.5.1 阳极精炼炉的产物

阳极精炼炉的产物有阳极铜、炉渣和炉气。火法精炼后的铜熔体，都是先浇铸成铜阳极板然后送去电解精炼。阳极板的成分与卡尔多炉粗铜成分及精炼工艺制度有关。正常情况下，铜量、镍量与精炼前没有太大的变化，但其中的硫会大幅度下降。铜阳极板品级与化学成分见表 8-2。

表 8-2 铜阳极板品级与化学成分　　　　　　　　　　（质量分数/%）

含量 品级	$w(Ni)$ （不大于）	$w(Cu)$ （不小于）	$w(S)$ （不小于）	$w(O)$ （不大于）
一级品	0.8	99.0	0.01	0.2
二级品	1.0	98.5	0.01	0.2
三级品	1.2	98.0	0.01	0.2
四级品	1.5	97.0	0.01	0.2

注：铜阳极板规格为：长：750mm，宽：680mm，厚：42~49mm。

阳极精炼炉成分主要与加入粗铜成分、含铜冷料及带入浮渣量有关，变化范围比较大。精炼炉渣含铜较高，一般在 20%~30%，甚至更高。渣含铜高的主要原因是扒渣时，首先把金属铜夹杂扒出；其次是一些铜的氧化物进入渣中。主要的防范措施是：控制卡尔多炉粗铜液带入的浮渣量，规范扒渣操作动作标准。

8.5.2 指标控制

阳极精炼炉的控制指标分为两种：一是技术经济指标，包括单炉生产率、重油单耗；二是产品指标，包括阳极板的品级率及物理规格合格率。技术经济指标受许多因素影响，主要与入炉铜料的性质有关，其次与所采用的技术条件、控制参数和技术操作有关；产品指标的控制也与入炉物料的性质、控制参数及技术操作有关。

8.5.2.1 技术经济指标

A 单炉生产率

与入炉铜料量、入炉铜料状态、粗铜品位、杂质含量以及氧化和还原的程度等因素有关。此指标随加入粗铜中杂质和冷料的增加和固态炉料的增加而降低；随炉子容量，粗铜品位及氧化还原强度的提高而增加。金川公司阳极精炼炉单炉生产率为 120～160t/炉。

B 重油单耗

指的是生产单位成品所消耗的重油量。它与炉子大小、粗铜品位及冷料多少有关。在阳极精炼过程中，重油消耗占最大的材料成本消耗，故必须重视重油单耗的问题。正常情况下，重油单耗随炉子的容量增大而降低，随粗铜品位的升高而降低，随冷料的增加而增大。

8.5.2.2 产品指标

A 品级率

指在单位时期内同一化学品级数量占品级总数量的比率。因处理的二次铜精矿含镍较高，故金川公司对车间品级考核以一二级品级率为准。目前一二级品级率考核指标要求不小于90%。铜阳极板的品级划分以其化学成分为基准，成分要求见8.5.1节内"铜阳极板品级与化学成分对比表"。产品的品级好坏通常与入炉粗铜的品位高低、铜液温度的高低及扒渣程度有关。在自热熔炼系统生产中，除镍操作主要在卡尔多炉工序中进行，因此提高卡尔多炉粗铜液品位以及减少粗铜液的带渣量是提高产品品级的主要措施；在阳极精炼炉中，高温操作将加大镍元素在精炼铜液中的溶解度，因此掌握好精炼炉的氧化终点及尽可能低温操作利于镍元素及其他杂质析出并进入炉渣中，不但益于保证产品品级，同时也可减少炉膛的黏结保证炉况稳定。

B 物理规格合格率

指单炉所产阳极板片数中，合格片数占总片数的比率。公司对车间的该考核指标是以每月份物理规格合格率的平均值为依据，目前考核指标要求物理规格合格率平均值不小于93%。阳极板的物理规格与下列因素有关。

（1）铜液溶解了过多的氢和硫：在浇铸过程析出 SO_2、H_2 气体，造成板面鼓包，即形成二次充气现象。

（2）铜液含氧量高：铜液含氧量高，流动性差，板面花纹粗；含氧低，流动性好，板面花纹细，外观质量好。但含氧量低于0.05%以下时，氢在铜中的溶解度迅速增加，产生二次充气现象，使阳极板外形质量下降。铜水中含氧量控制在0.05%～0.2%为宜。

（3）铜液温度：铜液温度低，流动性不好，浇铸过程不好控制，铜液易堆积，外观质量差。铜液温度高，流动性好，浇铸过程好控制，阳极板外观质量好，但铜液温度控制过高时易造成黏模。

（4）浇铸速度：采用自动定量浇铸，每个工艺过程的动作时间由程序控制，调整后不会改变，此种浇铸方式，人为干扰较少，但对工艺条件的稳定性要求较高，如浇铸包的形状、包嘴的尺寸、耐火材料的厚度等，须按要求制作，稍有变化都影响浇铸曲线，影响阳极板的浇铸质量和精度要求。而人工浇铸时，随意性较大，完全取决于浇铸工的操作技能。

（5）圆盘的平稳性：圆盘运行的平稳性对浇铸出合格的阳极板至关重要。圆盘在启、制动，因机械惯性作用，产生晃动，此时，阳极板未完全凝固，从而影响阳极板的平整度及厚薄。

（6）铸模的水平度：铸模上圆盘浇铸机后，须进行水平校正，并进行固定，以保证铸模的水平度。如铸模在圆盘上不水平，已产生薄厚不均现象，严重时铜水溢出产生飞边。

（7）阳极板冷却：阳极板的冷却主要是通过上部冷却和下部冷却两种方式。阳极板在喷水冷却前，铜液表面须凝固，若板中心为收心，喷水冷却则阳极板易产生水包。冷却水的量根据浇铸速度而定，水量过大，模温较低，阳极板易煮边，阳极板背部及内部产生大量气体，易产生包边板。

（8）脱模剂：使用脱模剂在涂模过程中浓度应适宜，过稀或喷涂不均，或喷涂过少，易产生黏模，阳极板难脱模；过稠或喷涂过多，在阳极板内部及表面已夹渣和鼓泡。

8.6　阳极精炼炉常见故障分析、预防及处理

为了保证在工艺事故发生后，能够有序地组织应急处理工作顺利进行，最大限度地减轻工艺事故带来的危害，预防次生灾害的发生，确保事故发生后政令畅通、联络及时、组织有效，保障职工生命和企业财产安全根据《重大事故隐患管理规定》、《安全生产法》等国家有关法律法规，特制定本预案。

8.6.1　氧化还原口渗漏事故

8.6.1.1　事故特征和征兆

事故特征和征兆如下：

（1）由于阳极炉氧化还原口区域砖衬过短，或氧化还原枪眼过大造成氧化还原枪楔紧力不够，阳极炉氧化、还原作业时引发铜液从氧化还原口区域渗漏。

（2）事故的判断征兆和条件是：

1）观察到炉壳局部发红；

2）观察到炉壳局部有冒烟现象；

3）看到熔体漏出；

4）现场有冒烟或着火现象。

（3）本事故会导致正常生产中断，并可能导致炉体附属设施（平板车、轨道、托辊、炉壳、电缆等）烧损，对周边作业人员形成伤害，引发火灾等次生事故。

8.6.1.2　应急处理

事故初起时，可能会观察到漏点区域有发红、冒烟等异常现象，此时是最佳的应急处置时机，可采取以下措施：

（1）中止作业，将炉体转动到氧化还原口高于熔体面的位置。

（2）对氧化还原口区域进行检查，分析隐患原因，并按作业指导书采取处置措施。

（3）汇报车间授权管理者进行确认，确认正常后，恢复生产。

氧化还原口出现渗漏现象，岗位工按正常操作（变频回路）将炉子抬起，使氧化还原口脱离液面：

（1）首先确认"变频—紧急抬炉"转换开关处于左45°位即变频控制位，"炉前—炉后"操作转换开关在左45°炉前操作位。

（2）先按下允许操作按钮，然后操作炉体倾动转换开关，操作炉体向上倾转至保温位置，使氧化还原口脱离液面，同时要确保放铜口处于液面之上。

如果正常操作变频回路故障时，采取紧急抬炉操作，快速倾转炉体，使氧化还原口脱离液面：

（1）将"变频—紧急抬炉"转换开关打至右45°位（紧急抬炉位置）。

（2）然后根据炉体位置操作"炉前至炉后"操作按钮，将炉体打至安全位置。

（3）在使用紧急抬炉操作时，由于倾转较快，需点动操作，防止炉体倾转过度，熔体从放铜口冒出，引发次生事故。

炉体转至保温位置后，将转换开关切换至零位，确认炉体前后无渗漏等其他异常状况。在控制台上挂上警示牌，禁止其他人员操作。

8.6.2 透气砖漏铜事故

8.6.2.1 事故特征和征兆

由于阳极炉温度急剧大幅波动，高温铜液渗漏至炉壳上积存，长时间高温作业，炉料氧化时间长，大块冷铜撞击等原因，在透气砖周围形成缝隙或损伤，在生产过程中铜液从透气砖区域漏出，事故的判断征兆和条件是：（1）观察到炉壳局部发红；（2）观察到炉壳局部有冒烟现象；（3）看到熔体漏出；（4）现场有冒烟或着火现象。

本事故导致生产中断，并可能导致周边区域作业人员伤害，炉体附属设施（平板车、轨道、托辊、炉壳、电缆等）烧损，引发火灾等次生事故。

8.6.2.2 应急处理

由于透气砖的安装位置处于炉腹部位，在炉内液面较高的情况下，是不可能将透气砖漏点转出液面的，反而会因不适当的转炉操作导致熔体从炉口、放铜口等流出，导致事故扩大化。因此，在透气砖渗漏事故情况下，首先要求炉长判断炉内的液体量，并根据漏点位置综合判断是否能采取转动炉体的措施。同时，使用压缩风对该部位进行强制冷却。

当阳极炉在进料、氧化、还原、待料保温期间发生透气砖漏铜时，采取以下应急措施：

（1）立即停止作业，确认透气砖渗漏位置和渗漏大小。如果渗漏较小，适当小幅度转动炉体，使漏点处于易于堵口的位置，采用铁耙子和黄泥强行封堵渗漏点，同时，使用压缩风对该部位进行强制冷却；如果渗漏点较大，并将透气砖供气管烧断时，可以尝试用圆钢棒、黄泥、大铁耙等强行封堵漏点。

（2）强行封堵无效时，炉长立即组织人员使用黄泥或炭精棒对出铜口进行堵口，将黄

泥做成 $\phi50mm$ 长 400mm 的柱状，使用大锤将黄泥捣进出铜口，然后再次使用锥形黄泥进行二次堵口，并用大锤砸实，堵口结束后，控制室采用变频（正常转动速度）向炉后方向倾动炉体，至漏铜部位转出液面。

（3）若向炉后倾动时漏铜部位无法转出液面或泥球封堵出铜口无效时，向炉前倾动至出铜口略高于液面的位置（防止铜液从出铜口流出），让渗漏位置铜液自然漏出，并对其他设施做相应的防护措施。同时，使用压缩风对该部位进行强制冷却。

（4）转动炉体时，炉前、炉后必须有人监护，防止铜液从炉口、氧化还原口或出铜口漏出。

当阳极炉在浇铸期间发生透气砖漏铜时，采取以下应急措施：

（1）确认透气砖渗漏位置，使用泥球强行封堵。同时，使用压缩风对该部位进行强制冷却。

（2）封堵无效时，对高温熔体进行导流，若 1 号阳极炉出炉，则将高温熔体引流至铸模坑内；若 2 号阳极炉出炉，则将高温熔体引流至圆盘东侧安全坑。

（3）在此情况下，由圆盘控制工负责炉体倾动，严禁炉前工切换炉前后转换开关。炉前控制室和圆盘控制室要保持通讯，随时通报事故现场情况。

渗漏情况判断完毕后，切断渗漏透气砖供氮气阀门。

8.6.3　炉壳发红或炉体漏铜事故

8.6.3.1　事故特征和征兆

由于阳极炉衬体砌筑缺陷或生产过程的侵蚀，导致砖衬结构破坏或砖体过短，或者由于阳极炉内铜液长时间氧化，生成过氧化铜，从膨胀缝位置腐蚀渗透，因此，导致熔体接近炉壳或烧坏炉壳流出，发生炉壳发红或炉体漏铜事故。

事故的判断征兆和条件是：

（1）观察到炉壳局部发红；

（2）观察到炉壳局部有冒烟现象；

（3）看到熔体漏出；

（4）现场有冒烟或着火现象。

本事故导致生产中断，并可能导致周边区域作业人员伤害，炉体附属设施（平板车、轨道、托辊、炉壳、电缆等）烧损，引发火灾等次生事故。

8.6.3.2　应急处理

当发现炉体局部发红时，采取以下应急措施：

（1）立即停止作业，适当转动炉体，使炉体发红部位尽可能高出液面，但要防止熔体从放铜口、炉口、氧化还原等处漏出。

（2）若无法将发红部位转出液面，且发红部位靠近出铜口区域时，向炉前方向转动至扒渣位；若发红部位靠近氧化还原孔区域时，向炉后方向倾动（铜液不从出铜口溢出），使发红区域尽可能处于高位，防止渗漏后大量铜液流出。同时，使用压缩风对该部位进行强制冷却。

（3）若发红部位在炉体中心下方区域，且倾动炉体时无法转出液面，将发红部位控制到炉前区域，并采取隔离防护措施，防止漏炉后造成大的设备设施损坏或火灾等次生灾害。

（4）立即汇报调度室，要求有关管理者尽快到现场指导应急抢险。

（5）经主管人员检查确认后，若炉体局部发红情况不严重，可继续作业，同时在发红部位用压缩风强制冷却，待本炉次结束后进行处理。

若炉体大面积发红或发生漏炉，立即停止作业，确认事故位置，若发红或漏铜部位靠近炉后出铜口位置，联系从炉口进行倒铜作业；发红或漏铜部位靠近炉前（透气砖与氧化还原口之间）位置，立即进行炉后紧急浇铸作业，待炉内铜液倒空后，停炉进行处理。

若炉子在漏铜事故失控的情况下，需在保证员工生命安全的前提下，从减少次生灾害及减少经济损失角度采取临时措施。

8.6.4 炉体倾翻

8.6.4.1 事故特征和征兆

在浇铸或者扒渣作业转动炉体过程中，因误操作或控制系统失灵，致使阳极炉转动幅度过大，大量熔体从炉口倒出。

本事故没有任何先兆，但危害极大，可能导致周边作业区域人员伤害，炉体附属设施（平板车、轨道、托辊、炉壳、电缆等）烧损，引发火灾等次生事故。

8.6.4.2 应急处理

应急处理措施如下：

（1）立即停止当前操作，使用抬炉按钮（变频回路）将阳极炉快速反转至保温位置。

（2）如果控制系统或传动系统失灵，不能将炉体打至安全位置，将炉体断电，关闭风、氧、油的总阀。根据事故情况对另一台阳极炉进行紧急处置。

（3）炉长应立即组织周围人员沿安全通道撤离。

（4）汇报主管人员，待不再有熔体流出，确认安全后，可以通过覆盖冷料和浇水加速降温速度，以免烤坏其他设备，造成次生事故。

8.6.5 水套漏水

8.6.5.1 事故特征和征兆

事故特征和征兆如下：

（1）阳极炉炉口、出烟口及烟罩都采用了水套结构的水冷设施，水套往往会因为使用时间长、加工质量、熔体冲刷等原因造成漏水。

（2）水套的漏水点在外部且水流不会进入炉内时，可以继续生产操作，待本炉次结束后进行处理。这种情况一般只需做好防止水漏入炉内的预防措施，一般不需采取应急措施。

（3）如果水套的水进入炉内，会观察到炉口等部位有大量水汽冒出，也可能会听见炉内有异常的放炮声，点检水系统时会发现循环水压力或流量的异常。

（4）如果大量水进入炉内，会产生放炮的恶性事故，本事故会导致炉体及附属设备设施被爆炸损坏，或熔体喷出炉子，引发人员伤害或火灾等其他次生灾害。

8.6.5.2　应急处理

应急处理措施如下：

（1）若发现炉体水套内部漏水且炉内无其他异常状况时，停火确认漏水水套，并停止该组水套供水，汇报调度及车间主管人员，利用检修期间安排更换水套。

（2）当发现炉内有大量蒸汽冒出时，应立即关闭供水总阀。保持炉子的当前状态，不能立即倾动炉体，以防止大量积聚在炉渣表面的水流入铜液中，造成大的爆炸事故。应组织人员紧急撤离，等到观察不到炉口等部位有大量水汽冒出时，才能适度转炉，使炉子处于保温或氧化位置。然后关闭水套供水支路阀门并开启供水总阀后，分别对各水套进行低水量供水，确认漏水水套，确认后关闭漏水水套阀门并挂牌。汇报调度及车间主管人员，利用检修期间安排更换水套。

（3）如果发现烟罩水套漏水时，首先观察漏水流向，如果漏水量较大并可能进入炉内，要立即关闭漏水的水套阀门，等出炉后或检修时进行封堵处理。并转动炉体，将烟口位置转开，对漏水的烟罩水套进行处理。

8.6.6　阳极炉系统突发停电事故

8.6.6.1　事故特征和征兆

事故特征和征兆如下：

（1）因总网断电、配电柜或线路故障造成阳极炉交流回路停电的事故。

（2）此事故状态不会产生直接危害，但是会造成一定的次生危害，如扒渣过程停电熔体倒入安全坑、浇铸过程熔体倒至炉后，严重时会导致铜液将圆盘铸死。

8.6.6.2　应急处理

应急处理措施如下：

（1）炉前看水工应检查所有回水箱的回水情况，确认所有水套通水正常。如果水套断水，应关闭进水总阀，待供电恢复后，检查水套正常后（无烧损、鼓包），方可缓慢送水。具体参考高位水箱水位降低的应急处理。

（2）当阳极炉处于氧化、还原作业时停电，但不明确断停原因时，待事故电源投送正常后，立即将炉体转至保温位置进行保温作业。在炉子未转到保温位置前，要密切关注氧化还原口区域是否有发红渗漏征兆，如有异常，立即准备堵口物资，做好泄漏应急准备。

（3）当阳极炉处于扒渣作业时停电，待事故电源投送正常后立即将炉体转至保温位置进行保温作业。在炉子未转到保温位置前，要密切关注氧化还原口区域是否有发红渗漏征兆，如有异常，立即准备堵口物资，做好泄漏应急准备。

（4）当阳极炉正处于浇铸作业时，炉长要立即组织岗位工立即进行炉后堵口作业

（或采取引流措施，防止浇铸系统损坏），待事故电源供电后，将炉体转至保温位置进行保温作业；供电恢复后，炉前工测试铜液温度，达到出炉要求后继续出炉；圆盘系统做好再次出炉的准备。

（5）阳极炉正在进行加热料作业，铜包内的高温熔体可能会泼洒到炉口周围或操作平台下面，岗位人员应迅速撤离至安全地带，并监护操作平台下方的安全通道，防止高温溶液飞溅伤人。当事故电源供电正常后，需要将吊车和钢包驶离加料位置，对吊车和钢包的安全稳定性进行确认，并点动确认炉体转动无障碍，将剩余物料加入炉内，并将炉子转动到保温位置，等待停电事故处理后，恢复正常生产。

（6）停电后，应立即汇报相关人员，待查明原因，故障解除后，组织复产。

8.6.7　液体钢包喷洒

8.6.7.1　事故特征和征兆

在阳极炉进料时，由于吊车故障、操作不当或钢包渗漏等原因，造成高温液体在阳极炉炉前喷洒或倾覆。

由于此种情况的随机性较大，可能导致的事故后果不可预测，但可能会导致周边作业区域的人员伤害，也可能导致设备损坏及其他次生灾害。

8.6.7.2　应急处理

应急处理措施如下：

（1）人员及时撤离至安全区域，防止人身伤害事故。并对周边区域进行警示隔离。

（2）保持炉窑当前作业位置，禁止转动炉体。

（3）在炉子转到位后及时检查阳极炉周围设施情况，如电缆、托辊、炉前活动小车、立柱及平台等，对各种次生事故采取应急处理措施。

（4）炉长及时将事故状况汇报调度及相关管理人员。

8.6.8　高位水箱水位降低的应急处理

8.6.8.1　事故特征和征兆

由于 5 号泵房停电、给水泵跳车或循环水管道泄漏等原因，造成高位水箱水位降低，阳极炉水冷系统供水不足，引发炉窑安全事故。由于此种情况的随机性较大，可能导致的事故后果不可预测，可能会导致周边作业区域的人员伤害，也可能导致设备损坏及其他次生灾害。

8.6.8.2　应急处理

应急处理措施如下：

（1）炉长立即组织人员将两台阳极炉的烟罩水套总供水阀门关闭。然后将炉体水套供水阀门关小（以回水箱回水不气化为宜），待高位水箱水位正常后恢复正常操作。

（2）如果炉子处于出炉期，则继续正常出炉。其他作业期，则转为停火保温作业。

8.6.9 透气砖断气的应急处理

8.6.9.1 事故特征和征兆

由于动氧车间供氮系统故障或氮气管道阀门意外关闭，导致阳极炉透气砖断气，造成透气砖堵塞或铜液侵蚀影响透气砖安全使用的问题。

8.6.9.2 应急处理

应急处理措施如下：

(1) 发现透气砖断气后，炉长立即确认备用气源是否供应正常，若备用气源供应正常且透气砖控制系统自动切换备用气源时，安排岗位工勤观察，待主气源正常后为止。

(2) 若备用气源供应正常但透气砖控制系统未自动切换使用备用气源时，炉长立即将备用气源连接至主气源管路上，并开启气源阀门供气，待主气源恢复正常后切换为主气源供气。

(3) 若透气砖主气源断气后，备用气源也断气时，若炉内液面较少，转动炉体可以将透气砖转出液面时（能确保铜液不会从放铜口流出），向炉后方向倾倒炉体，使透气砖脱离液面。

(4) 若透气砖主气源和备用气源均断气时，若炉内液面过高，必须用黄泥将出铜口封堵，然后倾动炉体至出炉位置将透气砖脱离液面，并安排岗位工监护，待透气砖气源供送正常后恢复正常作业。

8.6.10 计算机系统死机

8.6.10.1 事故特征和征兆

由于受环境温度、计算机长时间持续运行等原因造成阳极炉控制系统故障，导致计算机控制操作系统无法正常工作。

计算机系统死机分为上位机死机和下位机死机：

(1) 上位机死机、网络中断时，计算机操作画面所有参数不变化，鼠标操作不起作用。此时重油回油调节阀、蒸汽调节阀、蒸汽切断阀、雾化调节阀、雾化切断阀、固体还原剂密封阀、放空切断阀、压缩风管道切断阀、松动风切断阀、喷吹风调节阀、补偿风调节阀、出料调节阀均保持原有状态，但其他计算机可正常操作。

(2) 下位机死机时，控制室所有计算机不能正常操作，计算机操作画面已不能正常反映各项参数。由于控制器不能正常运行，所以蒸汽调节阀、蒸汽切断阀、雾化调节阀、雾化切断阀、固体还原剂密封阀、放空切断阀、压缩风管道切断阀、松动风切断阀、喷吹风调节阀、补偿风调节阀、出料调节阀自动关闭，重油回油调节阀自动打开，按以下顺序执行操作。

8.6.10.2 应急处理

上位机死机：

（1）正在氧化还原时，岗位工可通过其他上位机（计算机）进行操作，将炉体达到保温位。

（2）并逐级汇报车间相关管理人员，通知自动化公司维修人员处理，处理正常后恢复生产。

下位机故障：

（1）正在氧化还原作业时，控制室及时通知炉长，将炉体达到保温位。

（2）关闭稀氧燃烧氧气总管手动阀、重油手动阀，取出 L、J 枪。

（3）通知自动化公司维修人员进行处理，并逐级汇报车间相关管理人员，处理后恢复生产。

8.6.11 稀氧燃烧系统故障

8.6.11.1 事故特征和征兆

稀氧燃烧系统自动化程度较高，安全连锁齐全，但生产中会出现氧枪断火、PLC 系统死机等故障，若不及时处理，易造成氧枪烧损及管道堵塞等情况。

由于稀氧燃烧阀站区域管路和仪表系统较复杂，在氧气或重油泄漏、阀站区域易造成污染、阀站区域环境温度过高、周围有明火等意外情况时，存在阀站失控，导致火灾或爆炸事故发生。

8.6.11.2 应急处理

应急处理措施如下：

（1）当发现阳极炉稀氧燃烧仪控系统死机时，岗位工需立即手动吹扫氧枪，并将氧枪从枪座上取出，并汇报调度室，由调度联系自动化及主管技术员进行故障处理，待故障解除后恢复生产。

（2）在稀氧燃烧系统阀站区域出现异常状况后，要立即停止 1 号和 2 号阳极炉的稀氧燃烧系统的运行，切断燃料和氧气的供应，分别采取清理、降温、消防等对应的应急措施，防止发生火灾或爆炸。

（3）稀氧燃烧系统阀站出现异常情况后，将两台阳极炉都转到停炉保温的位置，并立即疏散岗位员工到远离阀站的安全区域。

（4）当发生氧气泄漏时，保持区域的通风状态并撤离所有人员。当空气中氧气含量达标时（19.5% 与 23.5% 之间），方可进入该区域。如衣服上可能沾有氧气时，要立即脱下并挂于通风处，穿着 30min 以上极不安全，并不得使用打火机等明火，防止衣服被点燃或自燃。

（5）在对设备进行操作时，必须戴好安全眼镜以及其他劳保用品。防止高速气体可能导致的人身伤害。

8.7 阳极精炼炉附属设施

阳极精炼炉的附属设施主要有透气砖系统、固体还原系统和稀氧燃烧系统，这三套系统在阳极精炼炉的生产过程中起着重要的作用。

8.7.1　透气砖系统

透气砖系统包括仪表控制系统、气体输送管道及透气砖本体三部分。透气砖的各种操作均通过仪表控制系统进行，气源进入仪表控制系统，通过控制系统的设置操作，气体经过输送管道及透气砖本体，进入到精炼炉熔体中，通过气体的持续吹送来搅拌熔体，能够加速温度传导均衡熔体温度，既降低了能耗又缩短了进料到出炉的周期。控制系统有安装程序的独立 PLC，可编程数值如流速及时间均可在仪表控制系统的操作面板进行。

目前每台精炼炉安装了 6 块透气砖，两侧端盖处各 2 块纵向分布，炉子中心处 2 块，每个透气砖流速范围 10～150L/min。

8.7.1.1　透气砖技术条件

空气设计压力：$(2～6)×10^5$Pa　使用压力：$(5～6)×10^5$Pa

氮气设计压力：$(2～8)×10^5$Pa　使用压力：$(5～6)×10^5$Pa

透气砖通入氮气流速：10～150L/min（标态）

透气砖参数页画面如图 8-4 所示。

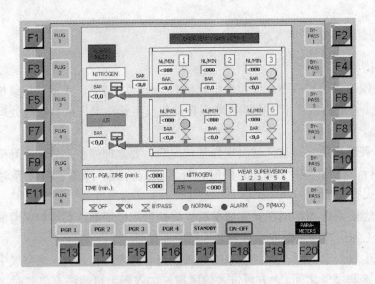

图 8-4　透气砖参数页画面

阳极精炼炉正常生产时，透气砖参数设置如下：

（1）进料作业时，按 F13 钮透气砖在 PLUG1 进料程序下运行，检查各透气砖氮气流速与透气砖控制参数表相符时方可进料。进料程序运行时 PLUG1 图标外圈显示为黄框，停时图标外圈显示为灰框。

（2）进料作业结束，转入保温作业时，按 F17 钮透气砖在 STANDBY 保温程序下运行，检查各透气砖氮气流速与透气砖控制参数表相符时进入保温作业。开时 STANDBY 图标外圈显示为黄框,停时图标外圈显示为灰框。

(3) 保温作业结束,转入氧化作业时,按 F14 钮透气砖在 PLUG2 氧化程序下运行,检查各透气砖氮气流速与透气砖控制参数表相符时进入氧化作业。开时 PLUG2 图标外圈显示为黄框,停时图标外圈显示为灰框。

(4) 氧化作业结束,转入扒渣作业时,按 F15 钮透气砖在 PLUG3 扒渣程序下运行,检查各透气砖氮气流速与透气砖控制参数表相符时进入扒渣作业。开时 PLUG3 图标外圈显示为黄框,停时图标外圈显示为灰框。

(5) 扒渣作业结束,转入还原作业时,按 F15 钮透气砖在 PLUG4 还原程序下运行,检查各透气砖氮气流速与透气砖控制参数表相符时进入扒渣作业。开时 PLUG4 图标外圈显示为黄框,停时图标外圈显示为灰框。

(6) 还原作业结束,转入出炉作业时,按 F17 钮透气砖在 STANDBY 出炉程序下运行,检查各透气砖氮气流速与透气砖控制参数表相符时进入出炉作业。开时 STANDBY 图标外圈显示为黄框,停时图标外圈显示为灰框。

8.7.1.2 透气砖使用要求及注意事项

正常生产时所有氮气球阀处于常开状态,严禁岗位工擅自关闭任何一个氮气球阀,如果有紧急情况需在相关技术人员指导下关闭球阀,并做好相应记录。

透气砖在正常使用时,透气砖温度检测一般在 300℃ 左右,在使用一段时间后,透气砖会随炉衬一样腐蚀,班中点检发现其中透气砖温度检测达到 1000℃ 时,证明此块透气砖腐蚀严重,需更换。

8.7.1.3 正常停氮气使用操作

正常停氮气使用操作如下:

(1) 阳极炉生产,因炉衬腐蚀严重或其他突发事件,需停炉小修、大修此时需停氮气。

(2) 部分透气砖腐蚀严重要停氮气。

(3) 在任何情况下停透气砖氮气时,均必须将炉内铜液倒空后方可停氮气,以防止铜液凝固后将透气砖堵塞。

(4) 炉子小修、大修停氮气操作先关闭氮气总阀,关闭各透气砖氮气输入球阀,然后关闭透气砖仪表电源,汇报调度,做好相应记录。

(5) 更换透气砖停氮气操作,只关闭相对应透气砖氮气输入球阀。

8.7.1.4 仪表柜操作说明

透气砖操作参数如图 8-5 所示。透气砖体外部结构如图 8-6 所示。

8.7.2 固体还原系统

固体还原系统是 2006 年末正式投入使用的。它采用新型粉煤基固体还原剂替代重油做阳极精炼炉的还原剂,杜绝了重油还原冒黑烟现象,取得了较大的环保效益。固体还原系统输送示意图见图 8-7。

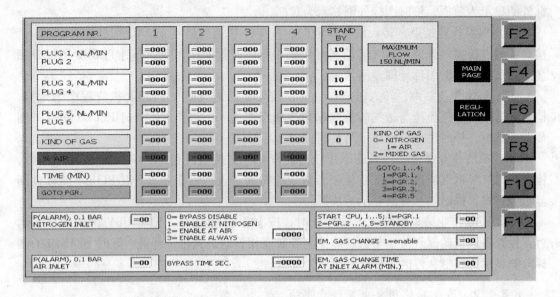

注：1. 此页面严禁操作工打开，其参数调整由专业技术人员操作。

2. MAIN PAGE 按下 F4 返回主页面 1。

3. REGU LATION 按下 F6 进入参数调整。

图中如出现：╳ 图标如果为灰色表示阀门关闭。

╳ 图标如果为绿色表示阀门打开。

╳ 图标如果为黄色表示旁路打开。

○ 如果图标显示为绿色表示供氮气正常。

○ 如果图标显示为红色是报警。

○ 如果图标显示为黄色表示管内气体压力过大。

AIR% 表示氮气中空气的含量，一般要求不超过 5%。

图 8-5 透气砖操作参数设置界面

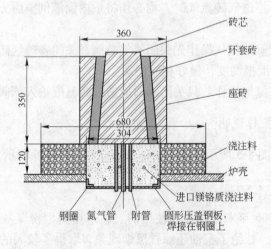

图 8-6 透气砖体外部结构示意图

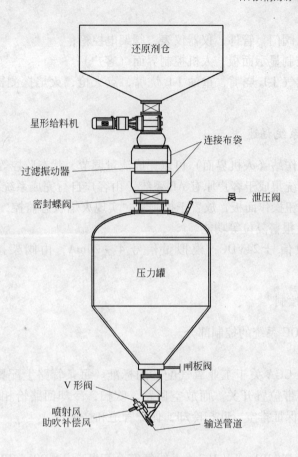

图 8-7 固体还原系统输送示意图

固体还原系统包括控制系统、加料系统、储存装置、喷吹系统及输送管道五部分。所有的操作均通过控制系统来完成,自动化程度较高。固体还原系统操作主要有两方面,一是加料作业,二是还原作业。

加料作业是还原剂拉运仓中的粉煤通过主厂房的液体吊车吊卸至现场粉煤储存仓中,向压力罐中加煤时,依次开启泄压阀、压力罐下料口蝶阀、过滤振动器、星形给料机即可进行加料操作,当压力罐中的还原剂量达到 2t 左右时,依次关闭星形给料机、过滤振动器、压力罐下料口蝶阀及泄压阀,则加料结束。

固体还原作业,阳极精炼炉氧化扒渣作业结束后,先将输送管道连接好氧化还原口,开启平衡风阀向压力罐体内充压 3min 左右,使罐体上部压力达到 0.3 ~ 0.5MPa 以上,开启喷射风,观察压力表压力,开启助吹补偿风,观察风量情况为送料做准备,开启 V 形阀,先由小到大观察炉口火焰情况,操作人员视其情况指挥炉子将氧化还原口浸没熔体约 300mm 进行还原作业。还原结束,要先关闭送料 V 形阀,当输送管道内料喷吹完毕后再关闭助吹补偿风,再关闭喷射风,开泄压阀。

8.7.3 稀氧燃烧系统

稀氧燃烧系统同时集成天然气和重油燃烧系统,可在必要时进行切换。这个系统由三

部分组成:

(1) 配气系统:阀门,管件,仪器仪表,阀架电控箱;

(2) 操作站:控制显示面板,人机控制界面(客户);

(3) 烧嘴:天然气 J-L 烧嘴,重油 J-L 烧嘴,点火枪,火焰探测器,枪前软管附件,阀门,管件。

8.7.3.1　控制系统描述

过程控制室的工作站(人机界面)可以完成流量调节,状态监控等功能且操作只需由鼠标来实现。控制系统集成于客户原有 AB 系统,由客户自行完成系统整合。

普莱克斯提供按钮操作面板,放置于控制室,实现火焰状态监控,系统起停,系统切换(天然气/重油),报警复位等功能。

所有信号,离散信号 24VDC,模拟量信号 4 ~ 20mA,由阀架控制箱直接接入客户 PLC。

8.7.3.2　系统控制

这一节描述了 DOC 系统的控制部分。

A　硬件控制

DOC 系统遵循了 CGA 关于工业氧气配送的标准。每条管路上配置一个安全切断阀,基本以常闭阀为主,带位置开关。而放空回路,吹扫,冷却回路恰相反,配置常开切断阀,在断电情况下能保证排空,吹扫冷却,保护管道和烧嘴。

B　安全切断阀

氧气安全切断阀 FV-101,FV-102,天然气安全切断阀 FV-201,FV-202,在正常运行情况下为开启状态。每个阀门都配有:给执行器提供气压的先导电磁阀、带弹簧执行器掉电自动复位、阀位显示。

常闭阀门在先导电磁阀失电情况下阀门关断,阀位显示关断状态。电信号触发先导阀打开,导入仪表气驱动执行器打开阀门。阀位显示转动至打开状态。

常开阀门在先导电磁阀失电情况下阀门开启,阀位显示开启状态。电信号触发先导阀打开,导入仪表气驱动执行器关断阀门。阀位显示转动至关闭状态。

C　紧急停止

DOC 系统在阀架控制柜及控制室操作面板上配有急停开关,能够直接切断输出回路,关闭氧气,天然气并放空吹扫。

D　流量控制

系统在正常情况下采取自动模式运行。在自动模式下,流量控制采用了比例—积分—微分(PID)控制。流量控制的参数可通过人机界面调节。从工艺执行的角度分为加热模式和还原模式。在加热模式下,操作员可对燃料流量进行调节,氧气流量将按照预先设定的比例自动进行跟踪调节;在还原模式下,操作员可分别对燃料流量和 L 氧气流量进行调节,J 氧气流量将按照预先设定的比例自动进行跟踪调节。系统也可以进入手动控制模式,直接控制阀门开度来控制流量(须具有管理员权限)。每路控制中有一个过程变量(PV),为孔板流量计测得的流量值,且经过压力补偿。

8.7.3.3　安全连锁

无论在哪个控制模式或运行步骤下，系统的控制逻辑永远确保安全和操作需要。为了避免瞬时干扰引起的误报警，出现现场报警后延时触发安全连锁警报。

（1）安全切断阀故障或失效。当安全切断阀（氧气，天然气）在接收到信号后未完全关断或未完全打开，HMI 会显示系统报警。

（2）氧气，天然气，压缩空气或仪表气压力低。在气源压力低的情况下，系统不能启动。系统启动前就开始自检气源压力，压力低则系统报警。系统运行时若出现压力低报警，则系统自动切换至低流量运行状态。

（3）启动或运行时无火焰。DOC 系统配有火焰探测器实时监测火焰状态，系统启动时无火焰，则无法启动并报警，运行时无火焰，系统停止并报警。

（4）氧燃比失调。无论系统处于哪种运行状态，氧气和天然气/重油流量都应按照一定比例传输，若超出比例范围则自动转入低流量运行状态，并报警，若在低流量运行状态下仍旧报警，则系统停止。

（5）雾化空气流量低。切换至重油系统时，需手动开启雾化空气，若流量低于 $30\mathrm{m}^3/\mathrm{h}$，则系统报警，无法启动，若运行时报警，则系统停止。

（6）运行准备确认。枪前安装有运行准备确认按钮，只有当确认烧嘴安装完毕，启动条件满足后，确认并按下此按钮，系统方可启动。

8.7.4　操作面板介绍

8.7.4.1　操作箱面板按钮与指示灯介绍

电源：阀架电源接通时，指示灯亮。

运行：系统点火成功后，即运行灯亮，直到任何条件触发系统停止，运行灯灭。

火焰：实时显示火焰探测器检测火焰的状态，灯亮表示有火焰。

报警：任何报警一旦产生，报警灯亮，直到报警解除，并复位。

天然气/重油：天然气或重油系统选择开关。

启动：系统启动按钮。

停止：系统停止按钮。

复位：系统复位按钮。

8.7.4.2　运行准备按钮盒

此按钮设计为带灯按钮，当操作员确认一切就绪可以启动系统后，包括枪的安装，手动阀门的打开，炉子和烟气系统的运转等，方可按下此按钮，若无任何异常报警，按钮灯亮，系统方可启动。系统一旦处于运行状态，或者任何报警的产生，都会使按钮灯熄灭。

8.7.4.3　阀架设定

打开阀架进口手动球阀。

确认氧气压力开关设定于 $1.5 \times 10^5 \mathrm{Pa}$，氧气供应压力为 $(2 \sim 2.5) \times 10^5 \mathrm{Pa}$。

确认天然气压力开关设定于 0.3×10^5 Pa，天然气调压阀 PR-201 设定为 0.5×10^5 Pa。

确认仪表气压力开关设定于 2×10^5 Pa，仪表气调压阀 PR-301 设定为 5×10^5 Pa。

确认压缩空气压力开关设定于 2×10^5 Pa，压缩空气调压阀 PR-302 设定为 4×10^5 Pa。

设定天然气吹扫调压阀为 2×10^5 Pa。

打开阀架出口手动球阀。

8.7.5　操作

8.7.5.1　点火

点火操作注意如下：

（1）炉膛温度低于 750℃ 时必须由点火枪点燃烧嘴。

（2）安装点火枪于烧嘴砖点火孔，保持适当长度并固定，尽量让点火枪置于烧嘴砖内，防止高温损坏。

（3）接通电打火变压器电源。

（4）打开点火枪氧气球阀。

（5）打开点火枪天然气针阀，调节流量来调节火焰长度，以及点火枪位置，直至火焰探测器显示灯常亮。

（6）操作员再次检查枪的安装，手动阀门状态，烟道风机运行等，一切就绪可以启动系统后，按下运行准备按钮，直到此按钮灯常亮。

（7）按下系统启动按钮，系统要求输入炉膛温度。系统比较输入值，检测点火枪火焰稳定 5 秒钟后，自动打开阀门通入燃料和氧气，同时操作面板运行指示灯亮。

（8）烧嘴在点火流量稳定运行一定时间后，系统自动进入低流量模式，在低流量模式运行一定时间后自动进入加热模式。此时，操作员可根据工艺要求进行燃料流量调节。

（9）炉膛温度高于 750℃ 时可省略点火枪点火步骤。

（10）操作员再次检查枪的安装、手动阀门状态、烟道风机运行等，一切就绪可以启动系统后，按下运行准备按钮，直到此按钮灯常亮。

（11）按下系统启动按钮，系统要求输入炉膛温度，系统比较输入值后，自动打开阀门通入燃料和氧气，同时操作面板运行指示灯亮。

（12）烧嘴在点火流量稳定运行一定时间后，系统自动进入低流量模式，在低流量模式运行一定时间后自动进入加热模式。此时，操作员可根据工艺要求进行燃料流量调节。

8.7.5.2　运行

系统点火成功后，自动进入加热模式运行状态。操作员可根据工艺要求对燃料流量进行调节。

A　加热模式

在此模式下，操作员只需对燃料流量进行调节，氧气流量将根据设定比例自动进行跟踪调节。操作员只可以在燃料流量设定的流量范围内进行调节（即，有最低流量和最高流量限定）。

B 还原模式

在此模式下，操作员可在设定流量范围内（即，有最低流量和最高流量限定）对燃料流量和 L 氧气流量单独进行调节，J 氧气流量将按设定比例自动跟踪燃料流量。

8.7.5.3 停止

A 正常停止

操作员将燃料流量调节到加热最低流量；

按下操作面板上的停止按钮。系统会自动关断燃料阀门，延时 15s 后自动关断氧气阀门。

B 异常停止

系统因报警或急停异常停止后，燃料阀门和氧气阀门将同时关断。

8.7.6 故障处理

高效，可靠运行是本设备的设计初衷。然而，任何设备都可能发生故障。表 8-3 提供了关于设备异常，故障处理的信息。可能没有包括到一些特殊案例。

这章的故障处理能解决一些设备在启动和运行时碰到的问题。理解本系统的运行和操作对安全故障处理非常重要。只有阅读过并理解本手册的工作人员可以对本设备做相应处理。

表 8-3 描述了稀氧燃烧系统在启动和运行时可能遇到的故障及其处理办法。

表 8-3　设备故障处理情况

问　题	可能的原因	解决办法
阀架内无气体	阀架上游的阀关闭	打开上游阀门，根据工厂的锁定/标识规程画警戒线
	无氧气供应	询问气体供应商
供气压力低	上游阀门未完全打开	打开阀门
	气体正在被其他设备使用	停止其他设备的气体使用或增加供应量和管道配合使用量
	管道泄漏	关闭气源，修复管道
供气压力高	系统调压阀压力设置高	要求气体供应商调低压力
进口安全切断阀或出口切断阀不能打开	系统启动安全连锁条件不满足	检查系统安全连锁 打开控制系统电源 确认没有错误报警
	降低气压	把仪表气压力提高到 5kg 清洗仪表气过滤器
	电磁阀不工作	检查电磁阀进口是否有堵塞，若有生料带或杂质，做清洗 更换线圈

问 题	可能的原因	解决办法
进口安全切断阀或出口切断阀不能打开	没有电信号供给电磁阀	检查线是否松动 检查保险丝
	阀门位置开关未到位 阀门位置开关当阀门开时没信号	适当调整位置开关
	PLC 程序中做了强制输出。(注意:只可能发生在以下情况,测试和维护检查时有人修改了 PLC 程序做了强制输入,完成工作后没有取消。)	取消强制信号
	阀门的机械或电气故障	查看供应商手册
高流量运行时不稳定	管路中的过滤器脏	检查过滤器的压损,如果在最大流量下压损大于 $1 \times 10^5 Pa$,则说明过滤器脏了,需要清洗。请按照气体安全流程清洗过滤器
	有别的地方在大量用气	确认供气系统是否存在问题,确认总的用气量是否超出,限制其他地方的用气。 要求气体供应商增加压力 确认管路是否压损太大,不能满足流量需要
	阀架气源压力波动	向气体供应商请求帮助 确认控制阀流量已调节 做用气量的审查
没有流量显示	线松动	维修或替换电线
	保险丝断掉或回路断开	替换熔断的保险丝或检查回路
没有流量	阀架系统关闭	检查系统安全连锁或错误
	手动阀门被关闭	找到被关闭的阀门,在阀门打开之前先了解阀门为什么会被关闭
	保险丝断掉	替换保险丝
	电线断开	检查整根电线(可能在绝缘层中有断线)
	变送器损坏	根据需要替换

8.8 圆盘浇铸机的用途及构造

传统的阳极浇铸是人工控制铜液从精炼炉放出,经流槽进入浇铸包,注入铜模。铜量由浇铸工根据模子的充满程度或在铸模上划一些刻度线进行控制。人工控制的随机性很大,质量波动大,20 世纪 50 年代开始,逐步实行半自动或自动定量浇铸,由微机控制称量包,经液压系统自动浇铸。采用 28 ~ 36 块铜模的圆盘浇铸机,其生产能力达到 100t/h。定量浇铸的阳极板质量差可控制在 2% 以内,但仍然存在一些问题难以解决:浇铸时铜水喷溅及圆盘晃动产生飞边、毛刺；在冷却和脱模时，产生弯曲变形；铜模夹耳，耳部产生扭曲变形；铸模不平，板面厚薄不均。这些缺陷以及其他一些问题，几乎都是浇铸过程难以避免和不可能完全克服的，因此采取了阳极外形的修整工作，以弥补浇铸的缺陷。在电解车间增设阳极平板、校耳、铣耳整形生产线。

采用连铸技术取代传统的模子浇铸，是解决以上问题的一条途径。当然，方法或途径的选择，要结合工厂的实际，考虑经济上的效果。

阳极生产有两种工艺：铸模浇铸和连铸。铸模浇铸又分为圆盘形和直线形两种，它们的技术成熟，运用广泛。圆盘形浇铸机是铜阳极生产的主要生产设备。直线形浇铸机结构简单、紧凑，占地面积小、投资低，但阳极质量差，仅被小型工厂采用。连铸是连续作业，连续浇铸并轧成板带，经剪切或切割成单块阳极，用预制挂杆钩住阳极耳部将阳极挂起来，此法生产的阳极较传统法生产的阳极薄，电解生产周期短，取槽装槽频繁。应用于铜阳极生产的形式为双带连铸、质量好，但投资较高，国内尚未推广。

8.8.1　圆盘浇铸机系统

圆盘浇铸有两种类型：手动控制和自动控制。手动控制是由操作者控制浇铸包的倾动机构，凭借经验掌握阳极板的厚度，板重波动较大。自动浇铸主要以芬兰奥托昆普公司研发的定量浇铸机为代表。金川公司铜熔铸车间的圆盘浇铸系统是赣州金环设备有限公司研发的双18模全自动定量浇铸机。

双18模全自动定量浇铸机系统由下列7个子系统构成：两套自动定量浇铸系统；两套自动圆盘系统；两套自动提取及冷却水槽链条输送机系统；两套自动喷涂系统；两套自动喷淋系统；两套液压、气动系统；两套电气及自动控制系统。

8.8.1.1　两套自动定量浇铸系统

两套自动定量浇铸系统情况：

（1）浇铸系统由浇铸包、中间包、电子秤及液压比例阀等组成。

（2）浇铸包铜水质量信号经电子秤检测送至PLC，在上位机显示出质量（中间包向浇铸包灌注时显示浇铸包内的铜水质量，浇铸包向铸模浇铸时显示阳极板质量）；浇铸包浇铸曲线可根据生产情况调整。

（3）浇铸系统设置模拟浇铸模式用于设备的点检及检修调试。

8.8.1.2　两套自动圆盘系统

两套自动圆盘系统：直径2-ϕ9600，双圆盘2×18模。

（1）圆盘系统由盘面、驱动装置、顶起及模锁定装置、支撑辊轮、支撑轨道、铸模及圆盘中心装置等组成。

每个盘面的模位配置：

喷淋冷却模位	7个
浇铸模位	1个
预顶起/模锁定/废阳极模位	1个
顶起模位	1个

圆盘驱动模位	1个
模喷涂模位	1个
模温检测模位	1个

（2）圆盘采用周边齿板驱动方式，驱动电机为工作电压为380V三相交流变频电机，其速度由变频器调节，PLC程序控制圆盘的转动。上位机监控圆盘的运行，并可修改圆盘运行速度及时间参数。圆盘中心安装模位控制用轴编码器。浇铸圆盘可正向、反向旋转。两个圆盘的正常工作方向是相反的。

（3）顶起装置、预顶起/模锁定装置采用液压驱动，由电磁阀控制。

8.8.1.3 两套自动提取及冷却水槽链条输送机系统

两套自动提取及冷却水槽链条输送机系统情况：

（1）阳极提取机及冷却水槽系统由提取机架、齿条缸、液压马达、堆垛缸、输送链、堆垛提升装置、比例阀、轴编码器等组成。

（2）提取机设置3个工作位：阳极提取位、水槽位、等待位。提取机单行程变速运行。

（3）水槽输送链可正反转；有步进、连续两种运行状态。上位机可调整阳极板堆垛间隔和阳极板堆垛数量。

8.8.1.4 两套自动喷涂系统

两套自动喷涂系统情况：

（1）模喷涂系统由喷涂搅拌机、喷涂隔膜泵、电磁阀、气动喷嘴等组成。

（2）喷涂蒸汽与喷淋水蒸气共用一套蒸汽排风系统。

（3）喷涂时间及喷嘴清洗时间上位机可以调整。

8.8.1.5 两套自动喷淋系统

两套自动喷淋系统：2×7个喷淋冷却模位。

（1）每套喷淋水系统由12个喷淋水阀（顶部喷淋5个、底部喷淋7个）、喷淋水罩、蒸汽排风机、红外测温系统等组成。

（2）红外测温检测模子温度用于控制喷淋水阀，使模子温度控制在一定的范围，达到延长模子寿命。

（3）上位机显示模子温度、水阀动作情况及根据生产情况调整模子温度。

8.8.1.6 两套液压、气动系统

两套液压、气动系统情况如下：

（1）两台圆盘液压系统公用一套液压站，配置三台液压泵及电动机，一套配电系统。正常状况下，液压泵两用一备。液压泵的启动设计远程及现场两种控制方式。远程方式由岗位工在控制室进行泵的启停操作；现场方式由岗位工在液压站内控制柜进行操作。

（2）圆盘的主顶、预顶、压模、浇铸系统、取板机摇臂及排板、堆垛均由液压系统控制。

（3）取板机报夹由气动系统控制。

8.8.1.7　两套控制系统

两套控制系统情况如下：

（1）控制室内安装两台 PLC 控制柜、操作台及上位机，相互对应。每台 PLC 控制一台圆盘。在手动状态下，圆盘所有机构的动作由岗位工通过对应操作台的控制元件输入 PLC，PLC 根据内部程序进行相对应的输出。

（2）上位机与 PLC 之间通过网络进行通讯。

（3）上位机可以调整圆盘所有运行参数，以达到生产需求。

铜液在浇铸位经浇铸包自动浇铸后，在通过冷却模位由喷淋水进行冷却后到达预顶位置，预定对阳极板进行预松动后阳极板到达取板位置，取板机将阳极取出后，顶针自动复位，不能复位的由人工锤击复位。复位后，圆盘转至下一工位，空模子到达喷模系统，在那里，模子被喷涂上一层硫酸钡或其他等效的涂料，主要为了脱模容易。常用的脱模剂有石墨粉、骨粉、瓷土粉和重晶石粉，这些材料不会与铜发生反应，少量带入电解槽时，不会干扰电解工艺。脱模剂一般要求为 −0.095mm 以下，使用水或水玻璃水溶液调浆。浓度控制在 30 波美度左右。脱模剂由喷雾器自动喷洒。喷洒位置主要是浇铸点及顶针周围。喷雾器雾化要好，喷洒要均匀，数量要适当。

喷雾时要注意铜模温度，温度低了粘不牢，水分不易干，浇铸时铜水易炸裂。温度高了，会降低涂料黏附模壁的能力。铜模温度控制在 160 ~ 180℃，用红外线检测仪在喷涂料之前进行测定，热电元件检测波长为 7 ~ 20μm。测定温度为 1.5℃，灵敏度为 0.5s。

脱模剂除了帮助脱模外，还有隔热作用。隔热问题往往容易被忽视。由于铜水热量经涂料层传递给铜模，铜水与铸模间产生了温度差，从而，降低了浇铸点的温度。若涂料未粘牢，铸模很容易局部熔化与阳极板熔合在一起。

至此，一块阳极浇铸的作业周期全部完成，空模转至浇铸位，进入下一块阳极的作业周期，周而复始直至铜液浇铸完毕。

8.8.2　阳极炉铸模

阳极炉铸模，过去用铸铁或铸钢。铁的导热性差，耐急冷急热性差，易龟裂，寿命短，成本高。现在都采用（还原结束的）阳极铜浇铸的铜模。铜的导热性好，耐急冷热性好。质量好的铜模，每块可浇铸 1000 ~ 1500t 阳极板。阳极铜杂质含量较高（0.4% ~ 0.8%），铸出的铜模耐急冷急热性差，易龟裂。加拿大 Inco 公司 1978 年曾试用电铜浇铸铜模，龟裂现象减轻，使用时间延长，但铜横向下弯曲加剧。为了克服此现象，开发出双面铜模，即在铜模两面铸有相同的阳极模。

双面模的特点，是根据铜模在浇铸后向下弯曲的特性来回翻转循环使用。当上面模浇铸后，模中间会向下弯曲。再将模翻转过来，用下面模浇铸，弯曲了的中间就变成上拱，在拱面上浇铸，模面又由拱向下弯曲。如此反复使用，上下模变形在 +2 ~ −2mm 之间。而阳极板中间厚或中间薄的状况，也控制在 ±2mm 以内。单面模的翘曲变形为 +4 ~ −12mm，双面模则为 +2 ~ −2mm。单面模浇铸 200 ~ 300t 开始出现裂缝，双面模浇铸 600 ~ 800t 才开始出现裂缝。单面模每块寿命为 1100 ~ 1200t，双面模为 2500t。无论用电铜或是阳极铜铸造铸模，双面模都优于单面模。

影响铜模寿命的因素较多，除材质外，铜模铸造、使用及维护也有较大的影响。铜模损坏部位主要是在顶针孔周围及铜水入模区域，损坏形式主要是龟裂和起层脱落，其原因是这个区域温差变化大，热应力比较集中。顶针孔是该区域的薄弱环节易损坏。可以采取以下有效的措施进行改善：

（1）控制铜模温度是很重要的措施。铜水注入铜模时的温度，对铜模寿命影响很大，季节气候都有影响。据东予厂的调查，夏天比冬天每块铜模少浇铸 20% 的阳极。顶针孔损坏数量，夏天比冬天多 2.5 倍。温度过高，浇铸点易产生局部过热熔化，造成黏膜，且铜模易产生龟裂。控制铜模温度的办法有：

1）装设红外线检测仪，监测铜模表面温度，控制模温在 160~180℃ 范围内。

2）根据水温与铜液温度，设定喷水时间，加强铜模冷却。该办法采用后，无论冬夏，阳极浇铸量增加了 35%。与最初情况相比，改进后的阳极浇铸数量增加了 180%。

3）在浇铸时往铜模内加入铜碎料，降低浇铸点的温度。日本日立冶炼厂采用此办法后，铜模的龟裂现象明显减轻。试验期使用了 72d 的铜模，只相当于不加碎料使用 24d 的龟裂程度。

4）增加铜模质量以增加热容量，降低铜模温度，减少黏膜和龟裂。铜模质量控制在阳极板重的 6~10 倍较为适宜，铜模过重增加圆盘荷重，增加废模回炉的处理量。

铜水注入模内的温度：以控制在 1100~1120℃ 较适宜。

（2）改变铸模结构。在铸模应力和温度较集中的地方，顶针及铜液注入区域的铸模背部增加凸块，以加强铸模的抗变形能力。在铜模边框，左、右、下三边的中间部位开一切口，其目的是分散顶针孔周围及铜水注入区域的热应力。

（3）改进铜模浇铸方法。用大容量（铜水装入量为模重的 1/2 以上）浇铸包浇铸，避免浇铸过程中前后倒入的铜水造成铜模内分层冷凝。

（4）减少对顶针的打击次数。改变以往顶针无论复位与否都用打击机敲打一次的做法，用检测仪检测，微机控制，仅对未复位的顶针打击一次。龟裂损坏随打击次数的减少而减轻，阳极浇铸数量增加了 80%。

（5）用浊度计测定脱模剂黏土浆的浓度，并反馈到控制中心，按要求自动调节水与黏土比例，保持浆液浓度稳定。实施这措施后，阳极的浇铸数量增加了 65%。

8.8.3 阳极铸模外形质量与修整

8.8.3.1 阳极外形质量

要获高质量的电解铜，阳极的外形质量是很重要的。各工厂的控制标准不同，但要求是外观光滑、平整，吊挂垂直度好，不偏不斜，每块板的质量差、厚薄有一定限度，以及最少的飞边、毛刺、鼓泡。这些内容，无论是自动浇铸还是人工浇铸都不能完全达到，因为阳极外形质量与下列因素密切相关：

（1）铜液含硫，铜液含硫偏高，在浇铸时析出 SO_2，造成板面鼓泡，严重时形成火山形状。氧化阶段脱硫要彻底，含 S 应降到 0.005% 左右。

（2）铜液含氧。铜水含氧高，流动性差，板面花纹粗。铜水含氧低，流动性好，板面花纹细,外观质量好。但含氧低于0.03%后,易产生二次充气,使板面鼓泡,破坏阳极外形。铜水含氧控制在0.05%~0.2%较适宜。

(3) 铜水温度。铜水温度低,流动性不好,板面花纹粗,浇铸时易喷溅,飞边大而厚,外观质量差。铜水温度高,流动性好,板面花纹细,喷溅物薄而少,外观质量好,但易粘铜模。入模铜水温度控制在1100~1120℃较为适宜。

(4) 浇铸速度。采用程序控制的自动定量浇铸,工作稳定可靠。但该控制属于开路控制,对工艺条件的稳定性要求较高,如浇铸包的形状、液面高度必须按设计条件制作,稍有变化都影响铜水流量,改变预定程序,产生喷溅,形成飞边,毛刺。浇铸包嘴的形状,倾斜角度稍有变化,也都会改变程序控制条件。包嘴斜度小,铜液前冲力大,在铸模下部喷溅;倾斜度过大,在铸模上部喷溅,造成两耳、飞边毛刺多。平口包子嘴不水平,低的一边流出铜水多,高的一边流出铜水少,铜液在模内易形成旋涡,铜水不能很快平静。浇铸包容积和包子嘴形状,必须按样板制作,使其达到和接近程序控制设计的规定条件。

此外,由温度决定的铜水流动性也影响浇铸速度和飞边毛刺的产生。80%以上的飞边毛刺,是由浇铸过程产生的,而影响很大的因素又是浇铸速度控制不当。人工浇铸,完全取决于浇铸工的技巧,随意性较大。但也有其优点,当条件发生变化,浇铸工可以很快改变操作方法,来适应新的条件。自动浇铸就不能随意变化。

(5) 圆盘运行的平稳性。圆盘运行平稳度,对浇铸出合格的阳极至关重要。浇铸完后,铜水表面还未完全凝固,圆盘启动与停止时因惯性力作用,往往产生轻微晃动。这时,铜水很容易晃到模子边上,产生飞边。圆盘运行的平稳性,取决于设备质量和性能,也取决于运行曲线的设计制定。好的设备,启动加速度在2~6mm/s²内,圆盘晃动甚微。浇铸机启动后,加速5~7s后达到最快速度,然后又逐步减速至停止。运行中只要匀速运转,平滑制动,就可将晃动控制在最小。若设备性能不好,制作、安装质量差,圆盘晃动大,阳极飞边毛刺必然多。

(6) 铜模的水平度。铜模摆放不水平,位置倾斜时会产生一边薄,一边厚,或一头薄,一头厚,严重时铜水溢出产生飞边。生产中铜模需逐块校平,遇铜模弯曲无法校平时,及时更换新模。

(7) 阳极冷却。阳极喷水冷却前,铜液必须全部凝固,若极板中心未凝固,喷水冷却时,表层会产生大鼓泡。阳极厚、气温高、浇铸速度快,易产生此现象。

阳极在冷却室内,上部喷水冷却速度快,底面紧贴铜模冷却慢,两面收缩不相等,易产生板面弯曲。阳极不宜急冷,只宜缓冷。

(8) 铜模质量。铜模对阳极质量有较大影响,主要表现在以下几方面:

1) 铜模弯曲,浇铸时阳极中间厚、两头薄形成了弓背、严重时从中间溢出铜水,产生飞边。

2) 铜模龟裂,严重时裂缝宽而深,浇铸时铜水进入裂缝,形成背筋,脱模剂进入裂缝,水分不易干,板面易形成鼓泡。据日本日立厂调查,大裂缝(6mm以上)鼓泡占50%,中裂缝(3~5mm)鼓泡占16.5%,小裂缝(1~2mm)鼓泡占4.1%。

3) 铜模耳部两侧凹凸不平,脱模时出现夹耳,程度轻时,脱模产生阻力,耳部发生弯扭,严重时,不能脱模。

4）铜模耳部下沿的脱模斜度偏小，脱模时易产生夹耳。夹耳现象是板面收缩造成的。阳极浇铸后两耳先冷却，板面后冷却，板面冷却收缩。耳部受到拉力，造成两耳紧贴铜模下沿，导致夹耳。耳部下沿垂直而改为斜面，增加脱模斜度，可克服夹耳，但阳极悬垂时会偏心，需进行校耳。

5）脱模剂。脱模剂浓度稀或喷洒不均匀，或喷得过少，易产生粘模，阳极难脱模，板面易产生弯曲。浓度过稠或喷得过多，水分不易干，遇铜水炸裂，形成飞边毛刺。脱模剂烘干后，产生起层脱落，造成板面夹泥。脱模剂过多，过稠还会造成板面鼓泡。

8.8.3.2　阳极外形修整

圆盘浇铸的阳极，无论是人工浇铸还是自动定量浇铸，阳极外形都会产生各种缺陷。阳极直接浇铸的合格率只有 70% ~ 90%，必须对可修整的阳极缺陷进行修整，提高合格率。阳极修整的主要工作有：除去飞边毛刺；用液压平板机平整弯曲的板面；将耳部不平或扭曲进行校直或扭转；为保证阳极在电解槽内的悬垂度，用内圆铣刀将耳部下沿切屑加工成圆弧形。现代铜厂的阳极外形整理，已实现机械化、自动化。

8.8.3.3　Hazelett 连铸机

为解决阳极浇铸出现的问题，20 世纪 70 年代开发了 Hazelett 连铸机，也称双带连铸机，连续浇铸成板坯，再切割成单块阳极。最早的试验设备，装在美国密歇根州 WhitePine 铜公司和英国 walshall 精炼公司。两条生产线都很成功，产出了光滑、平直、厚薄均匀、重量一致的阳极，减少了阳极检测、整形的工作量，实现了机械化和自动化。

A　Hazelett 连铸机的构造

Hazelett 连铸机如图 8-8 所示。浇铸装置如图 8-9 所示，连铸机由上、下两组环形钢带组成。每一组环形钢带，由两个辊筒绷直，辊筒由驱动装置带动，铜带可随辊筒转动。上、下两组环形钢带完全平行，组成铸模的顶和底。为保持两铜带的距离一致，上、下两

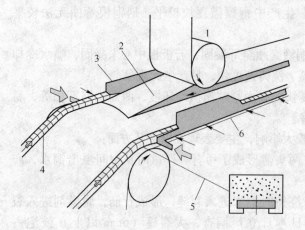

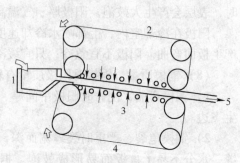

图 8-8　Hazelett 连铸机示意图

1—上部钢带；2—浇铸开端；3—固定边部挡板；

4—下部钢带；5—侧面模轮；6—固定臂导引

图 8-9　浇铸装置示意图

1—浇铸包；2—上部钢带；3—高速喷水冷却；

4—下部钢带；5—成型板送剪切

钢带都有结状辊支撑和固定位置。两带之间的侧面由两串边部挡板链将两侧封严，形成模框。板坯为铸模的末端，前端为铜液注入口。两条钢带，前高后低，有9°倾角。挡板链由特殊的青铜合金块串联而成。两串挡板链的长度完全相同，是所要浇铸阳极板的倍数。除阳极挂耳的位置外，都使用矩形挡块，采用特殊加工的挡块，组成挂耳槽，在连续浇铸的板坯上形成挂耳阳极。这铸坯厚度为38~42mm，铸坯宽度按阳极尺寸调整，挂耳位置按阳极长度调整。为了保证两边挂耳互相对应，要选择性地加热或冷却边部挡块，控制其热膨胀。并连续检测对应的挂耳的正确位置。较热的边部挡块，膨胀大，挡块锭长，就会落后于另一侧的挂耳槽。为此采用自动冷却或加热，以保持挂耳槽对应的正确位置。

早期的连铸坯较薄（16~17mm），侧面的挡块全是矩形，没有挂耳槽，连铸还是规则板带。板带宽为阳极长，第一块阳极的下边两侧切下一块作为另一阳极的挂耳，构成挂耳阳极。这种裁剪形式只适用于薄板阳极。由于薄板阳极，运输时易被碰撞变形，在电解生产时只能使用一个周期，出、装槽工作量大，残极率高（32%），薄板已逐渐为厚板所代替。

B 连铸工艺

由精炼炉中流出的铜水经流槽注入用重油或天然气加热的保温炉。保温炉起缓冲作用，均衡铜水温度，自动控制浇铸机的金属供应量。铜水从保温炉流出后，经流槽流入固定式浇铸包，按给定速度注入浇铸机，铜水进入铸机后，铸模的上、下钢带和边部挡流块连续运动，形成连续铸坯，同时喷淋大量的水，冷却上部和下部钢带，间接冷却铸坯。铸坯出铸机后由牵引辊碾压送至切割机或冲压机，切割成单块阳极。浇铸速度由牵引辊控制。单块阳极板经冷却室冷却后，进入堆码机，按给定数量堆码，再由叉车运送库房或电解车间。

铸坯的切割方法有两种：

（1）切割法。对40mm的厚板，用两个1000A的氩气等离子弧枪，同时将板坯切割成单块阳极。弧枪由程序控制自动移动，可随意变动板型。切割时金属烧损率约为1.4%。

（2）冲压法。对厚度16~17mm的板坯，用液压冲压机，按给定形状剪切成单块阳极。冲压机由微机按程序控制。

铸坯脱模后，上带转至上方，下带和挡流块转至下方，上、下两带先经喷涂机，喷涂脱模剂后再经干燥器干燥重新进入浇铸状态。挡流块转至下方后，经清屑器清理钢屑后进入同步冷却室，同时冷却两边的挡流块。冷却后经喷涂机喷涂脱模剂后，进入挡块同步预热室（控制两边挡流块温度相同），预热后经温度检测器和挡板位置检测器检测后进入浇铸状态。

C Hazelett 连铸机的技术性能及优缺点

主要技术性能：钢带寿命，上带为61浇铸、下带为41浇铸时：阳极板质量差小于1%；设备利用率80%~95%；综合生产率78%~93%；阳极成品率98%；浇铸能力30~90t/h。

Hazelett 连铸阳极的优点是阳极板面光滑、平直、没有表面缺陷；厚薄一致，质量均匀，块重误差小于1%；阳极挂耳垂直、无歪扭；没有脱模剂黏附阳极。

连铸阳极与阳极比较，对电解生产有以下的好处：极间短路减少，槽间管理、检测、修整减少；残极率降低，40mm 厚的阳极板的残极率为 13% ~ 15%，残极重熔量减少；阳极平直，极间距可缩短，电解生产能力增加；阳极质量提高，电流效率提高。

连铸机可能出现的问题有：青铜挡块不严缝，产生漏铜，造成飞边、毛刺；青铜挡块、挂耳位置不对称或错位，影响阳极规格；测距装置不准确，造成切块长短不一致，阳极报废；切割或冲压时使阳极耳部底面不平整；板面弯曲，最大偏差达到 7mm。这些问题难以避免，为提高阳极质量，仍需在电解工序装设平板、校耳、铣耳整形生产线，处理不合格阳极。

9 倾动炉系统概述

<<<<<<<<<<<<<<<<<<<<<<<<<<<<<<<<<<<<<<<<<<<<<<<<<<<<<<<<<<<<<<<<<<

9.1 概　　述

　　高品位杂铜处理通常用以下三种炉型：固定式反射炉、回转式精炼炉和倾动式精炼炉。它们用于精炼时原理和精炼过程基本相同，但各自有其优缺点。固定式反射炉是一种传统的火法精炼设备，具有结构简单，造价低，原料适应性强，容易操作等优点。但该炉子热效率低，炉门的密闭性差，操作环境恶劣，工人劳动强度大，氧化还原要人工持管，人工扒渣，且加料时间长，熔化速度慢，是一种较落后的生产设备。

　　回转式精炼炉于 20 世纪 80 年代在我国开始应用，它散热损失少，密闭性强，操作环境和机械化程度都比固定式反射炉要好，但它较适应处理含铜品位较高的熔融粗铜，熔化固体炉料不超过 25%，即对热料的适应性较好，处理冷料比较差，所以不宜用于专门处理固体废杂铜。

　　倾动式精炼炉是 20 世纪 60 年代由瑞士麦尔兹公司开发的。它是依照钢铁工业应用的倾动式平炉，结合有色金属冶炼的特殊工艺要求开发成功的，其冶金过程和原理与固定式反射炉基本相同，均要经历加料、熔化、氧化、还原和浇铸几个阶段。

　　根据生产规模、产品方案及原料市场的状况，确定铜熔炼倾动炉系统总体工艺采用卡尔多炉——倾动式阳极炉工艺。

9.2 倾动炉系统工艺流程

　　原料预处理系统为倾动炉备料，采用 4 台金属液压打包机对高品位紫杂铜进行打包，经打包后杂铜块倒运至生产现场。

　　生产过程主要是将打包好的高品位杂铜块通过叉车布料后由加料机加入到倾动炉内，与 13m³ 卡尔多炉产出的粗铜、返回残极一起进行氧化、还原，产出的阳极铜通过圆盘浇铸机浇铸成铜阳极板。倾动炉产出的炉渣，返入 13m³ 卡尔多炉贫化处理。产出的烟气经余热锅炉冷却、空气换热器降温后进入布袋收尘器收集烟灰，烟气排入 150m 环保烟囱，收集的烟尘送去其他系统处理。

　　倾动炉采用富氧燃烧，固体还原剂还原产出含铜 99.3% 以上阳极铜，经圆盘浇铸后进入电解系统。倾动炉系统工艺流程如图 9-1 所示。

9.3 倾动炉结构及特点

9.3.1 结构

　　倾动式阳极炉的结构与固定式阳极反射炉基本相同，所不同的就是整台炉子支撑在托

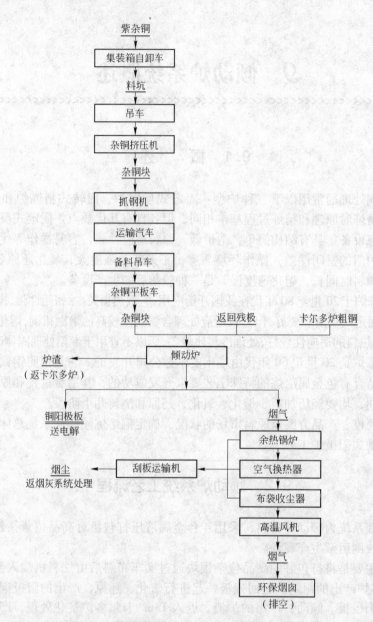

图 9-1　倾动炉系统工艺流程图

架上，并通过一定的机构使炉体能够前后倾动。

　　本次设计的倾动式阳极炉主要由炉体、支撑装置、液压系统三大部分组成。此外还包括排烟系统、排渣系统、浇铸系统等。

　　（1）炉体有金属构架和耐火材料组成，炉膛截面形状类似反射炉，前墙设两个加料口和一个排渣口，后墙设一个浇铸口和 6 组氧化还原口，一侧端墙设有两个燃烧器口，另一侧端墙设出烟口，出烟口中心线为炉体的倾动中心。加料口的尺寸为 1780mm × 1400mm，排渣口的尺寸为 900mm × 500mm，在加料口和排渣口装有铸铜水套，在外侧有悬挂的炉门，炉门是中空框架结构，炉门的开启是通过炉顶的卷扬完成。

炉体钢结构由型钢和钢板组焊而成，底部用钢板组焊成圆弧形的工字钢梁，两端为型钢组成的辊圈，以便将炉体支撑在托辊上。由于炉体需要倾动，为保证炉体倾动时不松动、不变形，钢结构设计有足够的强度和刚度，用钢材料量较反射炉大很多。

（2）炉衬的耐火材料在熔池部分采用镁铬质耐火砖，外层设高强隔热砖，熔池以上炉墙和炉底均为镁铬砖，炉顶为分组拱形吊挂结构，方便检修拆卸，炉衬耐火材料由 RHI 公司进行整体的详细设计。

（3）支撑装置采用托辊式，与一般的回转炉支撑结构相同。倾动炉的驱动一般采用液压驱动，由于对倾动速度的要求范围比较广，有可能需要采用伺服驱动液压系统。

（4）排烟系统：烟气首先进入二次燃烧室（沉渣室）完全燃烧后经余热锅炉、空气换热器、高温布袋收尘后，由高温风机输送至 150m 烟囱排空。通过高温风机频率及高温蝶阀开度来控制炉子负压，从而完成燃烧、氧化及还原作业。

（5）排渣系统：倾动炉采用人工排渣或倒渣。

倾动炉砖体砌筑示意图见图 9-2。倾动炉结构见图 9-3。

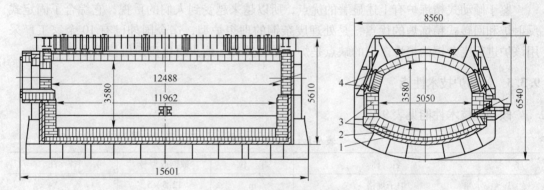

图 9-2 倾动炉砖体砌筑示意图

1—黏土砖（ANKO-42）；2，4—镁铬砖（ANKROM-B65）；3—镁铬砖（ANKROM-S55）

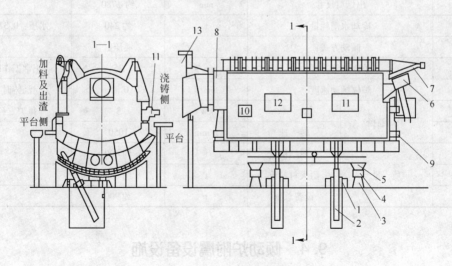

图 9-3 倾动炉结构示意图

1—主油缸支座；2—主油缸；3—托辊基础；4—托辊；5—滚圈；6—燃油风筒；7—燃油枪；
8—出烟口；9—弹簧；10—渣口；11，12—加料口；13—出铜口

9.3.2 倾动炉的特点

主要优点:

(1) 对原料的适应性好, 既可处理固态炉料, 又可处理液态炉料。

(2) 加料方便, 布料均匀, 熔化速度快。

(3) 由于炉膛结构合理, 炉体可倾动摇摆, 因此传热效果好, 热利用率高, 节省燃料。

(4) 机械化程度高, 氧化用的压缩空气和还原气体是通过同一风管插入炉内, 靠阀门进行切换. 不需人工持管。

(5) 氧化期炉子向氧化风管侧倾转15°左右, 即可将风管浸入需要的熔体深度, 有利于氧化风在铜液内的扩散, 氧化程度高。

(6) 出铜作业与浇铸机配套灵活, 遇浇铸故障时炉子可迅速回转到安全位置, 避免了反射炉可能出现"跑铜"事故。

鉴于倾动式精炼炉有上述显著的优点, 所以越来越受到人们的重视, 它综合了固定式反射炉和回转式精炼炉的优点, 是处理废杂铜的理想炉型, 迄今国外已有10余家工厂采用该炉进行废杂铜的精炼。它的缺点是炉子结构特殊, 耐火材料砌筑维修困难。

9.3.3 倾动炉技术性能

倾动炉技术性能见表9-1。

表9-1 倾动炉技术性能

序 号	名 称		单 位	数据或型号	备 注
1	炉子规格		m	12.5×5	
2	炉口尺寸		mm	1400×1780	
3	出烟口尺寸		mm	约 φ780	
4	冷却水消耗量		t	约240	水压: 0.3MPa
5	倾动方式			液压缸	
6	炉体倾动速度		mm/s	25	正常工作时
7	炉体倾动速度		mm/s	0.15	浇铸时
8	炉门卷扬	功 率	kW	3	每炉三台
9		转 速	r/min	1050	
10		金属结构重	t	约400	
11	质 量	耐火材料重	t	约500	
12		设备总重	t	约900	

9.4 倾动炉附属设备设施

倾动式阳极炉烟气收尘流程: 倾动炉→沉尘室→余热锅炉→换热器→布袋收尘器→高温风机→排空

倾动炉出炉烟气温度较高，烟气经余热锅炉和换热器降温至250℃并回收余热后进入收尘系统。2台倾动炉的烟气经布袋收尘器收尘后由风机送现有铜熔炼环保烟囱排空。设有2台倾动炉，对应2套收尘系统。

单台高温布袋收尘器收下的烟尘量为153kg/h，烟尘中含铅、锌杂质，用料罐收集后运走外售。风机采用变频调速，以适应烟气波动的条件。

9.4.1 沉尘室（二次燃烧室）

在倾动式阳极炉与余热锅炉之间设置有沉尘室，其作用之一为倾动炉烟气进入此室中速度降低，有利于烟尘的沉降，作用之二是如果还原过程中有富余的固体还原剂没有燃烧完全，在此室中可以补充一定的空气对还原剂进行二次燃烧，避免二次燃烧对余热锅炉的破坏，其作用之三是作为倾动炉和余热锅炉的连接设备。沉尘室技术性能见表9-2。

表9-2 沉尘室技术性能

序 号	名 称	单 位	数 值
1	面 积	m^2	16
2	高 度	m	12.55
3	设备总重	t	约450
4	钢结构质量	t	约100
5	耐火材料质量	t	约350

9.4.2 余热锅炉

在2台倾动炉后各设1台余热锅炉用来冷却倾动炉排出的高温烟气同时回收烟气余热。

9.4.2.1 余热锅炉主要技术参数

A 加热期锅炉进口烟气参数

锅炉进口烟气量：31122.09m^3/h

锅炉进口烟气温度：1025℃

烟气含尘量：1g/m^3

烟气成分（体积分数/%）如下：

SO_2	CO_2	N_2	O_2	H_2O
0.02	8.79	73.61	7.16	10.42

B 氧化期锅炉进口烟气参数

锅炉进口烟气量：26871.47m^3/h

锅炉进口烟气温度：1018℃

烟气含尘量：1g/m^3

烟气成分（体积分数/%）如下：

SO$_2$	CO$_2$	N$_2$	O$_2$	H$_2$O
0.01	5.43	81.14	5.79	7.63

C 还原期锅炉进口烟气参数

锅炉进口烟气量：26806.10m^3/h

锅炉进口烟气温度：1075℃

烟气含尘量：1g/m^3

烟气成分（体积分数/%）如下：

SO$_2$	CO$_2$	N$_2$	O$_2$	H$_2$O
0.03	12.70	75.67	3.19	8.41

D 浇铸期锅炉进口烟气参数

锅炉进口烟气量：10638.67m^3/h

锅炉进口烟气温度：1020℃

烟气含尘量：1g/m^3

烟气成分（体积分数/%）如下：

SO$_2$	CO$_2$	N$_2$	O$_2$	H$_2$O
0.02	8.79	73.61	7.16	10.42

E 锅炉参数

锅炉蒸发量：12.9t/h（正常），15t/h（最大）

蒸汽压力：2.0MPa（正常），2.5MPa（设计）

蒸汽温度：214℃（正常），225℃（设计）

给水温度：104℃

排烟温度：（350±20）℃

9.4.2.2 余热锅炉结构

余热锅炉由辐射区和对流区的水平烟道组成，采用强制循环，半露天布置。

烟气流过辐射室，通过辐射换热被冷却到650~600℃。辐射室中烟气流速较低，这有利于烟尘沉降。辐射室后部为对流区，布置有凝渣管屏和若干组对流管束。凝渣管屏和对流管束均由锅炉钢管弯制，采用顺列布置。烟气通过对流区后温度降到350~300℃排出余热锅炉经空气换热器后进入收尘系统。

余热锅炉炉墙均采用膜式水冷壁结构，由锅炉钢管和扁钢焊制而成，使锅炉具有良好的气密性。余热锅炉均采用弹性振打清灰装置和爆破清灰装置清除受热面的积灰，每台锅炉共设置了19个振打清灰点和8个爆破清灰点。

余热锅炉辐射室灰斗和对流区灰斗下部装有刮板除灰机，余热锅炉中沉降下来的烟尘和清灰装置振打下来的灰渣由刮板除灰机运出炉外，与收尘的灰混合。锅炉炉体支撑在钢架上，钢架由型钢加工制成。锅炉钢架支撑在6.00m平台上。

9.4.3 空气换热器

烟气经余热锅炉后进入空气换热器，将倾动式阳极炉燃烧器的助燃风预热到150℃左右。空气换热器技术性能见表9-3。

表9-3 空气换热器技术性能

序 号	名 称	单 位	数 值
	技 术 性 能		
1	预热空气量（标态）	m^3/h	23000
2	预热空气温度	℃	150
3	预热器入口烟气量	m^3/h	34000
4	预热器入口烟气温度	℃	350
5	预热器出口烟气温度	℃	≤250
6	烟气阻力损失	Pa	<150
7	空气阻力损失	Pa	<4500
8	内 管	mm	$\phi76$
9	外 管	mm	$\phi108$
10	设备总重	kg	约30000
11	安装外形尺寸（长×宽×高）	mm×mm×mm	6480×2880×4190

9.4.4 布袋收尘器

烟气经空气换热器进入布袋收尘器除尘净化。其技术性能见表9-4。

表9-4 LDM-GW1600 高温袋式收尘器技术性能

项 目	单 位	技术参数
处理风量（工况）	m^3/h	90977
工作温度	℃	250±30
入口含尘浓度（标态）	g/m^3	≤4
出口含尘浓度（标态）	g/m^3	≤0.01
收尘效率	%	>99.7
过滤风速	m/min	0.95
总过滤面积	m^2	1600
总袋数	条	640
滤袋材质		氟美斯9809
滤袋尺寸	mm	$\phi130\times6000$
运行阻力	Pa	1500
压缩空气耗量	m^3/min	2~4
压缩空气压力要求	MPa	0.2~0.4
总重量	kg	54230
安装外形尺寸（长×宽×高）	mm×mm×mm	11140×5120×12120

10 倾动炉生产实践

<<<<<<<<<<<<<<<<<<<<<<<<<<<<<<<<<<<<<<<<<<<<<<<<<<<<<<<<<<<<<<<<<

10.1 倾动炉开、停炉

10.1.1 开炉

开炉是火法冶炼生产实践过程的一个重要环节。开炉工作做得好，对于冶金炉窑的正常生产以及冶金炉窑的炉寿命起着至关重要的保障作用。开炉分故障后开炉、小修开炉、中修开炉和大修开炉等。

故障后开炉是指冶金炉窑本体发生意外故障被迫停炉抢修后的开炉；小修开炉是指冶金炉窑本体完好，而相关的辅助设施或辅助系统发生故障或计划检修后的开炉，一般小修停炉时间较短，开炉过程简单。

中修开炉是指对冶金炉窑本体结构及其相关的辅助系统年度计划检修后的开炉，中修时间较长。

大修开炉一般指冶金炉窑本体需要大面积的修补或更换而进行的检修。

由于检修性质和范围不同，开炉的周期和方式也不同，但不管哪种性质的检修后开炉，都分以下几个阶段进行：

(1) 开炉前的准备工作；

(2) 烘炉升温；

(3) 投料试生产；

(4) 熔体排放并转入正常生产。

在开始升温前，必须经过细致的检查，对存在问题的设备、设施进行检修，按开炉计划的要求，在规定的时间内具备正常运行生产的条件。开炉准备具体要求如下：

(1) 对各配加料设备、设施进行过检查、检修并进行过空负荷连续运行；环保收尘系统运行正常，具备正常供料、排烟、收尘条件。

(2) 具备正常供氧、供风、供水条件。

(3) 具备所有仪表、称量设备及系统正常工作的条件。

(4) 余热锅炉系统具备正常生产的条件。

(5) 检查确认燃油系统油泵、阀站、调节阀和油枪工作正常，具备正常生产条件。

(6) 冷却水系统检查确认各配水点工作正常、无泄漏，各调节阀工作正常，活动自如。

(7) 对炉体烧损、腐蚀严重的砖体进行过修补；对炉体观察孔、油枪孔、渣口、铜口进行过检查或修补；对放渣、放铜流槽或衬套进行过检查或更换；对炉体的紧固弹簧、拉杆进行过检查、调整。

（8）清理出炉内杂物，放好干木材，做好点火前准备工作。

（9）其他附属设施运行正常，具备开炉升温条件。

10.1.2　倾动炉开炉前要求

倾动炉开炉可分为三类，即小修开炉、中修开炉及大修开炉。小修通常指倾动炉炉检修停炉不超过48h，恢复生产时需进行不少于16h的烘炉作业。中修通常指倾动炉炉检修衬体挖补，停炉时间超过96h以上，恢复生产时需进行不少于96h的烘炉作业。大修指阳极精炼炉的衬体完全更换，需重新砌筑的检修，需要进行不少于240h的烘炉。

倾动炉大修后，为保证投料后的正常生产，必须做好开炉作业。在开炉前需对倾动炉炉的本体设施及辅助设施做好确认工作，并对炉体的基本尺寸做好测量，对炉体受力进行测量核算，为以后的生产维护提供原始参照数据。开炉前需确认及测量的内容如下。

（1）开炉前将炉膛、二次燃烧室内外及炉体周围杂物清理干净。

（2）烘烤前必须对水、汽、风、油、氧等各管路阀门及机械电气仪表设备进行彻底全面的检查，待一切正常方可烤炉。

（3）开炉前要对炉体的液压传动系统进行试车，确认炉体倾动正常后方可点火。

（4）开炉前氮气及高压风供给正常。

（5）测量炉口尺寸、炉膛长度及宽度，拱高、燃油孔和出烟口距炉底高度。

（6）测量炉体膨胀受力，炉体两侧弹簧受力达到符合要求。

10.1.3　倾动炉烘炉

待所有相关设施确认及测量结束后，开始烘炉。火法精炼炉的烘炉目的及要求，基本与其他精炼炉窑相同，也是有计划的均匀升温，由常温缓慢升至1250℃。烘炉主要经过两个过程：一是常温至800℃阶段，此过程烘炉时间不少于156h，且800℃恒温时间不少于48h，其目的是除掉砖体内的结晶水；二是800~1250℃，此过程烘炉时间不少于45h。整个烘炉时间不少于240h。倾动炉烘炉升温曲线如图10-1所示，见表10-1。

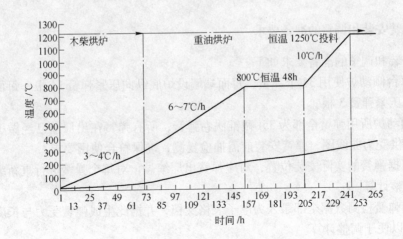

图10-1　倾动炉升温曲线

表 10-1　倾动炉烘炉升温曲线

炉况	大修	中修	小修
时间/h	240	96	16

10.1.4　烘炉技术条件及注意事项

烘炉技术条件及注意事项如下:

(1) 严格按烘炉升温曲线进行, 及时送入压缩风, 烤炉过程中严禁断火, 烤炉温度必须均匀, 烘炉温度波动范围为 ±50℃, 烤炉时间允许超过规定时间, 但不得低于规定时间, 烤炉过程中及时调节好水冷件水量。

(2) 重油烤炉 4h 后关闭炉门, 随着炉温的升高逐渐增加油量, 及时调节风油比, 使重油完全燃烧。

(3) 为使炉体受热均匀, 可间断转动炉体, 使炉口处在朝前朝后不同位置。

(4) 升温过程中加强炉体检查, 每天测量核算炉体膨胀受力。

(5) 重油烘炉前应确保油路畅通后方可送油, 严禁强制送油。

(6) 停炉后要派人看护岗位, 以防财物被盗和发生安全事故, 看护人员要勤巡查, 责任到位。

(7) 在筑炉过程中要密切配合修炉施工队伍进行必要的拆除和挖补。

(8) 要按要求及时配合安装水冷件等, 保证修炉进度。

(9) 检修结束后要及时对烟道等孔洞进行密封。

10.2　倾动炉的受力调整

倾动炉整体采用了钢骨架捆绑式固定结构, 只在炉体两端炉壳和端墙上部设置了压架和弹簧, 以控制炉底砖衬的纵向膨胀以及端墙砖衬的上涨, 防止炉壳变形和炉体泄漏事故, 因此, 调整弹簧压力是开炉和生产过程中的一项十分重要的工作。

为了确保倾动炉的烘烤质量, 确保安全稳定长周期运行, 倾动炉投料前必须对受力进行调整。

10.2.1　弹簧安装和调整的准备要求

弹簧安装和调整的准备要求如下:

(1) 每台倾动炉使用 34 个弹簧, 每面端墙设炉底纵向压紧弹簧 14 根, 每面端墙顶面设端墙上下压紧弹簧 3 根。

(2) 倾动炉所用弹簧全部为 35t 截锥涡卷弹簧, 所有弹簧在出厂前已经做了受力曲线检测, 并提供受力曲线图, 弹簧安装前需抽检复测, 确保符合使用要求。

(3) 根据弹簧的实际安装位置, 对应弹簧出厂编号, 对每个弹簧进行重新编号, 以便于监测和调整计算。

(4) 将弹簧检测数据全部录入为电子表格文档, 并据此生成弹簧受力与长度关系的多项式公式, 以便于调整计算。

(5) 在两端墙端部和上部分别设置膨胀指示器, 对端墙砖体的变形数据进行检测, 为掌握炉体状况和弹簧调整提供依据。

（6）在炉体钢骨架周围选择不影响生产和检修的合适位置，设置膨胀指示器，对炉体钢骨架的变形和上下位移进行检测，及时掌握炉体整体受力状况，避免事故发生。

（7）建立专门的膨胀数据监测电子表单，并安排技术人员专人负责记录整理，形成全面的可追溯资料。

10.2.2 烘炉前弹簧的预紧

（1）根据恩菲设计，在烘炉前对弹簧进行预紧，端墙纵向弹簧的预紧力约为生产受力的 60% ~ 70%。鉴于闪速炉冷修烘炉的成功经验，并结合倾动炉炉体结构的独特性，为了确保炉体运行安全，烘炉前计划按照 100% 的生产受力进行弹簧的预紧，实际烘炉前预紧必须达到计划受力的 85% 以上。烘炉前弹簧预紧的受力计划见表 10-2。

表 10-2　烘炉前弹簧预紧的受力计划

位　置	编　号		烘炉前弹簧受力 /t	烘炉完成弹簧受力 /t	弹簧最大受力 /t
	东侧	西侧			
拱角区域弹簧	E1	W1	18.6	18.6	20.7
	E2	W2	18.6	18.6	20.7
	E3	W3	18.2	18.2	20.3
	E4	W4	18.2	18.2	20.3
	E5	W5	18.2	18.2	20.3
	E6	W6	18.2	18.2	20.3
	E7	W7	18.2	18.2	20.3
	E8	W8	18.2	18.2	20.3
	E9	W9	18.6	18.6	20.7
	E10	W10	18.6	18.6	20.7
端墙区域弹簧	E11	W11	6	6	6
	E12	W12	3	3	3
	E13	W13	3	3	3
	E14	W14	6	6	6
炉顶区域弹簧	E15	W15	10.8	10.8	10.8
	E16	W16	10.8	10.8	10.8
	E17	W17	10.8	10.8	10.8

倾动炉升温炉体受力分析见表 10-3。

表 10-3　倾动炉升温炉体受力分析

位　置	设计预紧力/t	计划预紧力/t	生产力/t	备　注
烧油侧端墙	140.8	201.6	201.6	
出烟侧端墙	140.8	201.6	201.6	
烧油侧炉顶	16.2	32.4	32.4	
出烟侧炉顶	16.2	32.4	32.4	
端顶比	0.12	0.16	0.16	

（2）弹簧调整原则。

1）两组人员同时紧固纵向弹簧。按照"两端对应同时紧、两侧对称同时紧"的原则进行调整。

2）两端对称部分的弹簧要同时调整，并且弹簧压力尽量相同。

3）炉体中心线两侧对称位置的弹簧同时调整。

4）弹簧的调整按先端墙，后炉顶；先下部，后上部；先中心线两侧远端，再中心线附近弹簧的顺序进行调整。

（3）弹簧的预紧工作在烘炉前由专门的工作小组完成，预紧次序和主要要求如下：

1）在炉内与弹簧相对应的位置处画线，测量炉子内部长度尺寸，并做好记录。

2）首先将所有弹簧紧到与炉壳紧密接触（比原始长度略为压缩 1~3mm，能够保持稳定为宜），并确认纵向弹簧水平、垂直方向弹簧竖直，达到紧固受力的要求。测量标记弹簧原始长度。

3）首先预紧炉顶六根弹簧，使单根弹簧的受力达到 2t，以防止在纵向弹簧紧固过程中发生炉墙上鼓变形。

4）纵向弹簧的紧固顺序确定为：2E（2W）与 9E（9W）──→ 4E（4W）与 7E（7W）──→ 1E（1W）与 10E（10W）──→ 3E（3W）与 8E（8W）──→ 12E（12W）与 13E（13W）──→ 5E（5W）与 6E（6W）──→ 11E（11W）与 14E（14W）。

5）纵向弹簧分 6 次预紧到位，每次紧固最终受力的约 16%，以受力为 18.2t 的弹簧为例，每次预紧增加约 3t 受力，弹簧的压缩长度则根据方程式推算。

6）纵向弹簧预紧到位后，按照"先两侧、后中间"的次序，将炉顶垂直弹簧（15E、17E、16E；15W、17W、16W）按照弹簧受力计算表分 3 次对弹簧进行预紧，直至紧固到计划受力。

（4）在弹簧预紧过程中，随时对端墙膨胀情况进行测量，对端壳及砖衬向炉内移动的数据要重点监控，并与原始数据进行对比分析，最后要形成总结数据。

（5）在预紧过程中，当发现炉壳变形或上下不对称倾斜等现象时，要立即停止预紧作业，分析原因并采取措施后，方可继续作业。

（6）所有弹簧预紧结束后，要立即测量所有弹簧的长度，并计算弹簧的受力。由于炉体砌筑的不均匀性，可能会导致对应位置的弹簧受力不一致，发生这种情况后，要根据受力计算对个别弹簧的受力进行调整，以达到整体协调性。

10.2.3　烘炉和生产期间弹簧的监测和调整

（1）升温烘炉过程中，每班都要检查弹簧受力情况，并做好记录。通过弹簧变形和受力变化数据来确定弹簧的调整方法。

（2）由于倾动炉的炉体制作和安装以及砖体砌筑都有一定的误差，炉体受热后膨胀可能不均匀，因此在每轮弹簧调整前必须进行受力分析，按照炉体受力实际情况可适当调整弹簧压力。

（3）为了严格控制炉体的纵向膨胀量，在烘炉过程中，当弹簧受力达到或超过最大受力时，松弹簧使低受力降低到烘烤受力，调整的次序与预紧时的次序基本相同。

（4）调整之后，对炉体变形数据进行测量记录，并更新弹簧初始长度测量数据，为下一次弹簧受力分析准备资料。

（5）在投产初期的一段时间（约1个月），每班都要检查弹簧受力。在稳定生产之后的一段时间（约3个月），根据情况按照每周一次检查弹簧受力，再之后只需定期（如一个月）检查弹簧受力。

倾动炉弹簧位置如图10-2所示。

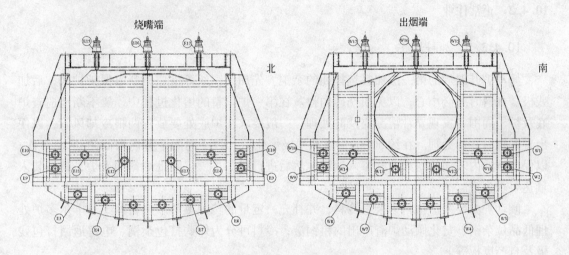

图10-2　倾动炉弹簧位置示意图

10.3　试生产的目的

试生产的目的是在烘炉完毕后，当炉内温度达到作业要求时投料进行的摸索性生产。其目的是保证炉窑的安全运行以及各个所属设备、设施的安全运行，为生产和经济技术指标提供最佳生产依据。

试生产方式方法：烘炉结束，出铜口临时热电偶温度达到1200℃以上，炉底热电偶温度达360℃以上时，即可转入试投料阶段，此时要求出烟口部位温度达到1250℃以上。

通常，倾动炉的投料量是根据系统的运行状况分阶段逐渐增加的，整个过程大致分为两个阶段：

（1）调整阶段，通常5~10d，入炉料量300~350t/炉，这一阶段主要是调整渣型、摸索氧化还原终点判断，以及让各系统特别是炉体有个调整适应过程；

（2）正常生产阶段，350~400t/h投料。

10.4　倾动炉的生产过程

倾动炉的生产作业为周期性、间断作业。在正常作业前需先进行烘炉作业，且所有新建及大、中修后的炉窑在正常作业前必须先进行烘炉，当炉温及时间达到要求后方可进行正常作业。倾动炉的一个作业周期包括加料融化、氧化扒渣、还原及浇铸4个操作过程，各操作过程所用时间，依据炉料成分、处理方法及液面高低的不同而变化，且也与具体操作技术水平有关。

10.4.1　烘炉

烘炉具体要求参见 10.1 节。

10.4.2　正常作业

10.4.2.1　加料熔化

倾动炉升温后的第一次加料选择纯的杂铜。先加废铜丝等染质铜料以保护炉底，后加残极，加料时务必小心，以免损伤砖内衬。在第一炉炉料的熔化过程中，要不断地巡查炉底及炉子周围，发现异常情况要及时处理。一般要求在炉底处要放置两根冷却风管，以便出现漏铜时冷却处理。在约 50t 的铜丝和残极熔化后，炉子向两个方向来回倾动 2～3 次，以保证熔池内表面的耐火砖缝渗入铜液，然后进行第二、三、四批炉料的入炉，直到装入量达要求为止。

倾动炉主要入炉物料为杂铜冷料，并补充一定量的转炉热料。热料即 3 号卡尔多炉处理低品位杂铜、贫化倾动炉渣产出的粗铜液；冷料可分为外购打包杂铜、电解返回打包残极及自产废板等。

卡尔多炉粗铜液借助桥式吊车用粗铜包通过加粗铜溜槽倒入倾动炉内；杂铜冷料是通过叉车向加料溜槽布料后，由加料机加入炉内。

杂铜加入按照间隔加入的原则，每小时最大加入量不超过 40t。加料过程要保证炉温控制在 1200℃ 以上，使炉料在加入后易于熔化，以尽可能地缩短加料及提温时间并加速炉料的熔化；进料过程炉内应尽可能地保持微负压，既可减少炉气从炉口外逸影响操作，又可减少吸入冷空气而使炉温降低。

在加料期间需按要求加入一定量的石英和石灰，为氧化期造渣做准备，具体加入量根据炉渣铁硅比进行调整。

进料结束后，应关闭炉门并调整燃油系统，并提高炉内负压，使炉内保持氧化气氛，炉后 4～5 个氧化还原孔要喷入空压风，并调整透气砖流量，以加强炉内液体的翻滚强度，不但可以加快炉内铜液提温，且促使杂质初步氧化。当炉内液面达到工艺控制要求，且炉料全面熔化，则开始进入下一工作期。

10.4.2.2　氧化扒渣

氧化是铜火法精炼的主要操作程序，其要点是增大烟道负压（负压控制（-15 ± 10）℃）从而提高炉内空气过剩系数，使炉内形成强氧化气氛，并且氧化还原孔通入 ≥0.5MPa 空压风，炉体倾动至氧化位置，使整个熔体处于翻滚状态，扩大空气与杂质、空气与铜、氧化亚铜与杂质的接触面积，以强化氧化过程。

通过加料口取样判断氧化是否到达终点。氧化终点样的判断标准为：

表面平整、无气泡、中央略凹，呈掌心状，花粉略粗，表面显砖红色，无硫孔、硫丝，紫斑面积大于表面的 1/3；断样面中央下陷，断面显砖红色，出现方块结晶。

10.4.2.3 还原

还原是铜火法精炼中最重要的操作，其目的是用还原性物质将铜液中铜的氧化物还原成单质铜。目前我车间采用的还原剂有重油和粉煤，随着对环保要求的提高，粉煤还原剂已逐渐成为主流。用粉煤还原时，现将管道与精炼炉的氧化还原管连接后，对盛放粉煤的罐体进行加压，粉煤进入到罐体底部的硫化喷射器中，通过孔压风吹送，经过输送管道进入倾动炉内，倾动炉体使氧化还原管浸入熔池内，使还原剂与 Cu_2O 起还原反应。

还原时煤量的控制是通过调节与硫化喷射器连接的喷射风和辅助风实现的。还原期要尽量降低炉内抽力，使炉内保持还原气氛，炉温不宜过高，以减少氧等杂质气体在铜液中的溶解度。

通过取样判断还原是否到达终点，还原终点样的判断标准为：表面平整、花纹细致均匀，表面显玫瑰红色带油光，细结晶分布均匀，占表面积的 2/3。

10.4.2.4 浇铸

阳极板的浇铸过程：加入倾动炉内的紫杂铜经过熔化、氧化—还原除杂精炼后，在圆盘控制室控制炉子。将炉子从零度位置向浇铸方向倾转，高温铜水从出铜口流出，落入炉后大头流槽，经小流槽进入中间包。待中间包内达到一定量的铜水时，便开始往放在电子秤上的浇铸包灌注铜水，称量系统对注入的铜水进行连续计量称重，当浇铸包内的铜水达到设定的质量时，中间包自动返回并开始向另一台电子秤上的浇铸包倾注铜水，该电子秤同样进行计量称重，铜水量达到设定值时中间包返回至等待位置。圆盘上的空模停留在浇铸位置时，浇铸包开始向浇铸位置的空模进行定量浇铸。当模子内的铜水达到所设定阳极板的单重时，浇铸包自动返回等待位置。中间包又向浇铸包注入一定量的铜水，同时圆盘运转一个模位，浇铸包又重新向下一块空模定量浇铸铜水。圆盘上浇铸好的阳极板便依次进入喷淋冷却区，尚未完全凝固的阳极板在这里得到均匀的强制冷却。从喷淋区出来的阳极板随后转至预顶起（废阳极）位置，在这里锁模装置与预顶起装置同时启动，锁住模子并将阳极板顶起，废品阳极板在这里被吊离铜模进入废阳极料斗，合格的阳极板便进入提取—水槽位置。该位置的顶起装置又将阳极板顶起，提取机将阳极板从圆盘内取出放入水槽内进一步冷却。待水槽内的阳极板成垛累积达设定数量后，冷却水槽中的链式输送机便将整垛的阳极板送到水槽尾部，水槽尾部的堆垛提升装置将阳极板提升起来，叉车再将成品阳极板叉运至阳极堆场。被提取机取走阳极板的空铜模继续转至喷涂区，喷涂装置将空模进行喷涂处理，在空模上覆盖一层硫酸钡脱模剂。喷涂好的空槽再次进入浇铸位置进行浇铸，如此循环往复作业，直至浇铸结束，然后将炉子倾转回零度位置。

浇铸作业要掌握熔体温度、铜模温度及脱模剂性质 3 个环节。严格控制熔体温度和铜模温度在一定范围内是获得优质阳极板的重要因素。浇铸熔体温度通常是维持在高出铜熔点 20~30℃，通常铜模温度控制在 120~140℃，模温过高会损坏脱模剂黏附的能力，引起黏模；模温过低则会因脱模剂水分未干而产生冷气孔，甚至引起爆炸事故。脱模剂的作用是防止黏膜，使浇铸出的阳极板背面光洁。对脱模剂的选择应结合成本考虑，最好选用不与铜熔体发生化学变化，不夹杂挥发物，粒度在 200 目以下的疏水性脱模剂，以利于物理水分的干燥和蒸发，并易于喷涂模壁。常用的脱模剂有骨粉、硫酸钡等。

圆盘浇铸作业无论采取人工浇铸还是自动定量浇铸，铸出的阳极板外形都会产生各种缺陷。必须对可修整的阳极板缺陷进行修整，以提高合格率。阳极板的修整工作主要有：除去飞边毛刺；将耳部不平或扭曲处进行校直或扭转；除去表面夹杂；对可处理的鼓包板进行修整；用液压平板机平整弯曲的板面；为保证阳极板在电解槽内的悬垂度，需用内圆铣刀将耳部下沿切削成弧形或平形。现代很多铜厂的阳极板外形修整，已实现机械化、自动化。

10.5　倾动炉的产物及指标控制

10.5.1　倾动炉的产物

倾动炉的产物有大阳极板、炉渣、炉气和烟灰。火法精炼后的铜熔体，都是先浇铸成铜阳极板然后送去电解精炼。阳极板的成分与杂铜成分及精炼工艺制度有关。

10.5.1.1　阳极板

A　阳极板化学品级率

大板铜阳极板按化学成分分为一级品、二级品、三级品、四级品。

铜阳极板品级与化学成分见表10-4。

表 10-4　铜阳极板品级与化学成分　　　　　　　　（质量分数，%）

项　目	$w(Ni)$	$w(Cu)$	$w(S)$	$w(O)$	$w(Pb)$	$w(As)$	$w(Ti)$	$w(Bi)$
一级品率	0.3	99.2	0.01	0.2	0.2	0.19	0.035	0.025
二级品率	0.3	99	0.01	0.2	0.2	0.19	0.035	0.025
三级品率	0.3	98.5	0.01	0.2	0.2	0.19	0.035	0.025

B　铜阳极板物理规格

(1) 铜阳极板半身尺寸规格为(1000+510)mm × (960+510)mm，两耳间距(1290±10)mm，耳厚(36+42)mm，最高处不高于79mm，阳极板光面耳部与半身间的高度为6~8mm，单板质量为(320/340±3)kg。

(2) 大小板铜阳极板厚度要求均匀，上下部厚度差部大于5mm，下部厚度不得大于上部厚度。

(3) 大小铜阳极板耳部应饱满、无冷隔层、无缺损，耳部扭曲量不大于10mm。

(4) 大小铜阳极板表面应平整垂直，不得有气泡（允许修整），密集气孔区面积不得大于单板面积的20%，不得有孔径大于10mm的气孔。

(5) 大小铜阳极板表面应无高于5mm的结粒及长于5mm的飞边毛刺，光面不得有高于5mm的结瘤（允许修整）。

(6) 大小铜阳极板板面不得有横向裂纹，纵向裂纹长度不得超过200mm。

(7) 大小铜阳极板板面应洁净、无异物附着、无黑皮、无夹杂。

C　检验结果的判定

（1）产品的化学成分与本标准规定不相符时，该批不合格。

（2）产品的物理规格和表面质量与本标准规定不相符时，该块不合格。

10.5.1.2 炉渣

倾动炉处理的主要原料为杂铜，经过氧化作业后需出渣作业，倾动炉渣含铜在30% ~ 45%，需要返卡尔多炉贫化处理。

10.5.1.3 烟气

倾动炉生产作业产生的烟气经过布袋收尘器除尘后，通过高温风机输送至150m烟囱排空。

10.5.1.4 烟灰

倾动炉布袋收尘器收集的烟灰直接装入运输罐，返至自热炉系统精矿仓。

10.5.2 指标控制

倾动炉的控制指标分为两种：一是技术经济指标，包括单炉生产率、重油单耗；二是产品指标，包括阳极板的品级率及物理规格合格率。技术经济指标受许多因素影响，主要与入炉铜料的性质有关，其次与所采用的技术条件、控制参数和技术操作有关；产品指标的控制也与入炉物料的性质、控制参数及技术操作有关。

10.5.2.1 单炉生产率

与入炉铜料量、入炉铜料状态、入炉物料品位、杂质含量以及氧化和还原的程度等因素有关。此指标随入炉物料杂质含量的增加和固态炉料的增加而降低；随炉子容量，物料品位及氧化还原强度的提高而增加。倾动炉单炉生产率为350 ~ 400t/炉。

10.5.2.2 重油单耗

生产单位成品所消耗的重油量。它与炉子大小、粗铜品位及冷料多少有关。在精炼过程中，重油消耗占最大的材料成本消耗，故必须重视重油单耗的问题。正常情况下，重油单耗随炉子的容量增大而降低，随粗铜品位的升高而降低，随冷料的增加而增大。

10.5.2.3 品级率

单位时期内同一化学品级数量占品级总数量的比率。铜阳极板的品级划分以其化学成分为基准，成分要求见表10-3。产品的品级好坏通常与入炉粗铜的品位高低、作业温度的高低及扒渣程度有关。在倾动炉系统生产中，因主要原料为外购紫杂铜，铜品位较高，影响化学品级率的主要因素是铜板含氧不稳定，因此若要保证产品的化学品级率，必须不断完善工艺控制，掌握好氧化终点及还原终点，低温浇铸减少铜液含氧。

10.5.2.4 物理规格合格率

单炉所产阳极板片数中，合格片数占总片数的比率。金川公司对车间的该考核指标是以每月份物理规格合格率的平均值为依据。

10.5.2.5　回收率

铜回收率指一段时期内炉窑产出所有产物的含铜量与入炉所有物料含铜量的比值。

10.5.2.6　直收率

铜直收率指一段时期内炉窑产出目标产物的含铜量与入炉所有物料含铜量的比值。

例：某一段时间内，倾动炉加入杂铜 300t（Cu：97%），加入残极 200t（Cu：99%），加入自产冷料 50t（Cu：96%），产出铜阳极板 520t（Cu：96%），产出炉渣 80t（Cu：25%），烟灰 15t（Cu：40%），求直收率及回收率。

解：　直收率 $= 520 \times 96\% / (300 \times 97\% + 200 \times 99\% + 50 \times 96\%) \times 100\%$

$\qquad\qquad = 49200/53700 \times 100\% = 92.96\%$

$\qquad$回收率 $= (520 \times 96\% + 80 \times 25\% + 15 \times 40\%) /$

$\qquad\qquad\quad (300 \times 97\% + 200 \times 99\% + 50 \times 96\%) \times 100\%$

$\qquad\qquad = 525.2/537 \times 100\% = 97.8\%$

10.5.2.7　影响阳极板质量的各种因素分析

A　阳极铜的化学成分影响因素

阳极铜的化学成分影响因素如下：

（1）含氧过高即超过 0.2% 时，铜水流动性差，阳极板表面粗糙、起氧化皮，耳部不饱满。

（2）含氧过低即小于 0.05% 时，铜水中氢在铜水中的含量会明显增多，阳极板表面会形成大量气泡。

（3）含硫过高即大于 0.01% 时，阳极板在浇铸成形时，内会溶解大量的 SO_2 气体会随着溶解度的急剧降低而从阳极板表面逸出，阳极板的表面会冒硫丝。

（4）杂质含量（Bi、Sb、Pb、Ni 等）过高时，阳极板表面会出现起皱、破皮、鼓小泡等现象，而且阳极板的铜含量也会低于下个工序的要求。

B　铜水温度影响因素

铜水温度影响因素如下：

（1）浇铸铜水温度高（>1250℃）时，浇铸期间很易出现黏膜现象。

（2）浇铸铜水温度低（≤1200℃）时，铜水黏度加大，流动性不好，浇铸的阳极板不饱满，流槽、中间包和浇铸包冷铜黏结严重，而冷结铜的增多，又进一步恶化浇铸条件，铜水温度下降加剧，以至最终无法进行浇铸。

C　流槽、中间包、浇铸包影响因素

（1）大头流槽制作不规范。太浅铜水飞溅严重，易结冷铜；太深铜水淤积太多，热量损失大，清理困难。耐火料分层则流槽易被烧穿，并且大量的耐火料脱落附着在阳极板表面。

（2）小流槽制作不规范。铜水容易从流槽边缘溢出，脱落的耐火料附着在阳极板表面。流槽嘴结铜导致中间包无法正常作业。

（3）流槽、中间包、浇铸包烘烤效果差时，耐火料内的水分不能有效地排除，在浇铸期间会出现耐火料翻起脱落等恶性浇铸故障。

（4）浇铸包摆放不平稳时，会造成浇铸不均衡、嘴子砖特别容易结冷铜。

10.5.3 铜模影响因素

铜模影响因素如下：

（1）铜模质量：铜模气孔、铜模表面的变形量（歪斜度）、内表面分层等不仅仅影响模子使用寿命，同时也影响了阳极板的外观尺寸。

（2）铜模温度：温度过高（>170℃）时，容易出现黏膜现象。温度过低（≤140℃）时，喷涂后模子内的水分不能即时蒸发掉，浇铸的阳极板会出现大量的飞边、毛刺。

（3）铜模安放：模面不水平时，浇铸出的阳极板左右或上下厚薄不均。模子放置过高时，浇铸包嘴子底部分搁置模子，浇出的阳极板偏薄。模子放置过低时，浇铸时铜水飞溅严重，飞边多、板子轻。

10.5.4 喷涂影响因素

喷涂量过多，模子不易干燥，浇铸时铜水飞溅严重，阳极板飞边、毛刺增多，板面也不平整光洁。喷涂量过少或不均匀时，不能有效脱模，阳极板易被顶弯，甚至造成黏膜故障。

10.5.5 铜水流量影响因素

铜水流量过大会造成中间包内的铜水过多，中间包向浇铸包灌注时对浇铸包的冲刷加大，造成浇铸包铜量过多（过量程灯亮）浇铸包冷铜黏结严重。铜水流量太小又会使得中间包铜水集蓄太少，飞溅严重，冷铜黏结过多，浇铸等待时间延长，铜水温度下降快，影响阳极板的质量。

10.5.6 操作方式影响因素

浇铸的操作方式分为手动操作方式和自动操作方式。自动浇铸状态下浇铸会按浇铸曲线自动进行，阳极板的质量误差控制在±1%。手动浇铸时浇铸的速度及阳极板的质量完全人为控制，误差较大，造成阳极板厚薄不均。所以，浇铸作业应尽量采用自动控制。

10.6 倾动炉常见故障分析、预防及处理

倾动炉的常见故障分析如下：

（1）炉口水套漏水，导致水与高温熔体反应放炮；

（2）入炉物料含水，导致水与高温熔体反应放炮；

（3）周期作业过程中，油量过大，风油比调整不当，造成重油燃烧不完全而放炮。

常见故障预防如下：

（1）按生产作业指导书要求对水套进行点检，及时发现问题；

（2）入炉物料加入前先确认干燥，再加料；

（3）执行作业指导书中工艺参数，控制好低压风量调整好风油比，严禁在未通低压风时进行烧油作业。

故障处理：发现水套渗漏，停火确认水套漏水位置，关小相应水套进水阀门，汇报相关人员，确认处理。若漏水严重，发生放炮时，现场操作人员疏散至安全地点，待炉内放炮停止后，检查炉口水套情况，根据检查情况确定继续生产或检修。

10.7　倾动炉附属设施

倾动炉的附属设施主要有透气砖系统和固体还原系统。这两套系统在倾动炉生产作业过程中起着重要的作用。

10.7.1　透气砖系统

透气砖系统包括仪表控制系统、气体输送管道及透气砖本体三部分。透气砖的各种操作均通过仪表控制系统进行，气源进入仪表控制系统，通过控制系统的设置操作，气体经过输送管道及透气砖本体，进入到精炼炉熔体中，通过气体的持续吹送来搅拌熔体，能够加速温度传导均衡熔体温度，既降低了能耗又缩短了进料到出炉的周期。控制系统有安装程序的独立 PLC，岗位操作人员根据作业状态将透气砖切换至相应的作业界面。

目前每台倾动炉安装了 10 块透气砖，每个透气砖流速范围 30～150L/min。

透气砖供气气源分为主气源和备用气源两种，主气源为仪表氮气，备用气源为杂用氮气，当主气源处于中断停气状态时备用气源自动切换供气，因此自动切换功能的正常使用为透气砖的正常使用提供了保障作用。

透气砖使用要求及注意事项如下：

（1）正常生产时所有氮气球阀处于常开状态，严禁岗位工擅自关闭任何一个氮气球阀，如果有紧急情况需在相关技术人员指导下关闭球阀，并做好相应记录。

（2）透气砖在正常使用时，透气砖温度检测一般在 300℃左右，在使用一段时间后，透气砖会随炉衬一样腐蚀，班中点检发现其中透气砖温度检测达到 1000℃时，证明此块透气砖腐蚀严重，需更换。

正常停氮气使用操作如下：

（1）倾动炉生产时，因炉衬腐蚀严重或其他突发事件，需停炉中修、大修，此时需停氮气。

（2）在任何情况下停透气砖氮气时，均必须将炉内铜液倒空后方可停氮气，以防止铜液凝固后将透气砖堵塞。

（3）炉子小修、大修停氮气操作先关闭氮气总阀卸下与控制柜相连接的金属软管，并悬挂警示牌，汇报调度，做好相应记录。

（4）更换透气砖停氮气操作，只关闭相对应透气砖氮气输入球阀。

10.7.2　固体还原系统

固体还原系统采用新型粉煤基固体还原剂替代重油做还原剂，杜绝了重油还原冒黑烟现象，取得了较大的环保效益。

固体还原系统包括控制系统、加料系统、储存装置、喷吹系统及输送管道五部分。所有的操作均通过控制系统来完成，自动化程度较高。固体还原系统操作主要有两方面，一是加料作业，二是固体还原作业。

加料作业是还原剂拉运仓中的粉煤通过主厂房的液体吊车吊卸至现场粉煤储存仓中，向压力罐中加煤时，依次开启泄压阀、压力罐下料口蝶阀、过滤振动器、星形给料机即可进行加料操作，当压力罐中的还原剂量达到 4~5t 左右时，依次关闭星形给料机、过滤振动器、压力罐下料口蝶阀及泄压阀，则加料结束。

固体还原作业：倾动炉氧化扒渣作业结束后，先将输送管道连接好氧化还原口，开启平衡风阀向压力罐体内充压 3min 左右，使罐体上部压力达到 0.5MPa 时，开启喷射风，观察压力表压力，开启助吹补偿风，观察风量情况为送料做准备，开启 V 形阀，先由小到大观察炉口火焰情况，操作人员视其情况指挥炉子将氧化还原口浸没熔体进行还原作业。还原结束，要先关闭送料 V 形阀，当输送管道内料喷吹完毕后再关闭助吹补偿风，再关闭喷射风，打开泄压阀。

10.8　圆盘浇铸机的用途

圆盘浇铸是火法精炼生产阳极板的最后一道工序，其主要作用是将精炼出的铜水浇铸成表面平整、厚薄均匀、致密的优质阳极板。

自动浇铸主要以芬兰奥托昆普公司研发的定量浇铸机为代表。使用自动浇铸系统时，浇铸阳极具有很高的称重准确度和良好的形状和表面，而且有很高的生产能力。倾动炉系统的圆盘浇铸系统是由芬兰 Outotec 提供的自动阳极浇铸系统，此系统包括阳极浇铸、一个中间包、两个浇注包称重设备以及浇铸圆盘、喷淋冷却系统、废阳极板提取机、中央润滑系统、阳极板取板/冷却槽系统、涂模系统和用于系统控制的液压、气动和电子系统。

圆盘浇铸系统分为左右 2 个圆盘，每个圆盘各有 18 块模子，每台圆盘均有各自的独立的控制系统。两个圆盘可同时作业，也可实现单独作业。其配套共用的辅助设备还有：流槽、中间包、浇铸包、喷淋增压泵、水槽冷却循环泵和排蒸汽风机等。此外还需要叉车和出炉吊车配合工作。圆盘浇铸系统如图 10-3 所示。

阳极板的浇铸过程：加入倾动炉内的紫杂铜经过熔化、氧化—还原除杂精炼后，在浇铸控制室操纵炉子。将炉子从零度位置向浇铸方向倾转，高温铜水从出铜口流出，落入安放在炉子下面浇铸侧的活动流槽。再从活动流槽口溢出，经固定流槽进入中间包。待中间包内达到一定量的铜水时，便开始往放在电子秤上的浇铸包灌注铜水，称量系统对注入的铜水进行连续计量称重，当浇铸包内的铜水达到设定的重量时，中间包自动返回并开始向另一台电子秤上的浇铸包倾注铜水，该电子秤同样进行计量称重，铜水量达到设定值时中间包返回至等待位置。圆盘上的空模停留在浇铸位置时，浇铸包开始向浇铸位置的空模进行定量浇铸。当模子内的铜水达到所设定阳极板的单重时，浇铸包自动返回等待位置。中间包又向浇铸包注入一定量的铜水，同时圆盘运转一个模位，浇铸包又重新向下一块空模定量浇铸铜水。圆盘上浇铸好的阳极板便依次进入喷淋冷却区，尚未完全凝固的阳极板在这里得到均匀的强制冷却。从喷淋区出来的阳极板随后转至预顶起（废阳极）位置，在这

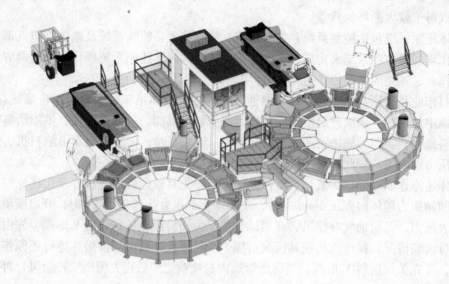

图 10-3 圆盘浇铸系统

里锁模装置与预顶起装置同时启动，锁住模子并将阳极板顶起，废品阳极板在这里被吊离铜模进入废阳极料斗，合格的阳极板便进入提取—水槽位置。该位置的顶起装置又将阳极板顶起，提取机将阳极板从圆盘内取出放入水槽内进一步冷却。待水槽内的阳极板成垛累积达设定数量后，冷却水槽中的链式输送机便将整垛的阳极板送到水槽尾部，水槽尾部的堆垛提升装置将阳极板提升起来，叉车再将成品阳极板叉运至阳极堆场。被提取机取走阳极板的空铜模继续转至喷涂区，喷涂装置将空模进行喷涂处理，在空模上覆盖一层硫酸钡脱模剂。喷涂好的空槽再次进入浇铸位置进行浇铸，如此循环往复作业，直至浇铸结束，然后将炉子倾转回零度位置。

11 余热锅炉

>>

余热锅炉是冶炼生产流程中的一个重要环节，是为确保冶炼工艺安全生产而设置的主要除尘、降温设施，也是为冶金炉窑配置的核心设备，主要是利用冶金炉窑生产的尾部余热加热锅炉给水从而产生蒸汽，并输送至选、冶、化厂区热力管网，同时对高温烟气进行降温除尘，满足电收尘的工艺要求。它直接关系到冶炼炉窑的正常与否。目前，随着生产规模的逐渐扩大，余热锅炉的产汽量也在逐年增加，平均每天可生产饱和蒸汽两千余吨。余热锅炉的应用对提高工业企业热能利用、节约燃料、降低生产成本、减轻环境污染等方面起着十分重要的作用。

11.1 锅炉基础知识

11.1.1 锅炉基础知识

锅炉是利用燃料燃烧释放出的热能或者其他能量将工质加热到一定参数的设备。从能源利用的角度看，锅炉是一种能源转换设备。在锅炉中，一次能源（燃料）的化学能通过燃烧过程转化为燃烧产物（烟灰和灰渣）所载有的热能，然后通过传热过程将热量传递给中间热载体（水和蒸汽），依靠它将热量输送到用热设备中去。

11.1.1.1 锅炉分类

按锅炉用途划分：
电站锅炉，工业锅炉，船舶锅炉，机车锅炉。

11.1.1.2 锅炉系统

锅炉系统分：
水—汽系统，煤—灰系统，风—烟系统。

11.1.1.3 锅炉参数

锅炉蒸发量：t/h
锅炉压力：MPa
$(0.0981\text{MPa} = 1\text{kgf/cm}^2 = 10\text{mH}_2\text{O})$
温度：一般锅炉铭牌上载明的蒸汽温度是以摄氏温度表示的。

11.1.1.4 锅炉型号

举例：

自热炉余热锅炉：QCF15/1300 – 12 – 4.0

倾动炉余热锅炉：QCF35/1100 – 16.5 – 2.0

11.1.1.5 锅炉工质

水：分布广，易于获得，价格便宜，无毒无臭，水蒸气具有较好的热力性质。纯水由氢和氧两种元素化合而成，分子式 H_2O，自然界中存在三种形态：液态、气态、固态。

11.1.1.6 锅炉热效率

在保证锅炉一定处理的情况下，燃料消耗量越小越好，就是说热效率越高越好，由于锅炉构造与运行中各种因素的影响，燃料燃烧后的热量不可能全部被利用，也就是说锅炉的效率不可能达到100%，存在不同程度的损失。

锅炉热率是反映锅炉是否节能的标志，是锅炉经济运行的重要指标。

11.1.1.7 锅炉的热损失

锅炉的热损失分为：
（1）排烟热损失；
（2）化学未完全燃烧热损失；
（3）物理未完全燃烧热损失；
（4）散热损失；
（5）灰渣物理热损失。

11.1.1.8 锅炉热传递

物理本质不同：

高温烟气 —③→ 管外壁 —①→ 管内壁 —②→ 汽水混合物

①传导——炉管外壁面受热后热量传递到内壁面；

②对流——炉管内热水上升，冷水下降，形成循环；

③辐射——太阳热量是以辐射形式传给地球；高温火焰向水冷壁的热辐射，锅炉炉膛内温度1200℃以上时，布置水冷壁吸收辐射热量，可比对流受热面吸热效果提高几倍以上。1000℃以下时辐射传热效果减弱。

11.1.2 锅炉设备

锅炉本体设备：汽包、水冷壁、过热器、省煤器、空气预热器、烟道、钢结构。

锅炉辅助设备：通风设备、给水设备、除尘设备、除灰设备、给水泵、送风机、引风机、安全阀、水位计、阀门等。

11.1.3 锅炉附件与仪表

11.1.3.1 安全阀

A 安全阀的结构及作用原理

结构：阀座、阀瓣、施力装置。

作用：当锅炉压力达到预定限度时，安全阀即自动开启，放出蒸汽，发出警报，使司炉人员能及时采取措施。安全阀开启后能排出足够的蒸汽，使锅炉压力下降，当压力降至额定工作压力以下时，安全阀即能自动关闭。

B 安全阀的形式

安全阀的形式分为：

弹簧式安全阀，杠杆式安全阀，静重式安全阀，水封式安全阀。

C 安全阀的安全技术要求

安全阀的安全技术要求分为：

(1) 每台锅炉至少应装设两个安全阀。

(2) 额定蒸汽压力小于 0.10MPa 的蒸汽锅炉，应采用静重式安全阀或者水封式安全装置。

(3) 安全阀应铅直安装，并尽可能装在汽包、集箱的最高位置。

(4) 安全阀的数量及阀座内径，应根据计算确定。

(5) 安全阀上必须有（限位、防拧螺钉、防飞脱）装置。

(6) 对额定蒸汽压力小于或等于 3.82MPa 的蒸汽锅炉及热水锅炉，安全阀流道直径不应小于 25mm。

(7) 几个安全阀如共同安装在一个与汽包直接连接的短管上，短管的通路截面积应不小于所有安全阀排汽面积之和。

(8) 采用螺纹连接的弹簧式安全阀，其规格应符合 JB2202 的要求。

(9) 蒸汽锅炉安全阀一般应装设排气管，热水锅炉安全阀应装设泄放管。

(10) 在用的锅炉的安全阀每年至少应校验一次，校验后，应加锁或铅封。定期对安全阀进行手动的排放试验。安全阀出厂时，应标有金属铭牌。

11.1.3.2 压力表

A 压力表的作用

用来测量和指示汽包内压力的大小。

B 压力表的种类

压力表的种类分为：液柱式压力表，弹簧管式压力表，膜盒式压力表。

C 压力表的附属零件

压力表的附属零件为：存水弯管，三通阀门。

D 压力表的安全技术要求

压力表安装位置的要求（汽包；给水管调节阀前、省煤器出口、蒸汽过热器出口和主蒸汽阀之间），等等。

11.1.3.3 水位表

A 水位表的工作原理

与连通器的原理相同，玻璃管的两端分别插入汽、水旋塞的端头里，汽、水旋塞通过汽水连通管和锅筒的汽水空间相连通。这样，水位计所指示的水位就与锅筒中的水位基本相同。

B　水位表的结构和形式

水位表的结构和形式如下：

（1）玻璃管式水位表；

（2）平板玻璃式水位表；

（3）双色水位表；

（4）远程水位显示装置；

（5）可视化水位表。

C　水位表的安全技术要求

水位表的安全技术要求如下：

（1）每台锅炉应装两个彼此独立的水位表。

（2）水位表应装在便于观察的地方。

（3）用远程水位显示装置监视水位的情况，控制室内应有两个可靠的远程水位显示装置，同时运行中必须保证有一个直读式水位表正常工作。

（4）水位表应有下列标志和防护装置：水位表应有指示最高、最低安全水位和正常水位的明显标志，水位表的下部可见边缘应比最高火界至少高50mm，且应比最低安全水位至少低25mm，水位表的上部可见边缘应比最高安全水位至少高25mm；为防止水位表损坏伤人，玻璃管式水位表应有防护装置，但不得妨碍观察真实水位；水位表应有放水阀和接到安全地点的放水管。

（5）水位表的结构和装置应符合以下要求：锅炉运行中能够吹洗和更换玻璃板（管）；用两个及两个以上玻璃板组成一组的水位表，能够保证连续指示水位；水位表或水表柱和锅筒（锅壳）之间的汽水连接管内径不得小于18mm，连接管长度大于500mm或有弯曲时，内径应适当放大，以保证水位表灵敏准确；连接管应尽可能短，如连接管不是水平布置时，汽连接管中的凝结水应能自行流向水位表，水连管中的水应能自行流向锅筒（锅壳），以防止形成假水位。

（6）阀门的流道直径及玻璃管的内径不得小于8mm。

（7）水位表和汽包之间的汽水连接管上，应装有阀门，锅炉运行时阀门必须处于全开位置。

11.1.3.4　温度仪表

A　温度仪表的作用

温度是热力系统的重要状态参数之一，在锅炉和锅炉房热力系统中，给水、蒸汽和烟气等介质的热力状态是否正常，风机和水泵等设备轴承的运行情况是否良好，都依靠对温度测量的仪表来进行监视。

B　温度仪表的结构

常用的温度测量仪表有：玻璃温度计、压力式温度计、热电偶温度计、光学温度计、热电阻温度计。

C　对温度仪表的安全技术要求

（1）过热器出口、由几段平行管组成的过热器的每组出口、铸铁省煤器出口、燃油锅炉空气预热器烟气出口、过热器的入口烟温、燃油锅炉燃烧器的燃油入口，都应装设测温仪表。

(2) 在热水锅炉进出口均应装置温度计。

(3) 有机热载体炉出口的气相或液相有机热载体输送管道上，在截止阀前靠近有机热载体炉的地方应安装温度显示和记录仪表。

(4) 有表盘的温度测量仪表的最大量程，应为所测正常温度的 1.5～2 倍。

(5) 温度测量仪表的校验和维护，应符合国家计量部门的规定。

11.1.3.5　排污与放水装置

A　排污阀

种类：排污阀门、齿条闸门式、摆动闸门式、慢开闸门式、慢开斜球形。

B　排污膨胀器

作用：将排污水放入承压的排污膨胀器，对排污膨胀器内的汽、水区分利用，是利用排污水热能的简易方法之一。

C　取样冷凝器

作用：对蒸汽锅炉水进行水质化验时，由于取出高于70℃的炉水在空气中会沸腾、蒸发、浓缩，因此化验值会高于实际值，为了消除这一误差，在取水样和蒸汽汽样时，应采用取样冷凝器。

11.1.3.6　锅炉的保护装置与自动控制

锅炉的自动控制与保护装置对锅炉的安全运行起着十分重要的作用：当被控对象的变化超过给定范围之后，具有限制报警作用。锅炉出现异常情况或操作失误时，具有连锁保护作用。当锅炉正常工作时，具有控制（测量、指示）作用。

A　锅炉的警报系统

锅炉的警报系统由水位、压力、温度的传感器与声光信号装置相互串联而组成的一个电路系统。

(1) 水位警报系统：磁钢式水位传感器，电感式水位传感器，波纹管式水位传感器，电极式水位传感器。

(2) 超压警报系统：电接点压力表，YWK-50 型压力控制器。

(3) 超温警报系统：电接点水银温度控制器，压力式温度控制器，双金属温度控制器，动圈式温度指示控制器。

B　锅炉的连锁保护系统

锅炉的连锁保护系统有：

(1) 低水位连锁保护；

(2) 压力连锁保护；

(3) 超温连锁保护；

(4) 给水泵的连锁保护；

(5) 循环水泵的连锁保护：循环泵与备用泵间的连锁保护，循环水泵与燃烧系统间的连锁保护；

(6) 紧急停炉连锁保护：送引风机的连锁保护、炉排的连锁保护、燃油燃气锅炉的紧急停炉连锁保护；

（7）燃烧器的程序控制与连锁保护；

（8）防爆门：常用的防爆门有翻板式和爆破膜式两种。

C　锅炉的自动控制

主要是水位自动控制系统（也称为给水自动调节或给水控制）和燃烧调节的自动控制系统。

11.1.3.7　弹性锤击式振打装置

A　弹性锤击式振打装置技术参数

弹性锤击式振打装置技术参数见表 11-1。

表 11-1　弹性锤击式振打装置技术参数

型　号	振打频率/次·min^{-1}	振打力/kN	电机功率/kW	电源/V	外形尺寸/mm×mm×mm（长×宽×高）
TZ-3-Ⅱ	3	40 ~ 400	0.37	380/220	660×288×1030

B　运行前准备

运行前准备如下：

（1）振打器各传动部位润滑是否良好。

（2）弹性振打杆上的螺栓 M24 是否拧到位，即螺栓的端面，要低于振打面 4 ~ 5mm，然后将定位螺栓 M8 拧紧。

（3）手动盘车试打：卸除振打器防护罩，拆除电动机端盖，手动盘车，由电动机端部向减速机看，电动机应顺时针旋转，举锤动作能正常进行。

（4）点动试车，确认旋转方向正确，然后将电动机端盖和电源盒复位固定。

（5）防护罩复位。

C　运行调整

根据设计及工艺要求 36 台振打装置，即过渡段、上升段 12 台、下降段 7 台、对流区 17 台，每组振打频率根据锅炉内壁黏结情况和工艺要求由技术员安排调整，每台振打器的振打力，可根据锅炉内壁黏结情况和工艺要求将举锤高度做 30°、60°、90° 相应调整。如果自动发生故障时，锅炉工应及时根据设定时间改为手动控制振打。

D　炉振打操作程序

自热炉余热锅炉振打分为过渡段（1 个控制箱）、上升段（1 个控制箱）、下降段（2 个控制箱）、对流段（3 个控制箱），现场共 7 个控制箱，振打控制分为手动和自动两种控制方式。手动控制操作对应控制箱的控制按钮即可。

手动控制操作顺序：把对应的控制箱上转换开关打至右 45° 位，为手动控制，按控制箱上启动按钮即可开始运行，振打完毕后，按控制箱上停止按钮，振打停止运行，将转换开关打至左 45° 位。

自动控制操作顺序：先将 7 个现场控制箱上转换开关全部打至左 45° 位，为自动位；再按控制室振打控制箱上启动按钮即可，振打按设定好的程序进行运行；最后停止时，按控制室控制箱上停止按钮即可，运行中止。

11.1.3.8 冲击波吹灰装置操作说明

A 冲击波吹灰原理

KMY-GH 型冲击波吹灰器基本工作原理是：让可燃气体在一个特殊设计的装置中爆燃，爆燃气体在瞬时产生高压，在装置中产生一道冲击波，并从装置的喷口发射到积灰表面；通过设定好的冲击波强度和方向，可以满足该炉空气预热段积灰的吹灰要求，使积灰在适当强度的冲击波冲击下脱离换热表面。

B 冲击波吹灰器系统组成

KMY-GH 型冲击波吹灰器由 3 个部分组成：工作层面、主发生器和电气控制部分。冲击波吹灰器系统组成示意图如图 11-1 所示。

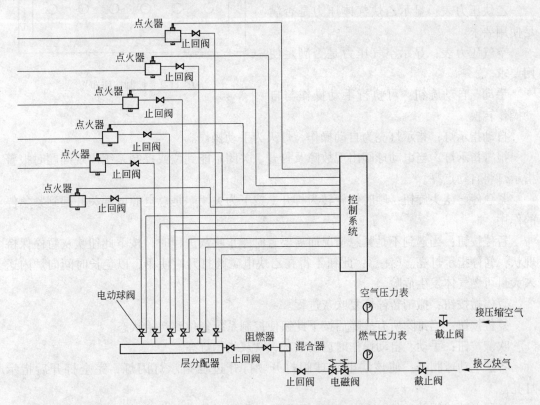

图 11-1 冲击波吹灰器的系统组成示意图

控制按钮布置如图 11-2 所示。

对 3 个主要组成部分的说明：

（1）工作层面：工作层面由各个吹灰层面组成，每个吹灰层面都通过火焰加速导管与主发生器相连。一个吹灰层面包含两个冲击波发生器及冲击波发射喷口，发生器中充有主发生器输送来的可燃混合气，并被主发生器通过火焰加速导管点燃。爆燃燃烧波在发生器中发展并受发生器加强，产生一定强度的冲击波，从发射喷口发出，作用于积灰表面。

（2）主发生器：包括燃气与空气的混合装置、混合气体的点火装置、工作层面的分配装置和所有的控制和安全阀门以及流量检测仪表等。它受控制系统的控制，按规定程序进行工作，向工作部分输送可燃混合气体并进行点燃。

（3）控制系统：控制系统由控制柜和控制阀门及仪表组成。控制柜的核心部分采用OMRON 公司的 PLC 控制器，可以采用手动操作和全自动操作两种控制方式。控制柜检测各层电动球阀的状态，对整个系统进行安全保护。

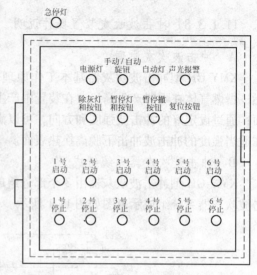

图 11-2 控制按钮布置

乙炔压力表：显示乙炔气体压力是否满足使用要求。

空气压力表：显示空气压力是否满足使用要求。

手动、自动旋钮：可执行手动操作与自动操作转换。

自动指示灯：指示灯亮为自动操作，灯灭为手动操作。

报警指示灯：当电动球阀出现故障及打开、关闭不能到位或控制系统出现问题时报警指示灯将自动点亮。

紧急停蘑菇头旋钮：顺时针旋转为打开，按下为关闭。是总电源的开关并起到紧急停的作用。

暂停按钮：当遇到不是紧急情况而需要暂时停止吹灰进程时，按下此钮吹灰暂停保持现状，暂停指示灯亮。（注意：此钮不得在乙炔电磁阀打开时使用，以免长时间向炉内送入大量可燃气体发生危险。）

暂停撤按钮：撤销暂停恢复吹灰进程。

复位按钮：当排除所有故障后按下此钮使控制系统复位到初始状态。

吹灰按钮：手动、自动操作时启动吹灰，吹灰指示灯亮。

各层电动球阀开：使该层电动球阀打开。打开过程指示灯闪烁，完全打开后指示灯亮。

各层电动球阀关：使该层电动球阀关闭，关闭过程指示灯闪烁，完全关闭后指示灯亮。

复位 + 暂停撤按钮先后按下时可检测全部指示灯是否正常。

C 冲击波吹灰器操作规程

a 吹灰准备

（1）必须当锅炉运行稳定时进行吹灰，或根据实际情况而定。

（2）检查空气、乙炔管路、压力是否正常；管路中截止阀、电磁阀、电动球阀是否处于初始状态（关闭状态）。

（3）检查电源供应是否正常；点火器高压电缆是否正常；控制柜上操作按钮是否处于初始状态（弹起状态）。

（4）必要时手动打开层分配器、点火器放水阀门，将水放净后务必关闭放水阀门，或根据实际情况而定。

b 启动步骤

（1）开启空气入口截止阀，空气压力调节阀已预调至 0.1～0.15MPa。

（2）打开乙炔瓶减压阀调节至出口压力 0.12～0.15MPa；打开气体管线上的截止阀。

（3）确认接通主电源（红色电源指示灯亮）给控制柜供电，顺时针转动控制面板上红色蘑菇头急停旋钮，给控制系统供电。

c 自动控制

（1）接通电源后各层电动球阀开始关闭，各层（关闭）指示灯闪烁，待各层关闭绿色指示灯全部点亮（表示各层电动球阀关闭）。

（2）将控制面板上的自动/手动旋钮旋至自动状态，自动指示灯亮。

（3）按吹灰按钮（吹灰指示灯亮）。

（4）当需要停止自动吹灰时，可在一个吹灰循环结束后按下急停按钮即可。

d 手动控制

（1）关断电源重新启动，接通电源。

（2）将控制面板上的自动/手动旋钮旋至手动状态（自动指示灯灭），此时可任意选择某一层吹灰，可吹灰多次。

（3）按下某一层开启按钮（该指示灯闪烁）直到点亮（表示该层电动球阀打开）。

（4）按吹灰按钮（吹灰指示灯亮），系统进行吹灰，吹灰两次，吹灰完毕自动关闭该层电动球阀（吹灰指示灯灭），等待下一次选择。

e 停止运行步骤

（1）关闭乙炔入口截止阀。

（2）关闭空气入口截止阀。

（3）观察各层阀门是否处于"关闭"状态，若有某层处于"开"状态，将面板上的自动/手动旋钮旋至手动状态，按下关闭按钮关闭该层电动球阀，然后按下红色急停按钮，系统停电。

f 注意事项

（1）为保证吹灰效果，应做到每天吹灰数次，或按实际情况而定。

（2）非工作人员不得随意开关系统各管路阀门。

（3）当在吹灰过程期间需要停止吹灰时，在给控制柜断电之前要保证电动球阀处于"关闭"的状态。

（4）当采用手动操作，各层吹灰顺序应先上后下顺应烟气走向分步进行吹灰。

（5）当检查指示灯是否出现故障时，可同时按下暂停撤、复位按钮指示灯及故障报警灯全部点亮。

（6）当电动球阀长期不工作，会发生发涩现象，开启或关闭时间过长，当大于1min 时系统发出声光报警并停止运行等待排除故障。排除故障后复位相应电动球阀即可。

（7）当出现紧急情况时应立即按下红色蘑菇头紧急按钮断电，排除故障后方可通电继续吹灰。

（8）控制柜不得随意打开，出现故障应由专业人员维修，并保持柜内清洁。

11.1.4　余热锅炉

余热锅炉原理：是利用高温的烟气等生产过程的余热，以生产蒸汽或者热水的热交换设备。

余热锅炉作用：余热锅炉的应用对提高工业企业热能利用、节约燃料、降低生产成本、减轻环境污染等方面起着十分重要的作用。

余热锅炉特点：余热锅炉的工作参数（压力、蒸发量、温度）不能任意选定，它取决于余热的热力参数，如烟气流量、温度、成分等。余热锅炉的运行参数也是随着余热参数的波动而变化的，负荷和压力不易控制。

11.2　锅炉故障判断及处理

11.2.1　锅炉运行中危险因素

事故类别进行分类参照《企业职工伤亡事故分类》（GB 6441—1986），综合考虑起因物、引起事故的诱导性原因、致害物、伤害方式等，将危险因素分为20类。

（1）物体打击。指物体在重力或其他外力的作用下产生运动，打击人体，造成人身伤亡事故，不包括因机械设备、车辆、起重机械、坍塌等引发的物体打击。

（2）车辆伤害。指企业机动车辆在行驶中引起的人体坠落和物体倒塌、下落、挤压伤亡事故，不包括起重设备提升、牵引车辆和车辆停驶时发生的事故。

（3）机械伤害。指机械设备运动（静止）部件、工具、加工件直接与人体接触引起的夹击、碰撞、剪切、卷入、绞、碾、割、刺等伤害，不包括车辆、起重机械引起的机械伤害。

（4）起重伤害。指各种起重作业（包括起重机安装、检修落、试验）中发生的挤压、坠落（吊具、吊重）物体打击和触电。

（5）触电。包括雷击伤亡事故。

（6）淹溺。包括高处坠落淹溺，不包括矿山、井下透水淹溺。

（7）灼烫。指火焰烧伤、高温物体烫伤、化学灼伤（酸、碱、盐、有机物引起的体内外灼伤）、物理灼伤（光、放射性物质引起的体内外灼伤），不包括电灼伤和火灾引起的烧伤。

（8）火灾。

（9）高处坠落。指在高处作业中发生坠落造成的伤亡事故，不包括触电坠落事故。

（10）坍塌。指物体在外力或重力作用下，超过自身的强度极限或因结构稳定性破坏而造成的事故，如挖沟时的土石塌方、脚手架坍塌、堆置物倒塌等，不适用于矿山冒顶片帮和车辆、起重机械、爆破引起的坍塌。

（11）冒顶片帮。

（12）透水。

（13）爆破。指爆破作业中发生的伤亡事故。

（14）火药爆炸。指火药、炸药及其制品在生产、加工运输、贮存中发生的爆炸事故。

（15）瓦斯爆炸。

（16）锅炉爆炸。炉管爆炸、汽包爆炸等。

（17）容器爆炸。风包、储气罐、乙炔瓶等。

（18）其他爆炸。

（19）中毒和窒息。氮气窒息、烟气中毒等。

（20）其他伤害。

锅炉运行中上述的危险因素就包括很多，所以在日常运行生产中时刻要以安全生产管理制度、各项劳动纪律为准则，各种运行操作做好准确无误，没有丝毫差错。

11.2.2 锅炉新设备投产准备

锅炉新设备投产准备如下：

（1）水压试验。

目的：锅炉在冷态下对锅炉承压部件进行的一种严密性检查，用来检查承压部件的缺陷所在，以便发现后能及时地在检修中给予解决。

种类：工作压力下的水压试验和 1.25 倍工作压力的超水压试验。

条件：水压试验可随意进行，超水压试验不能随意进行。

合格标准：1）在试验压力下保持 5min，压降不得超过 0.5MPa。2）没有漏水。3）水压试验后没有残余变形。

（2）漏风试验。

目的：检查炉膛、烟道是否漏风。

方法：正压试验法，负压试验法。

（3）转动机械试运行：试运行前检查及准备工作，试运行合格标准。

（4）锅炉的保护及连锁试验。

（5）烘炉。

（6）煮炉。

目的：除去铁锈、水垢、油污、其他杂物。

用药：氢氧化钠、磷酸三钠、无水碳酸钠。

步骤：加药—升压—排污—测量水质—合格

重复 ↑ 不合格 ↓

（7）化学清洗。步骤为水冲洗、碱洗或碱煮、酸洗、水冲洗、漂洗和钝化。

（8）并汽前试验、调整、冲洗蒸汽管路。

11.2.3 锅炉常见故障

处理事故时的注意事项及原则：锅炉一旦发生事故，司炉人员一定要镇静做到"稳"、"准"、"快"，不可惊慌失措，发现异常应查明事故原因，处理事故的动作要迅速正确。司炉人员对事故原因不清楚，应迅速向领导汇报，不可盲目处理。司炉人员从事故发生起，直到事故处理妥善为止，不得擅自离开岗位。事故消除后，应将发生事故的设备时间、原因、经过、处理方法等详细记入锅炉事故记录中。

11.2.3.1 缺水事故

缺水事故的原因：

（1）管理不严，劳动纪律松懈，有脱岗、睡岗现象；

（2）水位表未按时冲洗或冲洗后旋塞不到位；

（3）给水设施故障未及时发现、处理；

（4）排污阀泄漏或关不严或排污时间过长；

（5）监查人员对水位监视不够或误操作或自动上水仪表失灵；

（6）报警系统长期关闭或失灵。

缺水的现象：

（1）水位报警器发出低水位报警信号；

（2）玻璃板水位低于最低安全水位 −250mm 或看不见任何水位；

（3）水位静止不动；

（4）蒸汽流量大于给水流量。

轻微缺水的处理：

（1）立即关闭连续排污阀，检查定期排污阀。

（2）检查整个给水控制系统是否正常（DCS 操作系统、泵房），给水管路上的阀门是否完全打开，如控制系统故障，可手动打开旁路给水。

（3）在给水泵（工作泵）水量满足了锅炉用水时，备用泵应立即启动。如果连锁装置失灵，应手动启动备用泵。

（4）待水位恢复正常后，打开连续排污阀，恢复正常运行。

（5）如果水位无法恢复正常，应检查各循环回路水流量是否发生变化或其他异常情况，判断是否有严重泄漏等事故，此时，应通知炉窑，采取停炉措施（与爆管事故处理相同）。

严重缺水的现象及处理：

现象：汽包水位无法保证正常水位，锅炉循环水流量低于最小值。

处理：

（1）炉窑停炉；

（2）关闭所有排污阀；

（3）如各循环回路流量正常，应保证正常循环；

（4）如汽包水位无法保证正常水位，锅炉循环水流量低于最小值，停止给水泵和循环泵，禁止向锅炉上水，否则，将引起受热面急剧变形或爆管；

（5）打开所有人孔门，检查门，使锅炉尽快得到冷却；

（6）通知电工、仪表工作相应的检查；

（7）待锅炉完全冷却后，检查处理故障，故障处理结束后，经水压试验和检查确认锅炉受压元件无损坏，变形，方可开炉。

11.2.3.2 满水事故

满水事故的原因：

（1）自动控制系统失灵，锅炉给水未作相应的调整或给水流量不正常地大于蒸汽流量；

（2）监查人员疏忽大意，发生高水位报警时，未作相应调整；

（3）报警系统长期关闭或失效。

满水事故的现象：

（1）玻璃板水位超过允许的最高水位 250mm；

（2）严重满水时，蒸汽管道内发生水击。

轻微满水的处理：

立即打开定期排污阀，加大锅炉放水，迅速打开蒸汽管道上的疏水阀，防止水击。同时减小锅炉上水，如果锅炉给水系统故障，可用手动操作。在水位恢复正常后，关闭汽包定期排污阀。

严重满水的处理：

立即关闭锅炉给水阀门，停止上水，打开汽包定期排污阀，加大放水，防止水击。立即通知炉窑停炉。关闭蒸汽并网阀门，打开管道上的疏水阀，防止水击，通过启动蒸汽阀门控制压力。待水位恢复正常后，检查锅炉各部件无损坏，方可投入运行。

11.2.3.3 超压事故处理

锅炉超压事故的原因：

（1）合成炉超设计投料，造成余热锅炉过量蒸发；

（2）主蒸汽管网上的并汽阀开度不够。

锅炉超压事故的现象：

锅炉压力表指针超过锅炉最高允许压力指示值或超压报警。

超压事故处理：

（1）当锅炉压力超过工作压力时，要严密监视水位，确保锅炉水位正常；

（2）打开主蒸汽管上的启动蒸汽阀，降低锅炉压力；

（3）检查主蒸汽管上的阀门是否在正确位置，打开旁路阀锅炉降压；

（4）如果锅炉压力继续上升，达到安全阀控制压力，安全阀应自动打开；

（5）当压力降到工作压力后，关闭蒸汽启动阀及旁路阀，恢复正常运行。

11.2.3.4 汽水共腾

汽水共腾的原因：

（1）锅水含盐量太大；

（2）在高水位时主汽阀开启太快，产生"吊水"现象，诱发汽水共腾；

（3）排污量过小。

汽水共腾的现象：

（1）水位表内水位剧烈波动，甚至看见泡沫；

（2）管道内发生水击，法兰接头处漏水；

（3）蒸汽品质下降。

汽水共腾的处理方法：

（1）关闭主气阀，用汽动阀门控制压力；

（2）开启连续排污阀和定期排污阀，同时加大上水，防止水位降低，加大管道疏水；

（3）通知化验人员取样分析，根据分析结果调整排污，改善水质；

（4）处理正常后，将定期排污阀关闭，调整连续排污，将炉子恢复正常运行。

11.2.3.5　汽包水位计损坏

汽包水位计损坏处理如下：

（1）应将损坏的水位计停用关闭，即关闭汽、水联管阀门，开启放水阀；

（2）严密注视另一只水位计的工作状况，使锅炉仍处于正常运行状态；

（3）立即报告有关领导或调度，尽快组织人员抢修；

（4）当所有的水位指示失灵，应采取紧急停炉措施。

紧急停炉方法：

（1）立即停炉；

（2）关闭锅炉所有排污阀，用蒸汽启动阀来控制锅炉压力降压；

（3）打开所有人孔门、检查门，使锅炉尽快得到冷却。

11.2.3.6　余热锅炉爆管

爆管的特征和征兆：

（1）余热锅炉炉管有大量的蒸汽喷出；

（2）汽包水位计内水位迅速降低，蒸汽压力和给水压力下降。

炉管爆炸的原因：

（1）炉水水质不符合标准，致使管子内部结垢或腐蚀；

（2）在安装和检修时，管内有杂物堵塞，使管子局部过热而出现破裂；

（3）在检修，清理烟灰块时，有下落物砸坏管子，而又未及时发现；

（4）烟气结露造成对炉管的腐蚀，炉管破裂；

（5）自热炉喷炉熔体烧坏炉管，造成管子鼓包开裂；

（6）焊接质量不合格，材料不合乎标准，以及其他制造中的缺陷引起爆管；

（7）设计有缺陷，水循环被破坏；

（8）安装不合要求，热膨胀不均或有开炉时急速升温升压，有可能造成开裂，或者炉管长期受烟气中的烟灰粒子冲刷而造成管壁局部变薄。

爆管的处理：

（1）余热锅炉发生爆管事故时，应及时汇报并紧急停炉；

（2）发现管子有漏水漏气现象时，应保持汽包水位在上限，增大给水量，并加强循环，并采取紧急停炉。

爆管的预防：

（1）加强炉水的化验，平时严格控制炉水的水质；

（2）在安装及接管时，要详细检查炉管，并清理管内异物，保证炉管的焊接质量。

11.2.3.7　炉水汽化

炉水汽化的特征和征兆：

（1）循环水流量波动大；

（2）循环泵进出口压力有剧烈波动，电机电流变化大；

（3）汽包入口和循环泵出口水循环管出现摆动。

炉水汽化的原因：

（1）循环泵停止运转，受热面水循环被破坏；

（2）余热锅炉未上水，自热炉先烘炉；

（3）管道内空气未排净；

（4）个别管路出现过热现象。

炉水汽化的处理：

（1）循环泵发生汽化后，把循环泵放空阀打开，放出空气或污垢；

（2）运行中保持水循环稳定；

（3）如果是因循环泵汽化，应及时改用备用泵，待故障处理后再恢复运行。

炉水汽化的预防：

升温前将排空阀打开，待有蒸汽放出后再关闭，升温过程中，保持温度压力稳定。

11.2.3.8　事故停电

锅炉工在发现水泵停车或接到停电通知后，在计算机上监视备用循环泵是否自动启动，如果发现没有自动启动，在计算机上远程手动启动，远程启动失败，锅炉工迅速在锅炉泵房内手动启动有指示灯亮（供电正常）的循环泵，如仍无法启动时，立即汇报调度安排电工检查处理并要求自热炉炉长安排人员打开锅炉所有人孔门降温；另一名操作工要迅速到现场检查锅炉、汽包等设施，要密切监视汽包水位，若低于正常水位，通知锅炉泵房启动有指示灯亮（供电正常）的锅炉给水泵补充水位，如无法启动时，立即汇报调度安排电工检查处理；若锅炉车间的二期系统因事故停电不能正常供应除盐水，则切换到备用系统（备用系统由动力厂二车间提供除盐水）。在故障状态下，严禁锅炉进行排污作业，保证锅炉压力防止汽包水位下降过快。

11.2.3.9　岗位出现非正常情况的处置及报告程序

余热锅炉在遇到下列情况时，应立即紧急停炉；岗位出现非正常情况的处置及报告程序如下：

（1）余热锅炉严重缺水，即使关闭水位计上部的蒸汽旋塞，也未显示水位，这时绝对禁止加水；

（2）余热锅炉严重满水，水位超过水位计可见水位，打开事故排水和排污阀后水位仍未下降；

（3）水位计、压力表、安全阀全部出现故障不能使用时；

（4）汽包压力超过安全阀起跳压力，安全阀已起跳而压力并未下降；

（5）余热锅炉受压部件或焊缝有裂缝、凸起、蜂窝、鼓包等现象；

（6）给水系统或循环系统发生严重故障；

（7）循环泵出口压力低于规定值，或事故停电；

（8）余热锅炉元件有损坏，危及人身及设备安全。

11.2.4　紧急停炉程序

紧急停炉程序如下：

（1）自热炉立即提枪停止吹炼。

（2）出现严重缺水时，应将锅炉所有人孔门打开，同时增大风机抽力迅速降温。

出现上述（1）～（5）情况时，应及时缓慢降压。

（3）管道出现泄漏，应及时降压，同时要严密监视汽包水位。

（4）余热锅炉裙罩水冷壁发生管道泄漏，炉水进入自热炉时立即关闭泄漏模式壁联箱进水及回水阀门，同时打开联箱排污阀，如果发生余热锅炉过渡段或上升段水冷壁发生管道泄漏，炉水进入自热炉不能控制时，自热炉立即提枪停止吹炼，炉内出现积水时，自热炉严禁清枪、进料作业，保证自热炉熔池面静止，锅炉工立即停锅炉给水泵及循环泵，同时通过压力调节阀与排污阀将炉水放空、泄压。炉长组织生产工将锅炉人孔门打开，同时增大风机抽力迅速降温。

（5）出现上述情况岗位工可与自热炉炉长联系采取紧急停炉后，再汇报车间调度、主管技术员等，逐级上报。

11.2.5　余热锅炉仪表计算机故障或仪表气源故障

11.2.5.1　仪表计算机故障

故障的特征和征兆：

（1）计算机死机或蓝屏；

（2）仪表调节阀失灵不能控制或操作。

应急处理：

（1）自热炉立即提枪停止吹炼；

（2）将锅炉所有人孔门打开，同时增大风机抽力迅速降温；

（3）现场观察汽包及除氧器水位及压力，判断出故障仪表阀门后关闭故障阀门进口或出口手动截止阀，通过其旁通手动截止阀控制汽包及除氧器水位及压力的正常；

（4）汇报调度联系自动化排除故障后再将其投入自动控制。

11.2.5.2　仪表气源故障

故障的特征和征兆：

（1）仪表气源压力不足或中断；

（2）仪表调节阀失灵不能控制或操作（汽包液位调节阀、除氧器液位调节阀全部打开，汽包压力调节阀、除氧器压力调节阀全部关闭）。

应急处理：

（1）自热炉立即提枪停止吹炼；

（2）将锅炉所有人孔门打开，同时增大风机抽力迅速降温；

（3）现场观察汽包及除氧器水位及压力，判断出故障仪表阀门后关闭故障阀门进口或出口手动截止阀，通过其旁通手动截止阀控制汽包及除氧器水位及压力的正常；

（4）汇报调度联系自动化排除故障后再将其投入自动控制。

12 排烟收尘系统

《《《

铜熔炼自热炉、卡尔多炉排烟收尘系统一直是影响生产的瓶颈，主要原因是：自热炉、卡尔多炉采用纯氧吹炼，烟气中容易形成冷凝水，同时含铜的烟灰容易溶解在水中形成稀酸，对收尘器和烟道产生腐蚀。从自热炉、卡尔多炉建成投产以来，相继采用了沉尘室—旋涡—风机—13m² 电收尘、汽化冷却器—沉尘室—旋涡—风机—13m² 电收尘的工艺流程，最终采用稀酸闭路循环洗涤烟气的方法，将酸液中溶解的铜采用硫酸铜溶液加以回收。采用湿法工艺处理烟气后，较好地解决了系统排烟不畅的问题。

铜熔炼收尘系统包括自热炉收尘系统、1 号、2 号卡尔多炉收尘系统。自热炉收尘系统由喷雾冷却塔、文丘里收尘器、旋湿脱水器组成。1 号、2 号卡尔多炉收尘系统分别由文丘里收尘器、旋湿脱水器组成。上述系统收集后的烟尘水溶液进入储液槽中储存，然后通过底流泵打入两个容积分别为 300m³ 的沉降槽进行固液分离，含铜酸液由槽车送铜盐厂处理，酸泥经过压滤返回精矿仓。沉降槽的上清液返回进入稀酸循环槽，再通过稀酸循环泵打入各个收尘器进行收尘。

12.1 排烟收尘系统基本原理

12.1.1 喷雾冷却塔

喷雾冷却塔由洗涤塔塔体、雾化喷水装置两部分组成，其所用原理是：一是利用快速蒸发吸热降低烟气温度；二是利用极小极快的雾化水滴收集微细粉尘成大粉尘，以利于烟气收缩从而气体流速减慢之后，粉尘进行沉降。从而达到控制烟气的含尘量和烟气出口温度的目的，如图 12-1 所示。

喷雾冷却塔是通过细小的水珠收集粉尘。在洗涤塔上有多层喷嘴，水从喷嘴呈雾状向下喷出，完全充满塔内空间。水珠与气流中固态颗粒接触而被吸住，塔内不断流动的烟气通过这种喷洗而被净化，然后排出净化后的烟气。水珠将固态物质带到塔的底部随之排出进入储液池。为了让细小的水珠充满塔内空间，要求提供充足的水量和一定的水压，同时喷嘴的结构也决定了喷嘴的雾化效果。为了获得最大的净化效率，喷嘴要与粉尘颗粒大小、烟气量和气体通过洗涤塔的速度相适应。尘粒之所以被收集，主要基于下列机理：(1) 惯性碰撞；(2) 扩散作用；(3) 其他作用。

烟气自冷却塔的顶部进入，底部排出，喷雾装置设计为顺喷，即冷却水雾流向与气流相同。塔内断面气流速度在 4.0m/s 以下。若气流速度增大，则必须增大塔体的有效高度，以便烟气在塔内有足够的停留时间，使其水雾容易达到充分蒸发的目的。喷嘴喷入的水滴直径要求很细，使其雾粒在与高温气体接触的很短时间内，吸收烟气显热后全部汽化。

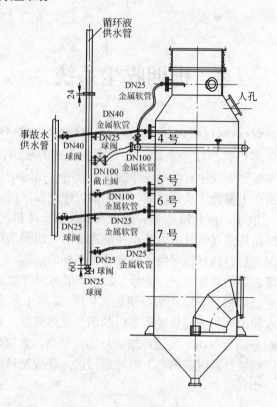

图 12-1　喷雾冷却塔示意图

　　喷雾冷却塔可将各种颗粒的烟尘进行清除，但是粒度在 $1\mu m$ 以下时净化较为困难，$10\mu m$ 烟尘的喷洗效率为 88%，$90\mu m$ 烟尘的净化为 98%，因此，喷雾洗涤塔一般作为初级或二级收尘装置。

12.1.2　文丘里收尘器

　　文丘里收尘器是利用固体颗粒和水珠惯性碰撞的原理。文丘里湿式除尘器的除尘过程，可分为雾化、凝聚和脱水 3 个环节，前两个环节在文氏管内进行，后一环节在脱水器内完成。含尘气体由进水装置进入收缩段后流速急剧增大，气体流速在喉口处达到最大值，气液两相之间的相对流速也达到最大值。从喷嘴喷射出来的雾化水滴在高速气流冲击下进行二次雾化，二次雾化的能量由高速气流供给。

　　在喉口处气体和水充分接触，并达到饱和，尘粒表面附着的气膜被冲破，使尘粒被水湿润，发生激烈的凝聚。在扩散管中气流速度减小，压力回升，以尘粒为凝结核的凝聚作用形成，凝聚成粒径较大的含尘水滴，更易于被捕集。粒径较大的含尘水滴进入脱水器后，在重力、离心力等作用下，干净气体与水、尘分离，达到除尘之目的。

　　要净化的烟气和水在流动的气流中被雾化。气体和水珠之间的相对速度是相当高的，气体速度达 $80 \sim 120 m/s$，洗涤器有一个收缩—扩张喉口，从这个喉口喷入细小水珠，烟气和水进行充分的接触，烟气中的烟尘颗粒被水吸附。粉尘颗粒与水珠结合后汇集在洗涤器喉管收缩部分下面的分叉部位的壁上，向下流到收尘器的底部沿排水管进入储液槽，净化后的烟气被排出，如图 12-2 所示。

文丘里收尘器的收尘效率与压力降成正比，因此，可以通过调节压力降、喷水流速和进气速度来提高文丘里收尘器的收尘效率。文丘里收尘器压力降通常在 8 ~ 10kPa，烟气在文丘里喉口的烟气速度在 80 ~ 120m/s。

环缝式可调喉口文氏管包含进水装置、收缩段、喉口段、扩张段、90°弯头段，各段之间采用法兰进行紧固密封连接。在收缩段及喉口段内装有重锤，在 90°弯头段上方安装有液压装置，重锤上端通过法兰、连接轴和液压缸连接头与液压装置连接。在进水装置内部装有中心雾化喷嘴喷水（或酸性介质）取代结构复杂的双侧喷水装置，雾化喷嘴处于重锤的正下方，不易堵塞，并且使液体在喉口处布置均匀。在 90°弯头段外壳顶部装配有与拉杆相配合的密封

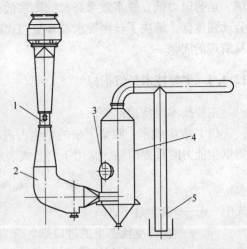

图 12-2　文丘里收尘器示意图
1—重锤；2—文氏管；3—人孔门；
4—旋流脱水器；5—安全水封

装置。液压装置带动拉杆来控制重锤上下移动，使重锤与喉口之间所形成的环隙面积也随之变化，呈线性调节，使通过喉口的烟气流速不变，达到整个净化除尘系统稳定运行，可大大提高烟气的净化效果，减少污染。并且环缝文氏管为长径文氏管，增加了气液混合时间，增大了喉口调节量，增强净化效果，并且使调整更加快速、精细。

12.1.3　旋流脱水器

旋流脱水器是一种离心脱水器，是利用气体和液体在离心力的作用下因密度的不同而分离的一种装置。旋流脱水器如图 12-3 所示，是使气体在液滴捕集器内旋转，依靠离心力把液滴投向器壁。当夹杂水滴的气流进入旋流板时，细小的水滴在旋流叶片上撞击，形成大颗粒水滴，并在气流的带动下，水滴沿着叶片按离心方向甩至脱水器内壁留下，同时部分夹带在气体中的水滴也由于气流旋转分离。在保证脱水效果的前提下，设备结构简

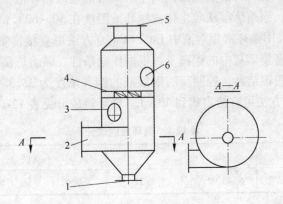

图 12-3　旋流脱水器示意图
1—出液口；2—进口管；3—防爆门；4—旋流板；5—烟气出口管；6—工作门

单, 运行阻力低, 脱水效果好, 故障率低, 不易堵塞, 清理任务小、不需要水冲洗, 工作劳动强度低。解决了丝网脱水器和复挡式脱水器易堵塞、结构复杂、阻力偏大、结垢后不易清理的问题。

12.1.4 主要技术经济指标

主要技术经济指标如下:

(1) 收尘效率: 收集下来的烟尘占进口总烟尘量的百分数 (%), 它是表示收尘器收集烟尘能力的重要指标。常用下列公式表示:

$$\eta = 1 - w_0/w_i = 1 - C_0 Q_0/C_i Q_i$$

式中 η——收尘效率, %;

w_0——在标准状态下的进口烟气含尘量, g;

w_i——在标准状态下的出口烟气含尘量, g;

C_0——在标准状态下, 进口烟气含尘量, g/m³;

Q_0——在标准状态下的进口烟气量, m³;

C_i——在标准状态下的出口烟气含尘量, g/m³;

Q_i——在标准状态下的出口烟气量, m³。

(2) 烟尘浓度: 是指单位体积气体中的烟尘含量, g/m³。

(3) 溶解度: 是指单位体积溶液中溶解的有价金属的含量, g/L。

(4) 固液比: 是指溶液的体积与溶液中固体的比值。

(5) 烟气露点: 是指烟气中的水蒸气由气态转化为液态时的温度。

12.1.5 烟尘的性质

自热炉采用纯氧吹炼, 加入炉内的物料含水在 8% ~ 10%, 因此产生的烟气特点是: 含水分高, SO_2 浓度高, 烟气的露点较低, 容易形成酸雾对收尘器和烟道产生腐蚀, 冶炼过程中烟尘在烟气中条件达到了硫酸化焙烧过程的条件, 烟尘中的有价金属85%以上都已硫酸化, 在湿法收尘系统, 有价金属都以离子形式溶解进入循环液中。根据烟尘的性质以及收尘系统作业条件, 铜熔炼湿法收尘作业循环液温度在 50 ~ 60℃, 硫酸铜溶液的饱和浓度为 33.3 ~ 40g/L。采用循环富集溶液中 Cu^{2+} (Cu^+) 方法可直接富集到 40g/L。因此, 铜熔炼湿法收尘使用水富集烟灰中的铜离子, 根据作业条件, 铜熔炼湿法收尘循环液温度在 50 ~ 60℃, 为防止硫酸铜结晶, 控制硫酸铜溶液的饱和浓度为 33.3 ~ 40g/L。采用循环富集溶液中 Cu^{2+} (Cu^+) 方法可直接富集到 40g/L。循环液成分见表 12-1。

表 12-1 循环液的成分

成 分	Ni	Cu	Fe	Pb	Zn	悬浮物
循环液/g·L⁻¹	0.87	40.92	1.21	0.027	0.019	0.0033

湿法除尘含水: 采用湿法除尘系统解决了两个问题, 一是降温问题, 二是除尘问题。降温是向流经喷雾洗涤塔及文氏管的烟气中喷入雾化水, 利用水蒸发及水升温吸收烟气的

热量来实现烟气冷却。随着水的蒸发，烟气中的含湿量也在增加。

除尘可分为雾化、凝聚和脱水三个环节，前两个环节在洗涤塔及文氏管内进行，后一环节在脱水器内完成。在洗涤塔及文氏管中气体和水充分接触，并达到饱和，尘粒表面附着的气膜被冲破，使尘粒被水湿润，发生激烈的凝聚。随着气流速度减小，压力回升，以尘粒为凝结核的凝聚作用形成，凝聚成粒径较大的含尘水滴，更易于被捕集。粒径较大的含尘水滴进入脱水器后，在重力、离心力等作用下，干净气体与水、尘分离，达到除尘之目的。

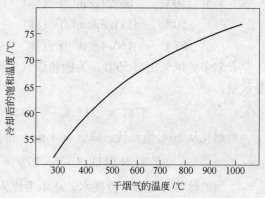

干气体绝热冷却后饱和温度曲线如图12-4所示。

经湿法除尘系统降温除尘的烟气中既含有蒸发成蒸汽的水（含湿量），又含有含尘水滴（机械水），烟气中的含湿量只与温度有关，所以脱水器能脱出的是机械水。一般离心脱水器的脱水效率可达到95%。不同初

图 12-4　干气体绝热冷却后饱和温度曲线图

始温度的干烟气，喷水冷却后，烟气的饱和温度不同，含湿量也就不同（见干气体绝热冷却后的饱和温度曲线图）。随着烟气在管道中流动，不断冷却，烟气中的含湿量也会随着降低，这时就有冷凝水析出。以下以自热炉、卡尔多炉的烟气条件作为实例进行计算。

A　自热炉

根据实测数据：

自热炉入口温度：310℃

自热炉出口温度：70℃

干烟气量（标态）：17330m³/h

从图12-4中查出：干烟气310℃冷却后饱和温度为54℃。

根据1m³干气体饱和后的水蒸气含量（标态），可以查出：

35℃　　47.45g/m³ 干气体

40℃　　63.27g/m³ 干气体

50℃　　111.8g/m³ 干气体

54℃　　140.1g/m³ 干气体

自热炉烟气出口70℃，为不饱和烟气，其饱和温度为54℃。

当烟气从饱和状态降到35℃时，析出冷凝水量：

$$17330 \times (140.1 - 47.45) = 1605624.5g/h = 1605.6kg/h$$

当烟气从饱和状态降到40℃时，析出冷凝水量：

$$17330 \times (140.1 - 63.27) = 1331463.9g/h = 1331.5kg/h$$

B　卡尔多炉

根据实测数据：

卡尔多炉入口温度：351℃

卡尔多炉出口温度：50℃

干烟气量（标态）：5781m³/h

从图 12-4 中查出：干烟气 351℃冷却后饱和温度为 57℃。

根据 1m³ 干气体饱和后的水蒸气含量（标态），可以查出：

    35℃   47.45g/m³ 干气体
    40℃   63.27g/m³ 干气体
    50℃   111.8g/m³ 干气体
    57℃   166.4g/m³ 干气体

卡尔多炉烟气出口 50℃，为饱和烟气，当烟气从 50℃饱和状态降到 35℃时，析出冷凝水量：

$$5781 \times (111.8 - 47.45) = 372007g/h = 372kg/h$$

当烟气从 50℃饱和状态降到 40℃时，析出冷凝水量：

$$5781 \times (111.8 - 63.27) = 280551.9g/h = 280.5kg/h$$

上面的计算只考虑了冷凝水，还未考虑未脱净的机械水。因此，湿法除尘系统风机进口管道最低点及进风机之前；风机机下、风机后管道上均会根据管道长度及落差设不同数量的冷凝水排水水封，以保证系统稳定运行。

12.2 收尘系统工艺流程

12.2.1 自热炉收尘系统

烟气首先进入余热锅炉冷却，然后进入湿法除尘系统除尘。其工艺流程为：

余热锅炉烟气→耐高温金属膨胀节→高效喷雾洗涤塔→环缝文氏管→旋流脱水器→排烟机→接力风机→制酸系统

自热炉烟气成分见表 12-2。

表 12-2 自热炉烟气成分   （质量分数/%）

烟气成分	$w(SO_2)$	$w(O_2)$	$w(N_2)$	$w(CO_2)$	$w(SO_3)$	$w(H_2O)$	合　计
含量/%	19.89	9.48	33.19	10.01	0.2	27.23	100

烟气量（标态）：15740.77m³/h

烟气温度：(360±50)℃

烟气压力：(-50±200)Pa

烟气含尘：35g/m³

12.2.1.1 自热炉收尘系统主要设备

自热炉湿法除尘系统主要由耐腐蚀、耐高温膨胀节、高效喷雾洗涤塔、旋流脱水器、稀酸循环泵，储槽等部分组成。

耐腐蚀、耐高温膨胀节是为了补偿冷却烟道热胀冷缩带来的伸缩量，在高效喷雾冷却塔上部安装耐腐蚀、耐高温的膨胀节，使得系统更简单。高效喷雾洗涤塔是粗除尘、降温设备，采用高效喷雾洗涤塔，降温效果好，阻力低，并且可以取消一级脱水器。

喷雾洗涤塔采用钢复合 SMO254 板制作。里层为耐高温耐腐蚀的 3mm 厚的 SMO254 板，外部为 5mm 厚的普通钢板，整个喷雾洗涤塔有 5 层喷头，第一层为 3 个，其余 4 个依次沿器壁向下，除 5 号点向上喷淋外，其余全部向下喷淋，喷头采用哈氏合金制造，喷管采用钛材，喷管与外部的供酸管道采用衬氟金属软管连接，喷雾洗涤塔的供水分为事故水和正常系统循环水，当出现事故停电时，事故水自动开启向塔内供水，防止温度过高烧坏后序的旋流脱水器等设备。

文丘里收尘器与喷雾洗涤塔一样也采用钢复合 SMO254 板制作。文丘里收尘器通常使用较多的有两种：一种是 R-D 文丘里收尘器，其喉口部呈正方形。传统的 R-D 文氏管双侧喷水，结构复杂，喷水不均匀，喷水成柱状，靠高速气流冲击二次雾化，导致阻力增大；阀板转一个角度后，扰乱气流，影响阻力；双侧喷水一侧在收缩段，一侧在扩张段，收缩段一侧喷水净化效果好，扩张段一侧喷水的净化效果差。导致精除尘效果不理想。环缝文氏管采用中心雾化喷嘴喷水（或酸性介质），不易堵塞，并且环缝文氏管为长径文氏管，气液混合均匀，净化效果好，取消了结构复杂的双侧喷水装置，故障率降低。喉口调节量大，调整更加快速、精细。

文氏管的收缩段、扩张段均采用钢复合 SMO254 板制作，重锤、拉杆、法兰等内部装置采用 SMO254 制作。内层材质为 SMO254、厚度 3mm；外层材质为 Q235 钢板、厚度 8mm。

重锤由液压伺服装置根据炉口压力调节保证炉口的吸力，从而保证炉口不外冒烟。

文丘里收尘器的喷头为哈氏合金制造，喷管采用钛材喷管与外部的供酸管道采用衬氟金属软管连接，文丘里喉口重锤由液压油缸推动，用于调节喉口的烟气速度，自热炉文丘里喉口重锤的位移与烟气流速的关系见表 12-3。

表 12-3 自热炉文丘里喉口重锤的位移与通过的烟气量

喉口半径 /m	重锤半径 /m	环隙面积 /m²	各种流速时处理的烟气量/m³·h⁻¹				
			90m/s	100m/s	110m/s	120m/s	130m/s
t + 100	0.1825	0.054409	17628.38	19587.09	21545.80	23504.51	25463.22
t + 90	0.1804	0.056803	18404.10	20449.00	22493.90	24538.80	26583.69
t + 80	0.1784	0.059057	19134.53	21260.58	23386.64	25512.70	27638.76
t + 70	0.1763	0.061397	19892.71	22103.01	24313.32	26523.62	28733.92
t + 60	0.1743	0.0636	20606.45	22896.05	25185.66	27475.27	29764.87
t + 50	0.1723	0.065778	21312.04	23680.05	26048.05	28416.06	30784.06
t + 40	0.1702	0.068038	22044.15	24493.50	26942.85	29392.20	31841.55
t + 30	0.1682	0.070164	22733.05	25258.95	27784.84	30310.74	32836.63
t + 20	0.1662	0.072265	23413.81	26015.34	28616.88	31218.41	33819.95
t + 10	0.1641	0.074444	24119.84	26799.82	29479.80	32159.79	34839.77
t	0.1621	0.076494	24783.90	27537.67	30291.44	33045.21	35798.97
t − 10	0.16	0.078619	25472.41	28302.67	31132.94	33963.21	36793.48
t − 20	0.158	0.080617	26119.78	29021.98	31924.17	34826.37	37728.57

喉口半径 /m	重锤半径 /m	环隙面积 /m²	各种流速时处理的烟气量/m³·h⁻¹				
			90m/s	100m/s	110m/s	120m/s	130m/s
t-30	0.156	0.08259	26759.01	29732.23	32705.45	35678.67	38651.90
t-40	0.1539	0.084634	27421.43	30468.26	33515.08	36561.91	39608.73
t-50	0.1519	0.086555	28043.96	31159.96	34275.96	37391.95	40507.95
t-60	0.1499	0.088452	28658.36	31842.62	35026.88	38211.14	41395.40
t-70	0.1478	0.090416	29294.70	32549.67	35804.64	39059.60	42314.57
t-80	0.1458	0.09226	29892.40	33213.78	36535.16	39856.54	43177.91
t-90	0.1437	0.09417	30511.22	33901.36	37291.49	40681.63	44071.76
t-100	0.1825	0.054409	17628.38	34546.92	38001.61	41456.30	44910.99

　　湿旋脱水器由壳体、叶片、排水、挡水板组成。分为上下两段，烟气从下段沿切线方向进入湿旋脱水器，烟气中的冷凝水由于密度较大首先与烟气分离，净化后的烟气再次通过中央的旋流叶片进行第二次分离，最后净化后的烟气从湿旋脱水器顶部中央的烟气管道排出，由于脱水器运行温度较低，可以采用FRP材质制作。为了保证排烟系统的设备安全，在湿旋脱水器的第一段安装了防爆门，用于减少烟道内可能含有易燃易爆物质发生爆炸的危害。湿旋脱水器的运行阻力在0.5kPa左右。由于湿旋脱水器采用玻璃钢制造，为了防止脱水器的壳体的防腐层不被损坏，因此要求进入湿旋脱水器的烟气温度不得超过80℃。

12.2.1.2　主要设备技术性能

　　自热炉收尘器由喷雾冷却器、重力脱水器、可调文丘里收尘器、90°弯头脱水器、湿旋脱水器及其间的气体管道等部件组成，各部件的规格及技术参数详见表12-4。

表12-4　自热炉收尘器主要设备技术性能

序号	设备名称	规格型号	数量/台·套⁻¹	材质	质量/t	备注
1	喷雾冷却器	φ2800×12020	1	SMO254/Q235	10.5	
2	文丘里洗涤器	φ800×5000	1	SMO254/Q235	6	包括可调文氏管喉口装置
3	90°弯头脱水器		1	SMO254/Q235	4.3	
4	湿旋脱水器	φ2650×8750	1	玻璃钢	6.5	
5	稀酸泵	Q=80m³/h H=40m	2			一开一备
6	排烟机	9-19-12.5D、110kW Q=24316m³/h、H=8678Pa	1	TA2		
7	接力风机	9-19-14D、Q=42409m³/h、H=9878Pa、220kW	1	TA2		
8	压滤机	X10AW20/800-UK	1			

主要工艺参数见表12-5。

表 12-5 主要工艺参数

序号	名 称	单 位	高效喷雾洗涤塔	环缝文氏管	旋流脱水器
1	入口温度	℃	410	76	71
2	入口气量	m³/h	48685	30277	32533
3	设备压力损失	kPa	0.4	12~13.3	0.8
4	供水量	t/h	45~60	45~50	
5	供水压力	MPa	0.5~0.6	0.4~0.5	
6	烟气流速	m/s	2~3	100~130	2~3

12.2.1.3 生产实践

A 开车

开车前首先检查收尘系统各部位密封无泄漏。系统经试水循环正常，排烟机试车正常。确认阀门灵活，仪表系统显示正常。安全水封已充满冷却水且正常溢流；通过现场电控柜控制和远程控制重锤上下行走灵活，开关方向，液压缸油温冷却水正常。

B 开车程序

（1）在开风机之前，将文丘里收尘器的重锤放在零位（最小），开启喷雾冷却塔稀酸泵→开启文丘里稀酸泵。稀酸泵启动后要及时观察稀酸循环槽的液位，当液位下降到中水位时要及时打开外部补水阀门进行补水。检查供酸流量，确认文氏管供水压力是否正常，及时调节酸液流量。检查湿旋脱水器的排水量并确认安全水封槽是否有溢流，开启接力风机→开启自热炉排烟机，当系统负压稳定后，通过风机调频或文丘里的喉口重锤来自动调节炉膛负压使其保持在 -50Pa。

（2）生产过程中要注意及时调整两个关键参数：喷嘴的水量和塔体入口温度。如果实际温度与设计温度相差较大，可以判断是喷嘴堵塞或者水压不稳。同时观测洗涤塔入口温度是否太高，如果温度太高及时增加供酸流量，防止烧坏洗涤塔塔体及其相连的设备，并及时查明原因。每小时巡检一次文丘里收尘器、稀酸泵、排烟机的运行情况及循环槽液面高度（液面高度控制在 1500~2700mm），烟道有无泄漏。根据循环槽液位情况及时补充水量，确保循环槽液位高度控制在 1500~2700mm。每班分析一次酸液的硫酸铜溶液含量，达到控制要求后，及时切换沉降槽。

C 停车

监控喷雾冷却塔的入口温度，每下降100℃，调整一次排烟机的频率。待喷雾冷却塔进口温度降至60℃以下时开始停稀酸泵，先停文丘里稀酸泵，喷雾冷却塔稀酸泵继续循环，同时检查循环槽内液位，确保循环槽液位控制在2.0m以下，防止循环槽内稀酸溢出。关闭排烟机进口蝶阀，停排烟机。如长时间停炉，停风机时，要及时关小或直到关闭喷嘴阀门。

D 日常维护

（1）喷雾洗涤塔：生产中要及时观测洗涤塔入口温度是否太高，如果温度太高必须停产查明原因，防止烧坏膨胀节和洗涤塔塔体，要及时查明原因，故障解决后再生产。长时间停炉，停风机时，夏季关闭喷嘴阀门，冬季关小喷嘴给水阀门，不要关闭，以免冬季给水环管结冰引起冻堵。定期检查各处喷嘴水流量，显著减少后，要利用月修对喷嘴进行清理，以保证性能。定期检查冷却塔排水水封，防止有堵塞现象发生。定期检查冷却塔内部，结垢严重时进行清理。人孔、泄爆阀密封严密可靠。

（2）环缝文氏管：确认文丘里喷水压力 0.3MPa，通过现场电控柜控制和远程控制重锤上下行走灵活，开关方向，确认设备冷却水（液压缸油温冷却水）正常，定期检查拉杆连接和重锤连接情况，拉杆销轴有无松动；定期动作一下油缸，以防拉杆密封装置卡死；在没有实现自动控制之前，每天在风机低速运行时，动作一次除尘文氏管的重锤，以确保随时可以动作；随时根据炉口冒烟情况或者根据检测出的排放含尘量调整喉口开度及水量。

（3）旋流脱水器：生产前要确认所有人孔、泄爆阀均已封闭，风机开启前，确认水封水位补水到溢流位置。风机开启后再确认旋流脱水器排水水封水位，调整水封插板至合适位置（确保溢流），运行较长时间后根据前后压差或检查后确定设备内部进行清理积泥挂垢一般为 6 个月以上。

12.2.2　卡尔多炉除尘系统

自热炉产出的金属化铜锍进入卡尔多炉氧化吹炼脱镍。卡尔多炉是间歇作业，产出的 SO_2 浓度不稳定，烟气量也不稳定，波动比较大，卡尔多烟气中含尘量较低，用可调环缝文氏管作为除尘器，旋流脱水器作为脱水器，该工艺具有流程简化、除尘效果好、脱水效率高等优点。

12.2.2.1　卡尔多炉烟气成分

卡尔多炉烟气成分见表 12-6。

表 12-6　卡尔多炉烟气成分　　　　　　　（质量分数/%）

烟气成分	SO_2	O_2	N_2	CO_2	SO_3	H_2O	合计
含量/%	2.76	20.80	67.48	4.96	0.03	3.97	100

烟气量（标态）：4138.88m³/h

烟气温度：（262 ± 50）℃

烟气压力：（-50 ± 200）Pa

烟气含尘：10.09g/m³

12.2.2.2　系统主要设备

主要设备有金属膨胀节，环缝文氏管：环缝文氏管的进水装置、收缩段、扩张段和 90°弯头段材质为钢复合 SMO254，重锤、拉杆材质为 SMO254。喉口调节采用炉口取压装置与环缝文氏管调节装置连锁，自动控制、自动调节，达到需要的稳定喉口环缝流速。旋流脱水器：采用 FRP 材质。文氏管的进水装置、收缩段、扩张段、90°弯头段均采用钢复合 SMO254 板制作，重锤及拉杆则采用 SMO254 制作。

转炉文丘里喉口面积与通过的烟气量见表 12-7。

表 12-7 转炉文丘里喉口面积与通过的烟气量

喉口半径 /m	重锤半径 /m	环隙面积 /m²	各种流速时处理的烟气量/m³·h⁻¹				
			80m/s	90m/s	100m/s	110m/s	120m/s
0	0.1287	0.00953	2747.19	3090.59	3433.99	3777.39	4120.79
10	0.1266	0.01122	3232.28	3636.31	4040.34	4444.38	4848.41
20	0.1246	0.01280	3686.84	4147.69	4608.55	5069.40	5530.26
30	0.1225	0.01443	4156.34	4675.88	5195.42	5714.96	6234.51
40	0.1205	0.01595	4596.06	5170.57	5745.08	6319.58	6894.09
50	0.1185	0.01746	5028.55	5657.11	6285.68	6914.25	7542.82
60	0.1164	0.01900	5474.86	6159.22	6843.58	7527.94	8212.30
70	0.1144	0.0204	5892.51	6629.08	7365.64	8102.20	8838.77
80	0.1123	0.02195	6323.25	7113.66	7904.06	8694.47	9484.88
90	0.1103	0.02335	6726.06	7566.82	8407.57	9248.33	10089.09
100	0.1082	0.02479	7141.22	8033.87	8926.52	9819.17	10711.83
110	0.1062	0.02614	7529.19	8470.34	9411.48	10352.63	11293.78
120	0.1042	0.02746	7909.92	8898.66	9887.40	10876.14	11864.88
130	0.1021	0.02882	8301.90	9339.63	10377.37	11415.11	12452.85
140	0.1001	0.03009	8667.79	9751.26	10834.74	11918.21	13001.69
150	0.098	0.03140	9044.19	10174.71	11305.24	12435.76	13566.28
160	0.096	0.03262	9395.24	10569.65	11744.05	12918.46	14092.87
170	0.0939	0.03387	9756.06	10975.57	12195.08	13414.58	14634.09
180	0.0919	0.03504	10092.28	11353.81	12615.35	13876.88	15138.42
190	0.0899	0.03618	10421.26	11723.91	13026.57	14329.23	15631.88
200	0.0878	0.03735	10758.89	12103.75	13448.62	14793.48	16138.34

卡尔多收尘器由可调文丘里收尘器、90°弯头脱水器、湿旋脱水器及其间的气体管道等部件组成，各部件的规格及技术参数详见表 12-8。

表 12-8 卡尔多收尘器各部件的规格及技术参数

序号	设备名称	规格型号	数量/台	材 质	质量/t	备 注
1	文丘里洗涤器	$\phi 600 \times 400$	2	SMO254/Q235	2.5	包括可调文氏管喉口装置
2	90°弯头脱水器		2	SMO254/Q235	4.6	
3	湿旋脱水器	$\phi 1600 \times 4500$	2	玻璃钢	4.3	
4	安全溢流水封	$\phi 1000 \times 2600$	2	玻璃钢		
5	稀酸泵	$Q = 80 \text{m}^3/\text{h}$ $H = 40 \text{m}$	2			一开一备
6	排烟机	9-19-11.2D, 30kW $Q = 9047 \text{m}^3/\text{h}$ $H = 7364 \text{Pa}$	2	TA2		

12.2.2.3 主要设备参数

主要设备参数见表12-9。

表12-9 主要设备参数

序 号	名 称	单 位	环缝文氏管	旋流脱水器
1	入口温度	℃	270	65
2	入口气量	m^3/h	12158	8650
3	设备压力损失	kPa	12~12.5	0.5
4	供水量	m^3/h	45~60	
5	供水温度	℃	≤45	
6	供水压力	MPa	0.4~0.6	
7	烟气流速	m/s	80~120	2~3

综合复习题

铜基本知识部分

一、填空题

1. 铜常温下_____，新口断面时呈_____色、柔性和可锻性很好的金属，铜的_____性仅次于银。

2. 铜在常温（20℃）时的比重为_____，熔点（1083℃）时为_____，液态（1200℃）时为_____，铜及其化合物无磁性。

3. 铜熔点_____℃，沸点_____℃。

4. 铜液能溶解很多气体，如__、____、____、____、水蒸气等。

5. 铜在_____、_____的空气中不起变化，但在含有____的潮湿空气中表面会生成碱式碳酸铜（$CuCO_3 \cdot Cu(OH)_2$）薄膜，俗称_____，这层膜能阻止铜再被腐蚀。

6. 铜能溶于_____、_____、_____、硫酸铁以及氨水中。

7. 黄铜为____合金，青铜为____合金，白铜为_____合金。

8. 硫化铜呈_____色，以_____矿物形态存于自然界中，在熔炼过程中，炉料受热时 CuS 可完全分解，生成的_____进入锍中。

9. 硫化亚铜是一种_____色物质，在自然界中以_____矿形态存在。

10. 氧化铜是_____无光泽的物质，在自然界中以_____矿形态存在，CuO 可分解成暗红色的____和____。在高温下 CuO 易被____、____、____、____等还原成 Cu_2O 和 Cu（精炼原理）。在冶炼过程中还可被其他_____和较负电性金属如__、____、__等还原。

11. CuO 呈____性，不溶于____，但能溶于_____、_____、_____及硫酸、盐酸等稀酸中。

12. 致密的氧化亚铜成_____色。有金属光泽。粉状 Cu_2O 成____色，在自然界中以_____矿形态存在，固态 Cu_2O 密度为____，熔点为____。

13. Cu_2O 只有在空气中加热至高于____℃时才稳定。低于这个温度时，部分氧化成 CuO，当在____℃和长久加热时可以使 Cu_2O 几乎全部变成 CuO。

14. Cu_2O 易被_____、_____、_____等还原成金属。其他如____、____或对____亲和力大的元素，在赤热时也可使 Cu_2O 还原成金属。

15. Cu_2O 与某些金属硫化物共热时，发生交互反应：
_____（这是冰铜吹炼成粗铜的理论基础），
_____（这是冰铜熔炼的基本反应）。

16. Cu_2O 不溶于 ___，能溶于 _____、_____、_____、_____、___、NH_4OH 等溶剂中，这是 _____ 矿湿法冶金的基础。

17. 硫化铜矿 _____ 好，易于 _____，选矿后产出的铜精矿大多采用 _____ 冶炼工艺处理。氧化铜矿 _____ 差，常直接采用 ___ 冶金处理。

18. 如果铜精矿中 MgO 等高碱性脉石成分含量高，产出的炉渣则 _____ 高，常用电炉处理。炼铜原料 _____ 来自硫化矿，约 _____ 来自氧化矿，少量来自自然铜。

19. 复杂铜矿如含 ___、_____ 伴生元素高，原则上应通过选矿分离，分别产出单一的铜、铅、锌精矿送不同的冶炼厂处理。

20. 对于氧化铜矿，常用 _____ 法处理。对于一些铜品位很低的硫化铜矿可用 _____ 浸出或实现 _____ 法处理。

21. 用铜矿石或铜精矿生产铜的方法较多，概括起来有 ___ 和 ___ 两大类。采用哪种方法决定于矿石的 _____ 和 _____，矿石中铜的含量，当地的技术条件（燃料、水、电力、耐火材料、经济、交通运输、地理气候）等因素。火法处理炼铜有 _____、_____、___ 三种。

22. 评价炼铜方法，主要围绕能否 _____；能否 _____；能否 _____ 这三大课题来进行。

23. CuO 不稳定在空气中加热至 _____ ℃开始分解，生成 _____ 和 _____。

24. CuO 易被 H_2、CO、C 等还原成 _____。

25. Cu_2O 在低于 1060℃ 的空气中，部分 _____ 成 _____。

26. CuS 是不稳定化合物，在加热到 _____ ℃时分解为 _____ 和 _____。

27. 在足够硫存在的条件下，铜均以 _____ 形态存在。

28. Cu_2S 若与 FeS 及其他金属硫化物共熔，即结合成 _____。

29. $CuCl_2$ 很不稳定，隔绝空气加热到 _____ ℃时，分解为 _____ 和 _____。

30. 铜可以经过 _____、_____、_____ 等而制成武器、工具。

31. 铜具有良好的延展性能，易于 _____ 和 _____。

32. 铜中杂质含量影响其导电性能，杂质含量越 _____，电导率越高。

33. 铜在熔点时的蒸气压很 _____，因此铜在火法冶炼的温度条件下很难 _____。

34. 铜液体凝固时，溶解的 _____ 从铜中 _____，造成铜铸件不致密。

35. 铜能与 _____、_____、_____ 互溶，组成一系列不同特性的合金。

36. 铜能形成 _____ 价和 _____ 价的化合物。

37. 铜在含有 _____ 的 _____ 空气中，易生成铜绿。

38. 铜绿有 _____，故纯铜不宜做 _____ 器具。

39. 铜不溶解于 _____ 酸和没用溶解 _____ 的硫酸中。

40. 铜可溶于 _____、_____、_____、_____ 以及 _____ 中。

41. 铜能与 _____、_____、_____ 等元素直接化合。

42. 氧化亚铜在自然界中以 _____ 矿形态存在，根据 _____ 大小不同，_____ 各异，组织致密呈 _____ 色，粉末状的则为 _____ 色。

43. 氧化亚铜不溶于水，但溶于 _____、_____、_____ 等熔剂，这是氧化矿湿法冶金的基础。

44. 硫化亚铜在自然界中以_____矿的形态存在，在高温下相当_____。

45. 铜的铁酸盐有两种形态，即_____和_____，前者在低温下_____，后者在_____℃以上稳定。

46. 铜的硅酸盐在自然界中以_____形态存在，这些矿物在高温下分解出_____和_____，形成高温下稳定的_____。

47. 硅酸亚铜可溶于_____、_____中。

48. 铜的碳酸盐在自然界中以_____和_____的矿物形态存在，这两种化合物加热至_____℃以上时完全分解为_____、_____、_____。

49. 硫酸铜在自然界中以胆矾的矿物形态存在，胆矾呈_____色，失去结晶水后变成_____色粉末，硫酸铜_____溶于水，其溶解度随温度的升高而_____。

50. 铜的氯化物有_____和_____两种。

51. 氯化铜很不稳定，隔绝空气加热至340℃时离解成_____和_____，在_____℃时显著挥发。

52. 氯化亚铜几乎不溶于水，但溶于_____及_____的溶液中。

53. 铜是一种具有广泛用途的金属，其应用范围仅次于_____和_____。

54. 铜具有优良的_____、_____性能和良好的_____性能，在干燥的空气中有较强的_____性能。

55. 铜合金广泛地用在制造_____和_____铸件、_____性和_____性零件。

56. 我国各类铜矿山年生产能力约_____万吨，而铜的冶炼能力在_____万吨以上，加工能力在_____万吨以上。

57. 铜在地壳中的含量约为_____。

58. 根据铜化合物的性质，铜矿物分为_____、_____、_____三种类型。

59. 具有开采价值的_____称为铜矿石，目前工业生产上开采的铜矿石，其最低品位为_____。

60. 硫化铜矿石中，除了铜的硫化物外，最常见的其他金属矿物有_____矿、_____矿、_____矿、_____矿等。

61. 氧化铜矿石中，常见的其他金属矿物有_____矿、_____矿、_____矿等及其他金属的氧化物。

62. 铜矿石中的脉石矿物，主要是_____，其次为_____、_____、_____等。

63. 冶炼方法分湿法和火法，采用哪种方法决定于矿石的_____和_____、_____、_____诸因素。

二、选择题

1. 铜在液态（1200℃）时的密度为（　　）。
   A. 7.81　　　　B. 8.89　　　　C. 8.22　　　　D. 7.18

2. 青铜是（　　）合金。
   A. Cu-Zn　　　　B. Cu-Sn　　　　C. Cu-Ni　　　　D. Cu-Fe

3. 铜的相对原子质量为（　　）。

　　A. 56. 12　　　　　B. 63. 57　　　　　C. 67. 28　　　　　D. 32. 12

4. 铜不溶解于下列哪种溶液（　　　）。

　　A. 王水　　　　　B. 氨水　　　　　C. 盐酸　　　　　D. 硫酸铁

5. 粉末状的氧化亚铜颜色为（　　　）。

　　A. 暗红色　　　　B. 樱红色　　　　C. 黑色　　　　　D. 洋红色

6. 硫化铜可溶于以下哪些溶液中（　　　）。

　　A. 水　　　　　　B. 热硝酸　　　　C. 稀硫酸　　　　D. 氢氧化钠

7. 铜在地壳中的含量约占（　　　）。

　　A. 0. 01%　　　　B. 0. 08%　　　　C. 0. 1%　　　　D. 0. 005%

8. 目前工业上开采的铜矿石，其最低品位为（　　　）。

　　A. 0. 2% ~0. 4%　B. 0. 6% ~0. 8%　C. 0. 5% ~0. 8%　D. 0. 4% ~0. 5%

9. 金川公司经高硫磨浮选矿分离出的铜精矿（简称二次铜精矿）含铜（　　　）。

　　A. 54%　　　　　B. 36%　　　　　C. 75%　　　　　D. 68%

10. 黏土砖的软化点为（　　　）。

　　A. 1200℃　　　　B. 1500℃　　　　C. 1350℃　　　　D. 1400℃

11. 铜是一种（　　　）色、柔软、具有良好延展性能的金属。

　　A. 玫瑰红　　　　B. 银白　　　　　C. 暗红　　　　　D. 灰黑

12. 黄铜是（　　　）合金。

　　A. Cu-Zn　　　　B. Cu-Sn　　　　C. Cu-Ni　　　　D. Cu-Fe

13. 白铜是（　　　）合金。

　　A. Cu-Zn　　　　B. Cu-Sn　　　　C. Cu-Ni　　　　D. Cu-Fe

14. 铜在空气中加热至185℃时，开始氧化，表面生成（　　　）色的 CuO_2。

　　A. 暗红　　　　　B. 黑色　　　　　C. 玫瑰红　　　　D. 绿色

15. CuO_2 继续加热至350℃以上时，表面生成（　　　）色的 CuO_2。

　　A. 暗红　　　　　B. 黑色　　　　　C. 玫瑰红　　　　D. 绿色

16. CuO 在空气中加热至（　　　）℃时开始分解。

　　A. 960℃　　　　　B. 1020℃　　　　C. 1060℃　　　　D. 1200℃

17. Cu_2O 的熔点为（　　　）。

　　A. 1020℃　　　　B. 1130℃　　　　C. 1285℃　　　　D. 1235℃

18. 硫化铜不溶于以下哪些溶液中（　　　）。

　　A. 水　　　　　　B. 热硝酸　　　　C. KN　　　　　　D. $Fe_2 (SO_4)_3$

19. Cu_2S 不溶于以下哪些溶液中（　　　）。

　　A. 稀盐酸　　　　B. $FeCl_3$　　　　C. $CuCl_2$　　　　D. 水

20. 铁酸亚铜在（　　　）℃以上稳定。

　　A. 900℃　　　　　B. 1100℃　　　　C. 1050℃　　　　D. 1200℃

21. 孔雀石在加热到（　　　）℃以上时完全分解。

　　A. 100℃　　　　　B. 150℃　　　　　C. 200℃　　　　　D. 220℃

22. $CuCl_2$（　　　）℃时显著挥发。

　　A. 230℃　　　　　B. 250℃　　　　　C. 390℃　　　　　D. 410℃

23. 以下哪些不是铜的用途（　　）。

　　A. 输电线路　　　　　　　　　B. 制作餐具

　　C. 制作换热器　　　　　　　　D. 制造飞机部件

24. 铜矿石中的脉石矿物主要是（　　）。

　　A. 石英　　　　B. 方解石　　　　C. 云母　　　　D. 结晶石

25. 金川公司所产的二次铜精矿含 S 为（　　）。

　　A. 12%　　　　B. 21%　　　　C. 15%　　　　D. 8%

26. 铜的熔点为（　　）℃。

　　A. 980　　　　B. 1083　　　　C. 1120　　　　D. 1200

27. 铜的沸点为（　　）℃。

　　A. 1500　　　　B. 1083　　　　C. 1650　　　　D. 2310

28. 铜熔体不能溶解下列哪些气体（　　）。

　　A. N_2　　　　B. H_2　　　　C. O_2　　　　D. SO_2

29. 铜元素具有（　　）个价电子。

　　A. 1　　　　B. 2　　　　C. 3　　　　D. 4

30. 铜不能与下列哪些元素直接化合（　　）。

　　A. 氧　　　　B. 硫　　　　C. 氮　　　　D. 卤素

31. 氧化铜不易被（　　）还原成金属铜。

　　A. H_2　　　　B. C　　　　C. CO　　　　D. N_2

32. 冰铜的主要成分是（　　）。

　　A. Cu_2S　　　　B FeO　　　　C. CuO　　　　D. Cu_2O

33. 阳极炉烘炉时 500℃恒温是为了除掉炉衬砖体的（　　）。

　　A. 游离水　　　B. 物理水　　　C. 结晶水　　　D. 游离水和结合水

34. 胆矾（$CuSO_4 \cdot 5H_2O$）呈（　　）色晶体。

　　A. 蓝　　　　B. 红　　　　C. 白　　　　D. 黄

35. 胆矾（$CuSO_4 \cdot 5H_2O$）失去结晶水后变成（　　）色粉末。

　　A. 蓝　　　　B. 红　　　　C. 白　　　　D. 黄

36. 硫酸铜易溶于水，其溶解度随温度升高而（　　）。

　　A. 降低　　　　B. 增大　　　　C. 不变

37. 铜具有良好的（　　）。

　　A. 导电性　　　B. 耐酸性　　　C. 耐碱性　　　D. 强度

38. 铜能与（　　）组成具有优良力学性能的合金。

　　A. 铁　　　　B. 铝　　　　C. 镍　　　　D. 锰

39. 普通耐火材料的耐火度不低于（　　）℃。

　　A. 1280　　　　B. 1380　　　C.1580　　　　D. 1680

40. 目前全世界利用湿法冶金获得铜的只有（　　）。

　　A. 5%　　　　B. 15%　　　　C. 40%　　　　D. 70%

自热炉部分

一、名词解释

1. 炉渣　2. 二次铜精矿　3. 交互反应　4. 熔剂　5. 热分解反应　6. 粒度　7. 密度　8. 堆积角　9. 黏度　10. 重油雾化　11. 床能率、作业率　12. 燃料率　13. 金属直收率　14. 炉寿命

二、选择题

1. 自热炉冷却水套的材质为（　　）。
   A. 镁铬　　　　　B. 铜　　　　　C. 铁
2. 自热熔炼过程中石英石的熔化是靠（　　）。
   A. 化学侵蚀　　　B. 高温　　　　C. 熔体冲刷
3. 在火法冶炼温度下稳定存在的化合物是（　　）。
   A. FeS、Cu_2S、Ni_3S_2、Cu_2O　　　　B. FeS_2、CuS、Ni_8S_7、CuO
   C. FeS、CuS、Ni_8S_7、Cu_2O
4. 一般铜的火法冶金步骤中，二次铜精矿自热熔炼属于步骤中的（　　）一部分。
   A. 造硫熔炼中　　B. 冰铜吹炼　　C. 物理化学变化
5. 自热熔炼过程中，物料发生（　　）。
   A. 物理变化　　　B. 化学变化　　C. 物理化学变化
6. 铜的密度比渣的密度（　　）。
   A. 大　　　　　　B. 小　　　　　C. 一样
7. 二次铜精矿属于（　　）。
   A. 矿石　　　　　B. 冰铜　　　　C. 粗铜
8. 炉渣中 Fe_3O_4 含量升高，将使炉渣熔点黏度（　　）。
   A. 增大　　　　　B. 降低　　　　C. 不变
9. 自热熔炼的除硫过程主要通过（　　）。
   A. 氧化　　　　　B. 蒸发　　　　C. 蒸馏
10. 自热熔炼过程吹入的气体为（　　）。
    A. 空气　　　　　B. 氮气　　　　C. 氧气
11. 自热炉水冷系统采用（　　）。
    A. 自然冷却　　　B. 强制冷却　　C. 汽化冷却
12. 自热炉炉膛采用的耐火材料为（　　）。
    A. 铬镁砖　　　　B. 黏土砖　　　C. 高铝砖
13. 重油的主要成分是（　　）。
    A. 氧　　　　　　B. 氢　　　　　C. 碳氢化合物
14. 石英石的主要成分是（　　）。
    A. CaO　　　　B. $CaCO_3$　　C. SiO_2

15. 重油温度越高，黏度越（　　　）。
　　A. 大　　　　　　　B. 小　　　　　　C. 不变

16. 100 号重油加热温度一般控制在（　　　）。
　　A. 60 ~ 70℃　　　B. 95 ~ 105℃　　C. 135℃

17. 自热炉氧枪重油燃烧采用雾化（　　　）。
　　A. 机械　　　　　B. 空气　　　　　C. 蒸汽

18. 石英石要求粒度为（　　　）。
　　A. － 60 目　　　B. 20 ~ 30mm　　C. 80 ~ 100mm

19. 自热炉所用氧气浓度为（　　　）。
　　A. 80%　　　　　B. 92%　　　　　C. 100%

20. 通常采用（　　　）吹扫氧枪重油管。
　　A. 水　　　　　　B. 高温水蒸气　　C. 氧气

三、填空题

1. 写出下列物质的元素符号或分子式：
　铜镍硫铁_____　磁性铁_____　碳____硫化亚铜_____二氧化硫_____二氧化硅_____氧化亚铁_____氧化铁_____。

2. 自热熔炼采用_____，属于熔炼法。

3. 自热炉炉体是圆桶形，炉床面积和炉高根据_____而确定。

4. 自热熔炼过程发生的反应主要有_____、_____、_____、_____及_____。

5. 由于自热熔炼技术的_____、_____、_____及_____等特点，它在处理矿物方面具有很广阔的前途。

6. 金川公司铜自热炉是世界第一座用于生产铜的自热炉，处理的主要矿物是_____。

7. 金川公司铜自热炉炉床面积为_____㎡，目前每年处理二次铜精矿约____t。

8. 氧枪传动机构包括_____、_____、_____和_____。

9. 自热炉的入炉物料有_____、_____、_____、_____，产出物有_____、_____、及_____。

10. 自热炉有 3 个熔体放出口，即_____、_____、_____。

11. 双螺旋搅拌机混合的物料为_____和_____。

12. 自热炉水冷系统水质要求为_____，进水温度要求_____℃。

13. 自热炉产出的烟灰中含有_____和_____等有价金属，必须回收。

14. 重油的燃烧过程包括_____、_____、_____和_____等步骤。

15. 熔剂的作用是参与熔炼过程的反应，生成的炉渣。自热炉设计熔剂为_____。

16. 皮带运输机是根据_____原因，由驱动滚筒带动，胶带带动而完成输送过程。

17. 余热锅炉的作用是_____和_____。

四、问答题

1. 简述金属铜的性质与用途。

2. 铜有几种氧化物，它们有哪些性质？

3. 铜有几种硫化物，它们有哪些性质？

4. 何谓铜矿石？

5. 铜生产的原料有几类矿石？

6. 简述世界铜工业的发展历史。

7. 简述铜火法冶炼技术的发展过程，并绘出火炼铜工艺流程图。

8. 自热熔炼过程的主要特点有哪些？

9. 自热熔炼的"自热"的含义是什么？

10. 自热熔炼过程的基本反应有哪些？

11. Fe_3O_4 的生成对熔炼过程有何影响，如何减少 Fe_3O_4 的生成？

12. 自热熔炼的主要优点和缺点有哪些？

13. 金川铜自热炉为什么不能产出 98% 以上的铜？

14. 金川公司自热炉为什么要补充燃料？

15. 炉渣与冰铜（铜）为何能分离？

16. 氧气调节间有哪些安全规定，你知道这些规定的原因吗？

17. 铜熔炼车间的生产原料和燃料主要有哪些，主要生产工序有哪些？

18. 重油温度为什么不能控制太高也不能太低？

19. 叙述合理渣型的标准。

20. 什么是固体物料的真比重和假比重？

21. 熔剂、烟灰、块煤在冶金过程中的作用分别是什么？

22. 排烟收尘系统的作用是什么？

23. 列出自热炉排烟收尘系统的工艺流程图。

24. 影响自热炉炉内负压的主要因素有哪些？

25. 怎样判断烟道的阻塞情况？

26. 烘炉的目的和意义是什么？

27. 在自热炉的烘炉过程中有什么技术要求？

28. 在自热炉的烘炉过程中注意事项有哪些？

29. 自热炉转入正式吹炼前必须具备哪些技术条件？

30. 自热炉正常生产进行的目标是什么，如何保证这个目标的实现？

31. 自热炉进料量过大有何危害？

32. 氧料比控制对自热熔炼过程有何重要意义？

33. 何谓熔剂率，熔剂率的控制有何意义？

34. 燃料率控制过高或过低对熔炼过程有何影响？

35. 氧压控制对熔炼过程有何意义？

36. 炉膛压力指的是什么，炉膛压力控制有何意义？

37. 气枪枪位控制对熔炼过程有何影响？

38. 熔体层控制对熔炼过程有何重要意义？

39. 加料口黏结的主要原因是什么，对熔炼过程有何影响，如何预防？

40. 何谓氧枪"挂渣"，"挂渣"对氧枪有何好处？

41. 造成氧枪烧损的主要原因是什么？
42. 造成渣铜分离不好的原因是什么，渣铜分离不好对熔炼过程有何影响？
43. 冻结层形成的原因是什么？
44. 生料堆产生的原因主要有哪些，它的产生对熔炼过程有何害处？
45. 自热炉为何会冒渣，如何预防冒渣？

五、计算题

1. 自热炉出口烟气量（标态）为 $3600m^3/h$，到排烟机处的烟气量（标态）为 $4800m^3/h$，求漏风率。

2. 已知自热炉的吹氧强度（标态）为 $6m^3/(m^2 \cdot min)$，炉床面积为 $4.98 m^2$，求每小时吹入的氧气量。

3. 已知干精矿含 Fe4%，湿精矿含水 8%，经自热熔炼铁全部进入炉渣，炉渣含铁为 25%，含 SiO_2 为 30%，求自热炉的熔剂率。（熔剂含 SiO_2 92%）

4. 求 16kg 硫氧化生成 SO_2 需多少 NM^3O_2，产生 SO_2 多少？

5. 已知烟道截面积为 $0.78m^2$，测出烟气流速为 15m/s，求该烟道的烟气流量。

6. 已知自热炉某月处理二次铜精矿 7500t（含水分 8%），产出含硫粗铜 4425t，炉渣 675t，烟尘 85t，试求：

   （1）自热炉的产铜率、产渣率、烟尘率。

   （2）若已知物料含铜量如下：

	二次铜精矿	含硫粗铜	炉渣	烟尘
Cu（%）:	68.5	92	12	50

   求自热炉铜的直收率和回收率。

7. 已知自热炉的床能力为 $56t/(m^2 \cdot d)$，作业率为 80%，求自热炉每小时的进料量。（炉膛直径为 2.52m）

8. 已知二次铜精矿熔炼成合格产品每吨耗氧（标态）$140m^3$，每公斤重油完全燃烧耗氧（标态）$2.5m^3$，当精矿量控制为 15.0t/h，重油量控制为 380kg/h 时，氧量应控制为多少？

卡尔多炉部分

一、填空题

1. 在卡尔多炉吹炼过程中，杂质元素氧化的可能性及反应顺序，主要决定于它们与氧的_____大小及它们在溶液中活度的高低。

2. 冰铜是含有多种低价_____的共熔体。

3. Cu_2O 和 Cu_2S 共热时，发生的_____反应就是铜锍吹炼成粗铜的理论基础。

4. 烘炉需要的燃料包括：木材、_____、_____。

5. 烤炉使用的重油要求不得含_____。

6. 在冶炼炉窑点火烘炉时，必须对系统进行_____试车及_____试车。

7. 烘炉的目的是通过对衬体的烘烤，将耐火材料中的水分排出，使耐火材料逐步完成_____，完成_____过程。

8. 在卡尔多炉吹炼过程中，炉料中的铜分配到粗铜，炉渣及炉气带出的_____及_____等产物中。

9. 卡尔多炉吹炼的目的就是将_____。

10. 挂炉可以延长炉子寿命，主要成分是_____。

11. 卡尔多炉渣中的铜大都以_____状态存在，少量以氧化物及金属形态存在。

12. 重油燃烧过程包括_____、蒸发裂解、_____、着火等步骤。

13. 本次改造卡尔多炉烟气净化系统采用新工艺新技术的_____收尘器。

14. 卡尔多炉氧枪冷却水采用软化水_____循环。

15. 现使用卡尔多炉炉膛总容积_____ m^3，加熔剂炉体角度为_____，吹炼角度为_____。

16. 氧枪的升降均由齿轮、齿条、_____驱动。

二、名词解释

1. 生产率　2. 送氧时率　3. 铜的直收率　4. 炉寿命　5. 冰铜　6. 卡尔多炉

三、单项选择题

1. 金川公司所产的二次铜精矿含 S 约为（　　）。
   A. 12%　　　　　　B. 21%　　　　　　C. 15%　　　　　　D. 8%

2. 石英石的主要成分为（　　）。
   A. CaO　　　　　　B. SiO_2　　　　　C. Al_2O_3　　　　D. MgO

3. 目前我车间粗铜火法精炼所用的方法是（　　）。
   A. 熔析精炼　　　　B. 萃取精炼　　　　C. 氧化精炼　　　　D. 硫化精炼

4. 卡尔多炉炉内衬使用的耐火材料是（　　）。
   A. 铬镁砖　　　　　B. 高铝砖　　　　　C. 黏土砖　　　　　D. 直接结合镁铬砖

5. 目前使用的卡尔多炉炉口直径为（　　）mm。
   A. 800　　　　　　B. 900　　　　　　C. 1100　　　　　　D. 1000

6. 卡尔多炉属于（　　）吹炼。
   A. 浸没式顶吹　　　B. 非浸没式顶吹　　C. 浸没式侧吹　　　D. 非浸没式侧吹

7. 严格控制（　　）是提高炉寿命的重要措施。
   A. 炉温　　　　　　B. 热料量　　　　　C. 氧量　　　　　　D. 渣量

8. 卡尔多炉焦炭烘炉时，当温度升至500℃时恒温作业，恒温不少于（　　）h。
   A. 10　　　　　　B. 24　　　　　　C. 12　　　　　　D. 40

9. 卡尔多炉木材烘炉时允许温度波动范围为（　　）。
   A. ±10℃　　　　　B. ±50℃　　　　　C. ±100℃　　　　　D. ±150℃

10. 烤炉使用的木材长度控制在（　　）m。
    A. 1～2　　　　　B. 1～3　　　　　C. 3　　　　　　　D. 2～3

11. 烘炉使用的焦炭粒度要求为（　　）mm。
　　A. 30～40　　　　　B. 20～30　　　　　C. 10～30　　　　　D. 10～20
12. 铜的相对原子质量为（　　）。
　　A. 56.12　　　　　B. 63.57　　　　　C. 67.28　　　　　D. 32.12
13. 粗铜品位判断依据是（　　）。
　　A. 炉口喷溅物　　B. 炉口烟气　　　　C. 经验判断　　　　D. 铜样表面
14. 卡尔多炉炉衬损失的主要原因（　　）。
　　A. 热应力　　　　B. 化学腐蚀　　　　C. 机械冲刷　　　　D. 高温
15. 卡尔多炉加入石英石的目的是（　　）。
　　A. 造渣　　　　　B. 造铜　　　　　　C. 降低温度　　　　D. 调节渣型

四、问答题

1. 卡尔多炉吹铜期的原理是什么？
2. 卡尔多炉造渣期炉内发生的反应是什么？
3. 卡尔多炉的生产率有哪几种表示方式？
4. 卡尔多炉炉衬损坏的3个主要原因是什么？
5. 卡尔多炉生产作业包括哪几个过程？
6. 卡尔多炉主要结构有哪些？
7. 降低粗铜含镍的措施有哪些？
8. 什么叫炉子寿命，卡尔多炉寿命为多少炉？
9. 影响卡尔多炉炉寿命的因素有哪些？
10. 如何提高卡尔多炉炉寿命？
11. 发生铜过吹故障时，应如何处理？
12. 卡尔多炉过冷的现象？
13. 卡尔多炉吹炼的产物有哪些？
14. 卡尔多炉吹炼的目的是什么？
15. 卡尔多炉吹炼分为几个阶段，分别是什么？
16. 卡尔多炉吹炼过程中铁、镍、铜的氧化顺序是什么？
17. 卡尔多炉吹炼过程中，杂质元素氧化的可能性及反应的顺序，主要决定于什么？
18. 卡尔多炉除镍原理？
19. 卡尔多炉排烟系统流程为何？
20. 重油燃烧包括几个步骤，分别是什么？
21. 卡尔多炉烘炉重油的质量要求为何？
22. 卡尔多炉烘炉木材的质量要求为何？
23. 卡尔多炉出炉期粗铜温度判断方法是什么？
24. 卡尔多炉出炉期粗铜温度判断依据及标准是什么？
25. 卡尔多炉粗铜品位判断依据及方法是什么？

五、计算题

1. 卡尔多炉处理冰铜15t，品位90%，加入冷料3t，品位88%，产出粗铜14t，品位98%，求卡尔多炉直收率。

2. 卡尔多炉进粗铜 13.5t，熔剂 270kg，渣率 15%，渣含铜 25%，求炉渣中含铜量。

3. 化验分析卡尔多炉炉渣含铁为 12%，如渣含二氧化硅是 25%，计算卡尔多炉渣铁硅比是多少？

4. 卡尔多炉某月冷料率为 18%，共处理含硫粗铜 5000t，问本月卡尔多炉处理冷料总量为多少？

5. 卡尔多炉某月熔剂率为 8.65%，共处理自热炉含硫粗铜 4800t，问本月卡尔多炉处理熔剂总量为多少？

6. 卡尔多炉某月进含硫粗铜 4100t，石英石配入 275t，石灰石配入 78t，求卡尔多炉熔剂率。

7. 卡尔多炉处理自热炉热料 12t，冷料 2t，石英 500kg，石灰石 200kg，求熔剂率。

8. 卡尔多炉加入热粗铜 12t，其成分为：Cu：90%，Ni：5%，入炉冷料 2t，成分为 Cu：50%，Ni：8%，产出粗铜：11t，产炉渣：4t，成分为：Cu：25%，Ni：10%，求所产粗铜品位。

9. 卡尔多炉加入热粗铜 12t，入炉冷料 2t，成分为 Cu：50%，产出粗铜：11t，其成分为：Cu：98.18%，产炉渣：4t，成分为：Cu：25%，求所入热料品位。

10. 卡尔多炉加入热粗铜 12t，Cu：90%，入炉冷料 2t，成分为 Cu：50%，产出粗铜：11t，其成分为：Cu：98.18%，产炉渣：3.5t，成分为：Cu：25%，求铜的回收率。

11. 卡尔多炉某炉次其操作时间为 118min，有效用氧时间为 80min，求送氧时率。

12. 卡尔多炉某炉次作业时间为 118min，其中有效用氧时间为 80min，如果送氧时率提高 5%，则操作时间可以缩短为多少分钟？

13. 已知烟道截面积为 0.78m²，测出烟气流速为 15m/s，求该烟道的烟气流量。

14. 某车间共拥有设备 48 台，某月因故障停用 1 台设备，求该月车间的设备完好率是多少？

15. 卡尔多炉加入热粗铜品位为 90%，入炉冷料 2t，成分为 Cu：50%，产出粗铜：11t，其成分为：Cu：98.18%，产炉渣：4t，成分为：Cu：25%，如果不计其他损失，求入炉物料吨位。

16. 某炉出烟口烟气量（标态）为 3600m³/h，到排烟机处的烟气量（标态）为 5400m³/h，求漏风率。

阳极炉部分

一、填空题

1. 纯铜导电性为 100%，当含砷 0.01% 时则降为 96.5%，含 0.1% 的硫时，铜在热加工时发生开裂，有鱼纹，即所谓_____。

2. 我公司的炼铜是将粗铜先进行火法精炼，再进行电解槽精炼进一步除去_____，最后从阳极泥中将_____提取出来。

3. 粗铜火法精炼的任务是除去一部分杂质，为铜电解提供优质的_____。

4. 根据精炼过程的物理化学变化，可分为加料____、____、____和____4个步骤。

5. 粗铜氧化精炼的基本原理在于铜中存在的大多数杂质对氧的亲和力都____铜对氧的亲和力，且多数杂质氧化物在铜水中的溶解度很小，当空气中的氧通入铜熔体中便优先将杂质氧化除去。

6. 为了使空气中的氧尽量与铜反应生成 Cu_2O，且使 Cu_2O 与杂质良好接触，进而氧化杂质，就必须把_____鼓入铜熔体中，强化_____过程。

7. 在阳极炉精炼过程中，杂质按其易难除去程度可分为三类：_____、难除去的____和_____。

8. 对于处理的二次铜精矿，其主要杂质成分为铁、镍、硫、金银贵金属及稀有金属。

9. 为了满足阳极铜的要求，必须把这部分 Cu_2O 还原成金属铜，还原的目的就是_____。

10. 铜火法精炼中常用的还原剂有：木炭或焦粉、粉煤以及_____、_____、甲烷或液氨。

11. 如铜熔体温度低，铜液的流动性不好，阳极板耳子上不去，板子飞边量大，易引起流槽、包子结死影响出炉，熔体浇铸温度要求控制在_____。

12. 用于铜火法精炼的精炼炉有_____、_____和_____，贵冶、大冶以及我厂采用回转式精炼炉。

13. 阳极精炼炉是 20 世纪 50 年代开发的一种火法精炼设备，主要由以下部分组成：_____，_____，_____，_____，_____。

14. 回转式阳极精炼炉炉口启闭装置分_____和_____两种。

15. 回转炉是火法精炼的主体设备，其关键部位是_____，_____，加料口，燃烧器，对耐火材料的选用有严格的要求。

16. 铜熔炼车间采用的精炼炉，容量为____，外径尺寸：_____，加料口即炉口尺寸为_____，出烟口尺寸为_____。

17. 铜熔炼车间采用的精炼炉，设备总重为_____，其中金属结构重约____，耐火材料重约_____。

18. 铜熔炼车间采用的精炼炉由_____、_____、_____组成，此外还包括排烟系统、水冷系统、燃烧系统、透气砖装置。

19. 铜熔炼车间阳极炉筒体内衬_____厚的铬镁砖和_____厚的黏土质耐火砖，黏土砖外用_____厚的镁质填料，铬镁砖和黏土砖之间也有____厚的镁质填料。

20. 阳极炉采用_____的结构形式，出烟口外接_____。

21. 炉口及出烟口内侧各装有_____，出烟口水套采用单进单出，炉口水套采用双进双出。

22. 炉体可以正反转，可以快速旋转，也可以慢速旋转，主电机用于正常操作时的快速旋转，主电机是_____电机，也可以实现炉体的慢速转动。

23. 炉体上装有滚圈和齿圈，分别支撑在装有_____的底座上，每对托轮位置可调整，以确定炉体的正确位置。

24. 阳极炉排烟系统有_____和_____两条线路。

25. 阳极炉排烟主线：_____。

26. 环保排烟线：_____。

27. 阳极炉出口烟气温度_____。

28. 阳极炉水冷系统主要是水套，为便于炉体旋转炉体一端与回水箱采用_____。水压为_____MPa，循环水消耗量_____。

29. 水冷烟罩的作用就是导流烟气通道，能_____。

30. 阳极炉将原有的空气—燃料燃烧系统改为_____，以达到降低燃料消耗和减少排放的目的。

31. 稀氧燃烧技术，氧气和燃料由不同喷嘴射入炉内，高速氧气和燃料射流因为和炉内气体发生_____而被稀释，然后再彼此混合燃烧。

32. 稀氧燃烧系统主要包含：控制阀架、电控箱、_____和_____及配套附件。

33. 回转阳极炉采用透气砖技术，可使炉内铜液温度均可，可以缩短_____时间，提高铜水质量，降低能耗，是一项行之有效的新技术。

34. 阳极炉透气砖系统由_____和_____、_____组成。

35. 透气砖的作用：_____、_____、_____等。

36. 氮气总压力_____，根据阳极炉生产特点流量设定是：进料作业设定为100NL/min，氧化作业设定为80NL/min，扒渣作业设定为80～150NL/min，还原、保温作业设定为50NL/min。

37. 阳极炉还原系统按所使用还原剂分为两套系统：_____和_____还原。

38. 阳极精炼炉的开炉可分为三类，即_____、_____及_____。

39. 还原剂含硫量应尽量低，一般不宜超过_____。

40. 火法精炼炉的烘炉目的及要求，基本与_____炉相同，也是有计划的_____，由_____缓慢升至_____。

41. 衬体大修烘炉主要经过两个过程，一是常温升至_____℃阶段，此过程烘炉时间不少于_____h，二是_____℃至_____℃，此过程烘炉时间不少于_____h，且当温度升至_____℃时开始不少于_____h的恒温操作，其目的是除掉砖体内的_____。

42. 衬体大修整个烘炉时间不少于_____h。

43. 烘炉升温过程中加强炉体检查，特别注意_____的膨胀，及时调整_____，发现转动障碍时应及时处理。

44. 在开炉后生产的第一炉次，需对炉体衬砖进行_____作业，即铜液加入阳极精炼炉内后，需_____的倾动炉体，目的是使衬体尽可能的大面积吸收铜液，以使衬体_____避免发生漏铜事故。

45. 阳极精炼炉的生产作业为_____、_____作业。

46. 阳极精炼炉在正常作业前需先进行_____作业，且所有新建及大、中修后的炉窑在正常作业前必须先进行_____，当炉温及时间达到要求后方可进行正常作业。

47. 阳极精炼炉的一个作业周期包括_____、_____、_____、_____及_____5个操作过程。

48. 阳极精炼炉入炉物料分为_____和_____两种。

49. 冷料加入是保持_____、_____的原则，且当冷料潮湿时需经过_____方可加入炉内，防止_____发生。

50. 加料过程要保证炉温控制在_____℃以上，使炉料在加入后易于_____，以尽可能地缩短加料及提温时间并加速炉料的_____。

51. 进料过程炉内应尽可能地保持_____，既可减少炉气从炉口外逸影响操作，又可减少吸入冷空气而使_____。

52. 进料结束后，应关闭_____并调整_____，提高炉内负压，使炉内保持_____气氛，氧化还原孔要喷入_____，促使杂质初步氧化。

53. 氧化是铜火法精炼的主要操作程序，其要点是增大烟道_____，从而提高炉内空气过剩系数，使炉内形成_____气氛。

54. 在火法精炼过程中，其氧化的目的就是_____。

55. 氧化终点判断的标准是：试样_____，_____。

56. 还原是铜火法精炼中最重要的操作，其目的是用_____物质将铜液中_____还原成_____铜。

57. 还原期要尽量降低炉内_____，使炉内保持_____气氛，炉温不宜过高，以减少_____、_____等杂质气体在铜液中的溶解度。

58. 还原终点的标志是：_____，_____，_____。

59. 浇铸作业要掌握_____、_____及_____性质3个环节。

60. 常用的脱模剂有_____、_____等。

61. 精炼炉的产物有_____、_____、_____。

62. 阳极精炼炉的控制指标分为两种：一是_____，包括单炉生产率、重油单耗；二是_____，包括阳极板的品级率及物理规格合格率。

63. 产品的品级好坏通常与_____、_____及扒渣程度有关。

64. 在自热熔炼系统生产中，除镍操作主要在_____工序中进行。

65. 物理规格合格率指单炉所产阳极板片数中，_____占总片数的比率。

66. 阳极精炼炉的附属设施主要有_____、_____和_____，这三套系统在阳极精炼炉的生产过程中起着重要的作用。

67. 目前每台精炼炉安装了6块透气砖，两侧端盖处各2块纵向分布，炉子中心处2块，每个透气砖流速范围_____。

68. 固体还原系统包括控制系统、_____、储存装置、_____及输送管道五部分。

69. 固体还原系统操作主要有两方面，一是_____作业，二是_____作业。

70. 稀氧燃烧系统同时集成_____和_____燃烧系统，可在必要时进行切换。

71. 炉膛温度低于_____时必须由点火枪点燃烧嘴。

72. 圆盘浇铸是我车间火法精炼生产阳极板的最后一道工序，目前就浇铸系统分为_____和_____两种。

73. 自动浇铸主要以_____公司研发的定量浇铸机为代表。

74. 我车间阳极炉圆盘浇铸系统是_____公司研发的双18模全自动定量浇铸机。

75. 双18模全自动定量浇铸机系统由下列7个子系统构成：两套自动定量浇铸系统；两套自动圆盘系统；两套自动提取及冷却水槽链条输送机系统；两套自动喷涂系统；两套自动喷淋系统；两套液压、气动系统；两套电气及自动控制系统。

76. 圆盘系统由盘面、驱动装置、_____、支撑辊轮、支撑轨道、铸模及_____等组成。

77. 提取机设置3个工作位：_____、_____、_____。提取机单行程变速运行。

78. 模喷涂系统由喷涂搅拌机、喷涂隔膜泵、电磁阀、气动喷嘴_____等组成。

79. 双 18 模全自动定量浇铸机浇铸能力：_____。

二、单项选择题

1. 铜的硫化物在冶炼温度下以（　　　）形态存在。
    A. CuO　　　　　B. Cu_2O　　　　　C. CuS　　　　　D. Cu_2S

2. 占世界 90％ 的铜产量来自于（　　　）。
    A. 硫化铜矿的湿法冶炼　　　　　　　　B. 硫化铜矿的火法冶炼
    C. 氧化铜矿的湿法冶炼　　　　　　　　D. 氧化铜矿的火法冶炼

3. 在氧化精炼中（　　　）起氧传递的作用。
    A. Cu　　　　　　B. Ni　　　　　　C. Fe　　　　　　D. S

4. CuO 在自然界中以（　　　）形态存在。
    A. 黑铜矿　　　　　B. 赤铜矿　　　　　C. 辉铜矿　　　　　D. 铜蓝

5. 自然界中的铜多数以（　　　）形态存在。
    A. 氧化物及硫化物　　B. 铜矿物　　　　　C. 自然铜　　　　　D. 铜矿石

6. 氧化作业是指向铜熔体中通入（　　　）以达到脱除杂质的目的。
    A. 重油　　　　　　B. 压缩空气　　　　C. 还原性物质　　　D. 氧化性物质

7. 精炼炉还原期应保持（　　　）气氛。
    A. 氧化性　　　　　B. 还原性　　　　　C. 负压性　　　　　D. 正压性

8. 冰铜吹炼的理论基础是（　　　）。
    A. $4CuO \Longrightarrow 2Cu_2O + O_2$　　　　　　B. $Cu_2O + FeS \Longrightarrow Cu_2S + FeO$
    C. $Cu_2S + 2Cu_2O \Longrightarrow 6Cu + SO_2$　　　　D. $2Cu_2O + O_2 \Longrightarrow 4CuO$

9. 铜火法冶炼中转炉吹炼的主要原料是（　　　）。
    A. 铜矿石　　　　　B. 铜矿物　　　　　C. 冰铜　　　　　　D. 粗铜

10. 湿法炼铜是用（　　　）将矿石中的铜溶解出来。
    A. 浸出液　　　　　B. 溶剂　　　　　　C. 水　　　　　　　D. 酸性物质

11. Cu_2O 及 CuO 易被（　　　）物质还原为金属铜。
    A. 氧化性　　　　　B. 还原性　　　　　C. 碱性　　　　　　D. 酸性

12. 漏风率是指漏入烟道系统的空气量占（　　　）的百分数。
    A. 空气量　　　　　B. 烟气量　　　　　C. 理论烟气量　　　D. 烟尘量

13. 出炉期铜模表面喷刷 $BaSO_4$ 的作用是（　　　）。
    A. 防止黏膜　　　　　　　　　　　　　B. 防止氧化
    C. 提高阳极板质量　　　　　　　　　　D. 减少飞边毛刺

14. 精炼炉氧化还原管一般要求在（　　　）情况下换管。
    A. 氧化还原结束时　　B. 损坏时　　　　C. 氧化还原前

15. 还原精炼是指向熔体中通入还原性物质，使之与熔体中的（　　　）结合而脱去的冶炼过程。
    A. 氧　　　　　　　B. 氢　　　　　　　C. 镍　　　　　　　D. 铁

16. 渣率是指（　　　）。

  A. 产出渣量占投入物料量的百分比 B. 产出渣量占产出物料量的百分比

  C. 产出渣量占投入冷料量的百分比

17. 铜精矿经过熔炼后产出（ ）。

  A. 冰铜   B. 粗铜   C. 阳极铜   D. 炉渣

18. 含铜品位达到当地技术经济条件，具开采价值的岩石称为（ ）。

  A. 铜精矿   B. 铜矿石   C. 铜矿物   D. 自然铜

19. 铜中（ ）的含量降低铜的导电率。

  A. 氧   B. 氢   C. 硫   D. 杂质

20. 铜在（ ）的空气中不起化学变化，但在含有 CO_2 的潮湿空气中，易生成一层碱式碳酸铜。

  A. 常温   B. 干燥   C. 常温、干燥   D. 潮湿

21. 氧化亚铜在自然界中以（ ）形态存在。

  A. 黑铜矿   B. 赤铜矿   C. 辉铜矿   D. 铜蓝

22. 冰铜熔炼的理论基础是（ ）。

  A. $4CuO \Longrightarrow 2Cu_2O + O_2$ B. $Cu_2O + FeS \Longrightarrow Cu_2S + FeO$

  C. $Cu_2S + 2Cu_2O \Longrightarrow 6Cu + SO_2$ D. $2Cu_2O + O_2 \Longrightarrow 4CuO$

23. 铜阳极炉入炉粗铜87t，加入冷料5t，产出铜阳极板90t，本炉期保温耗油4t，还原耗油0.5t，则重油单耗及还原油单耗分别为（ ）kg/t 铜。

  A. 50、5.56   B. 54.22、5.56   C. 48.91、5.43   D. 50、5.43

24. 精炼炉入炉粗铜80t（含 Cu98%），入炉残极10t（含 Cu99%），产铜阳极板89t，产炉渣1t（含 Cu40%），则铜精炼炉直收率为（ ）。

  A. 98.5   B. 98.76   C. 99.55   D. 95.4

25. 铜的氧化物在冶炼温度下以（ ）形态存在。

  A. CuO B. Cu_2O C. CuS D. Cu_2S

三、简答题

1. 绘制粗铜火法精炼流程图。
2. 简述粗铜火法精炼的氧化原理。
3. 简述粗铜火法精炼的还原机理。
4. 在还原过程中降低铜中含二氧化硫量的措施有哪些？
5. 粗铜中含有哪些主要杂质？
6. 简述阳极精炼炉的主要特点。
7. 氧化终点判断的特征有哪些？
8. 还原终点判断的特征有哪些？
9. 粗铜氧化的目的是什么？
10. 粗铜还原的目的是什么？
11. 阳极板的物理规格与哪些因素有关？
12. 阳极精炼炉的控制指标有哪些？
13. 浇铸时，铜温过高会造成哪些影响？

14. 阳极精炼炉的常见故障及原因分析。

15. 透气砖使用要求及注意事项有哪些？

16. 简述稀氧燃烧技术基本原理。

17. 简述回转精炼炉的特点。

18. 简述稀氧燃烧系统的优点。

四、计算题

1. 某台阳极炉单炉周期作业中，加入粗铜热料 75t，加入废板 20 片，分 5 批次加入残极，每批次加入残极 80 片，浇铸产出合格铜阳极板 375 片，废板 25 片，其中阳极板单重 205kg/片，残极单重 30kg/片，单炉周期作业消耗重油 3615kg，还原消耗粉煤 3050kg，问本炉次作业中，（1）产出率多少？（2）冷料率多少？（3）物理规格合格率多少？（4）本炉次重油有效单耗多少？（5）粉煤固体还原有效单耗多少？

倾动炉部分

一、填空题

1. 倾动炉规格为 _____ m，单炉产能 _____ t。主要由 _____、_____、_____ 三大部分组成，此外还包括排烟系统、_____、_____ 等。

2. 炉体由金属构架和耐火材料组成，炉膛截面形状类似反射炉，前墙设两个 _____ 和 _____ 个排渣口，后墙设一个浇铸口和 6 组 _____，一侧端墙设有 _____ 燃烧器口，另一侧端墙设出烟口，_____ 中心线为炉体的倾动中心。

3. 加料口的尺寸为 _____，排渣口的尺寸为 _____ mm，在加料口和排渣口装有 _____，在外侧有悬挂的炉门，炉门是中空框架结构，炉门的开启是通过炉顶的 _____ 完成。

4. 倾动式阳极炉烟气收尘流程：_____ → _____ → _____ → _____ → _____ → _____ → 排空。

5. 倾动炉开炉可分为三类，即 _____ 开炉、_____ 开炉及 _____ 开炉，烘炉时间分别为不少于 _____ h，_____ h，_____ h。

6. 每台倾动炉使用 _____ 个弹簧，每面端墙设炉底纵向压紧弹簧 _____ 根，每面端墙顶面设端墙上下压紧弹簧 _____ 根。

7. 弹簧调整原则：两组人员同时紧固纵向弹簧，按照"_____、_____"的原则进行调整。

8. 在预紧过程中，当发现炉壳变形或上下不对称倾斜等现象时，要 _____ 预紧作业，分析原因并采取措施后，方可继续作业。

9. 倾动炉的一个作业周期包括 _____、_____、_____ 及 _____ 4 个操作过程。

10. 氧化是铜火法精炼的主要操作程序，其要点是增大 _____，从而提高炉内空气过剩系数，使炉内形成强氧化气氛，并且氧化还原孔通入不小于 0.5MPa 空压风。

11. 还原是铜火法精炼中最重要的操作，其目的是用＿＿＿＿＿＿将铜液中铜的氧化物还原成单质铜。

12. 阳极板的浇铸过程：加入倾动炉内的紫杂铜经过熔化、＿＿＿＿＿＿氧化—还原除杂精炼后，在圆盘控制室控制炉子。

13. 固体还原系统包括＿＿＿＿＿、＿＿＿＿＿、＿＿＿＿＿、＿＿＿＿＿及输送管道五部分。

二、名词解释

1. 单炉生产率　2. 重油单耗　3. 品级率　4. 物理规格合格率　5. 回收率

三、简答题

1. 简述倾动炉系统生产过程。
2. 简述倾动炉的特点。
3. 简述倾动炉烟气收尘流程。
4. 简述沉尘室（二次燃烧室）的作用。
5. 简述倾动炉生产过程概述。
6. 简述氧化终点样的判断标准。
7. 简述还原终点样的判断标准。
8. 简述浇铸作业三个控制环节。
9. 简述影响阳极板质量的各种因素。
10. 简述阳极板的浇铸过程。

四、计算题

1. 例：某一段时间内，倾动炉加入杂铜 300t ［$w(Cu)=97\%$］，加入残极 200t ［$w(Cu)=99\%$］，加入自产冷料 50t ［$w(Cu)=96\%$］，共产出铜阳极板 2010 片，其中废板 10 片，阳极板平均单重为 260kg，阳极板含铜为 99%，累计消耗重油 41.6t，消耗还原剂 5.2t，产出炉渣 80t ［$w(Cu)=20\%$］，烟灰 15t ［$w(Cu)=30\%$］，求本期物理规格合格率、重油单耗、还原单耗、直收率及回收率。

余热锅炉部分

一、填空题

1. 自热炉余热锅炉水冷壁分＿＿＿＿、＿＿＿＿、＿＿＿＿、＿＿＿＿五部分。
2. 除氧器的升温速度应控制在＿＿＿＿。
3. 当主蒸汽管蒸汽压力比外网蒸汽压力低＿＿＿＿时，开始并汽。
4. 水压试验的水温不应低于＿＿＿＿，应稍高于＿＿＿＿温度，以防止水压试验时冷却器壁＿＿＿＿，但不应高于____。

5. 压力容器的三大附件____、____、____。

6. 锅炉的排污分____、____。

7. 当锅炉停炉时炉水温度降到____方可放水。

8. 正常生产时余热锅炉水循环量____。

9. 为防止锅炉内壁结雾产生____，其最低工作压力不低于____。

10. 锅炉的联箱一般起____作用。

11. 新安装的水位计，升压至____ MPa 时进行热紧，并缓慢预热，冲洗后方可投入使用，并注意观察其____。

12. 发现管子有漏水漏气现象时，应保持汽包水位在____，增大____，并加强循环，并采取____。

13. 汽包发生满水后应停止或减少余热锅炉____，并开启底部____进行____，同时应严密监视____，出现水位后应停止____。

14. 当循环泵出现高压密封泄漏时，应将____关闭，打开____冷却水放水阀，将泵内压力降至____后，泵才能检修。

15. 余热锅炉在升压过程中，应在____ MPa 升温阶段进行热紧，当压力升高后出现泄漏，应____进行处理。

16. 在配制氢氧化钠药液时，必须戴_____或_____，穿好_____，防止烧伤____。

二、单选题

1. 水由液态变为气态，是一个（　　）过程。
   A. 传热　　　　　B. 吸热　　　　　C. 放热　　　　　D. 分解

2. 锅炉运行时，每小时产生的蒸汽量称为（　　）
   A. 传热效率　　　B. 给水量　　　　C. 蒸发量　　　　D. 循环量

3. 压力表测量出来的数值称为（　　）。
   A. 表压力　　　　B. 绝对压力　　　C. 安全压力　　　D. 压强

4. 为保证除氧器内除盐水有良好的除氧效果，除盐水在进加热器后须达到（　　）。
   A. 20～30℃　　　B. 40～60℃　　　C. 70～90℃　　　D. 102℃

5. 给水泵是（　　）泵。
   A. 离心泵　　　　B. 多级　　　　　C. 栓塞　　　　　D. 单级

6. 煮炉时加入磷酸三钠和氢氧化钠，主要是除去（　　）。
   A. 铁锈、油污　　B. 杂质　　　　　C. 钝化　　　　　D. 清洗

7. 余热锅炉使用的压力表，其精度不应低于（　　）。
   A. 1　　　　　　B. 1.5　　　　　C. 2　　　　　　D. 2.5

8. 为防止汽包内产生过大的温差应力，其升温速度应控制在（　　）。
   A. 50℃/h　　　B. 60℃/h　　　C. 70℃/h　　　D. 80℃/h

9. 汽化冷却器停炉时，当炉水温度降至（　　）方可放水。
   A. 50℃　　　　B. 60℃　　　　C. 70℃　　　　D. 80℃

10. 一台工作压力为 4.0MPa 的余热锅炉，其水压试验压力应在（　　）MPa。

A. 4.0   B. 4.2   C. 4.9   D. 6.0

11. 介质的温度越高其能量越（   ）。

    A. 大   B. 小   C. 不变   D. 变化

12. 余热锅炉的循环水流量为 $100m^3/h$，循环水管道直径为 $150mm$，则管内的流速为
（   ）。

    A. 1m/s   B. 1.2m/s   C. 1.4m/s   D. 1.6m/s

13. 余热锅炉的水容积为 $12m^3$，除氧器供水能力为 $4m^3/h$，若将余热锅炉水全部上满，需
要（   ）。

    A. 2h   B. 3h   C. 4h   D. 5h

14. 煮炉时需按 $4kg/t$ 加入磷酸三钠，若按炉水容积 $12m^3$ 计，需加入 90% 的磷酸三
钠（   ）。

    A. 40kg   B. 45kg   C. 50kg   D. 53kg

15. 某日余热炉生产蒸汽24t，工作20h，则该余热炉蒸发量为（   ）t/h。

    A. 1   B. 1.2   C. 1.4   D. 1.6

三、多选题

1. 燃料按其物理状态可分为（   ）。

    A. 固体燃料   B. 液体燃料   C. 气体燃料   D. 重油

2. 下列计量单位中（   ）是国际计量单位。

    A. 巴   B. 公斤力/厘米   C. 兆帕   D. 千卡

3. 余热锅炉安装的压力表，其测量的压力是（   ）。

    A. 额定工作压力   B. 表压力   C. 绝对压力   D. 相对压力

4. 影响余热锅炉热效率的主要因素有（   ）。

    A. 烟气的组成   B. 循环水量   C. 烟尘率   D. 锅炉结构形式

5. 自热炉烟气中，具有腐蚀性的是（   ）。

    A. SO_2 B. SO_3 C. H_2O D. CO_2

6. 热力除氧是将水加热至沸点，使水的气体溶解度降为零，除去的气体有（   ）。

    A. 氧气   B. 二氧化碳   C. 氮气   D. 水蒸气

7. 余热锅炉炉水分析化验成分有（   ）。

    A. PO_4^{3-} B. 导电率   C. 联氨   D. PH   E. 碱度

三、判断题

1. 汽包出现缺水时，应将给水阀调节由自动改为手动控制。（   ）

2. 余热锅炉严重缺水，即使关闭水位计上部的蒸汽旋塞，也未显示水位，这时绝对禁止
加水。（   ）

3. 如果汽包现场水位计和仪表水位计都损坏应采取紧急停炉。（   ）

4. 当控制室仪表停电无显示时，操作人员应立即到汽包监视汽包水位。（   ）

5. 出现事故停电时，如果柴油发电机不能及时启动，或配电系统发生故障，循环泵及给
水泵不能及时启动，操作人员应立即到现场监视汽包水位，同时，汇报调度室，自热

炉停炉，并打开过渡段人孔门，增大烟道风机抽力。（　　）

6. 每班要每小时校对水位计，防止出现"假水位"后造成锅炉缺水事故或满水事故，避免误操作。（　　）

7. 每周进行 1～2 次联箱排污，避免杂物堵塞节流孔板，破坏水循环，造成锅炉爆管事故。（　　）

8. 切换循环泵时，必须启动备用泵，待运行正常后，再停运行泵，切换时要同时调节两台泵出口阀门开度，减少压力波动，防止超压。（　　）

9. 在日常清灰作业时，严禁用坚硬物击打锅炉内壁管道，避免管道损伤及泄漏伤人。（　　）

10. 定期对安全阀作排放试验，防止阀芯和阀座粘住，安全阀不能及时超跳，造成事故。（　　）

排烟收尘部分

一、填空题

1. 自热炉烟气的特点是_____、_____。
2. 自热炉烟尘在烟气中的条件符合_____。
3. 自热炉收尘主要由_____、_____、_____组成。
4. 卡尔多炉收尘主要由_____、_____组成。
5. 自热炉喷雾冷却塔的温度不得超过_____、文丘里温度不得超过_____。
6. 自热炉、卡尔多炉收尘器的材质是_____、湿旋脱水器的材质是_____。
7. 湿旋脱水器的烟气中的水主要有_____和_____。
8. 湿旋脱水器的工作温度不得超过_____。
9. 湿法收尘系统要求洗涤烟气的稀酸溶液铜离子含量控制范围在_____。
10. 自热炉喷雾冷却塔要求供酸流量_____、压力_____。
11. 自热炉文丘里要求供酸流量_____压力_____。
12. 炉膛负压可通过_____和_____来调节。
13. 喷雾冷却塔主要起_____和_____作用。
14. 液固比是指_____；烟气含尘是指_____。
15. 烟尘中的铜主要以_____回收，不溶解的酸泥主要通过_____回收。
16. 安全水封的主要作用是_____。
17. 文丘里收尘器是利用固体颗粒和水珠_____的原理。
18. 湿旋脱水器由_____、_____、_____组成。
19. 文丘里可通过调节_____和_____来提高收尘效率。
20. 喷雾洗涤塔的供水分为_____和_____。

二、选择题

1. 自热炉收尘系统（　　）的收尘效率最高。

A. 湿旋脱水器　　　　B. 文丘里　　　　C. 喷雾冷却塔　　　　D. 余热锅炉

2. 通常文丘里收尘器要求烟气速度在（　　）m/s。

A. 80~120　　　　B. 40~80　　　　C. 0~40　　　　D. 150~200

3. 收尘系统要求铜离子浓度最高富集在（　　）g/L。

A. 10~20　　　　B. 20~30　　　　C. 30~40　　　　D. 40~45

4. 文丘里收尘器的收尘效率与（　　）成正比。

A. 温度　　　　B. 压力　　　　C. 冷却水量　　　　D. 烟气量

5. 稀酸溶液中铜以（　　）形式存在。

A. Cu^{2+}　　　　B. $CuSO_4$　　　　C. $CuSO_4 \cdot 5H_2O$　　　　D. Cu^+

6. 湿旋脱水器的主要作用是（　　）。

A. 收尘　　　　　　　　　　B. 脱除烟气中的冷凝水

C. 冷却烟气　　　　　　　　D. 脱除烟气中的冷凝水和饱和水

7 文丘里出口的温度通常要求控制在（　　）℃。

A. 200　　　　B. 150　　　　C. 100　　　　D. 75

8. 喷雾洗涤塔采用（　　）制作。

A. 钢复合 SMO254 板　B. 玻璃钢　　　　C. 金属钛　　　　D. 普通钢

9. 湿法收尘排烟机采用（　　）制作。

A. 玻璃钢　　　　　　　　　　B. 金属钛

C. 普通钢　　　　　　　　　　D. 钢复合 SMO254 板

10. 湿法收尘主要依靠下列（　　）种机理进行收集。

A. 惯性碰撞、扩散作用、其他作用　　B. 惯性碰撞、扩散作用、重力作用

C. 惯性碰撞、离心作用、其他作用　　D. 惯性碰撞、离心作用、重力作用

11. 循环槽的液位通常要求控制在（　　）m。

A. 1.0~2.0　　　　B. 2.0~3.0　　　　C. 3.0~4.0　　　　D. 0~2.0

12. 为保证文丘里的收尘效率，通常要求进出口的压差在（　　）kPa。

A. 0~1.0　　　　B. 2.0~4.0　　　　C. 4.0~6.0　　　　D. 8.0~12.0

13. 表示烟尘浓度的单位是（　　）。

A. m^3　　　　B. g　　　　C. g/m^3　　　　D. %

14. 喷雾冷却塔要求喷淋酸量控制在（　　）m^3/h。

A. 100　　　　B. 90　　　　C. 85　　　　D. 45

15. 自热炉文丘里收尘器要求喷淋酸量控制在（　　）m^3/h。

A. 25~45　　　　B. 45~75　　　　C. 75~100　　　　D. 100~200

16. 卡尔多炉文丘里收尘器要求喷淋酸量控制在（　　）m^3/h。

A. 20~45　　　　B. 45~55　　　　C. 55~75　　　　D. 75~95

17. 湿旋脱水器是利用（　　）的作用而脱除烟气中的水。

A. 离心力　　　　B. 重力　　　　C. 摩擦力　　　　D. 浮力

18. 为保证收尘系统的收尘效率，通常排烟系统的负压通过（　　）来调节。

A. 风机变频　　　　B. 风机功率　　　　C. 风机电流　　　　D. 风机电压

19. 自热炉文丘里收尘器液压推杆油缸的工作压力要求在（　　）MPa。

A. 10 ~ 14　　　　　B. 14 ~ 21　　　　　C. 22 ~ 30　　　　　D. 30 ~ 36

20. 卡尔多炉文丘里收尘器液压推杆油缸的冷却水温度要求在（　　　）℃。

A. 0 ~ 20　　　　　B. 25 ~ 45　　　　　C. 45 ~ 70　　　　　D. 70 ~ 90

三、问答题

1. 简述喷雾冷却塔的工作原理。

2. 简述文丘里收尘器的工作原理。

3. 简述湿旋脱水器的工作原理。

4. 简述系统开车顺序。

5. 什么是收尘效率，什么是露点？

6. 简述收尘系统在生产过程中需控制哪些工艺参数。

7. 简述自热炉收尘系统工艺流程。

8. 简述卡尔多炉收尘系统工艺流程。

9. 如何提高收尘系统的收尘效率？

四、计算题

1. 已知循环槽的直径 ϕ4250，储存的酸液高度在 2500mm，试计算循环槽内酸液的体积。

2. 已知自热炉喷雾冷却塔进口烟气含尘 50g/m³，实测进口烟气量为 15000g/m³，试计算进入喷雾冷却塔的烟尘量。

3. 已知自热炉喷雾冷却塔进口烟气含尘 30g/m³，实测进口烟气量 14500m³/h，循环槽储存的新水 120m³，沉降槽储存的新水 300m³，试计算铜离子浓度富集到 40g/L 需要多长时间。

4. 在标准状态下，卡尔多炉进口的烟气量 7000m³/h，烟气含尘 15g/m³，出湿旋脱水器的烟气量 8500m³/h，烟气含尘 3g/m³，试计算该收尘系统的收尘效率是多少，系统的漏风率是多少。

5. 在标准状态下，自热炉文丘里进口的烟气量 25000m³/h，环缝文氏管的面积是 0.07716m²，试计算烟气通过文氏管的烟气流速是多少。

参 考 文 献

[1] 宋祖泽，贺家齐. 现代铜冶金学[M]. 北京：科学出版社，2003.

[2] 梅炽. 有色冶金炉设计手册[M]. 北京：冶金工业出版社，2007.

[3] 傅崇说. 有色冶金原理[M]. 北京：冶金工业出版社，1993.

参考文献

冶金工业出版社部分图书推荐

书　名	作　者	定价(元)
铅锌冶炼生产技术手册	王吉坤	280.00
重有色金属冶炼设计手册(铅锌铋卷)	本书编委会	135.00
贵金属生产技术实用手册(上册)	本书编委会	240.00
贵金属生产技术实用手册(下册)	本书编委会	260.00
铅锌质量技术监督手册	杨丽娟	80.00
锑冶金	雷霆	88.00
铟冶金	王树楷	45.00
铬冶金	阎江峰	45.00
锡冶金	宋兴诚	46.00
湿法冶金——净化技术	黄卉	15.00
湿法冶金——浸出技术	刘洪萍	18.00
火法冶金——粗金属精炼技术	刘自力	18.00
火法冶金——备料与焙烧技术	陈利生	18.00
湿法冶金——电解技术	陈利生	22.00
结晶器冶金学	雷洪	30.00
金银提取技术(第2版)	黄礼煌	34.50
金银冶金(第2版)	孙戬	39.80
熔池熔炼——连续烟化法处理	雷霆	48.00
有色金属复杂物料锗的提取方法	雷霆	30.00
硫化锌精矿加压酸浸技术及产业化	王吉坤	25.00
金属塑性成形力学原理	黄重国	32.00